U0185916

混沌工程

通过可控故障实验提升
软件系统可靠性

Mikolaj Pawlikowski

[波] 米科拉吉·帕利科夫斯基　著

王相　译

Chaos
Engineering

Site reliability through
controlled disruption

机械工业出版社
China Machine Press

图书在版编目（CIP）数据

混沌工程：通过可控故障实验提升软件系统可靠性 /（波）米科拉吉·帕利科夫斯基著；王相译 . —北京：机械工业出版社，2022.9
书名原文：Chaos Engineering: Site reliability through controlled disruption
ISBN 978-7-111-71662-4

I. ①混…　II. ①米…　②王…　III. ①软件可靠性　IV. ① TP311.5

中国版本图书馆 CIP 数据核字（2022）第 176915 号

北京市版权局著作权合同登记　图字：01-2021-3004 号。

Mikolaj Pawlikowski: Chaos Engineering: Site reliability through controlled disruption (ISBN 978-1617297755) .

Original English language edition published by Manning Publications.

Copyright © 2021 by Manning Publications Co.

Simplified Chinese-language edition copyright © 2022 by China Machine Press.

Simplified Chinese-language rights arranged with Manning Publications Co. through Waterside Productions, Inc.

混沌工程：通过可控故障实验提升软件系统可靠性

出版发行：机械工业出版社（北京市西城区百万庄大街 22 号　邮政编码：100037）

责任编辑：冯润峰　　　　　　　　　责任校对：李小宝　　王　延

印　　刷：三河市宏达印刷有限公司　版　　次：2023 年 1 月第 1 版第 1 次印刷

开　　本：186mm×240mm　1/16　　印　　张：22.75

书　　号：ISBN 978-7-111-71662-4　　定　　价：129.00 元

客服电话：（010）88361066　68326294

两年前，我做过一次公开分享，主题是"软件质量的深奥与简洁——从混沌工程到幂定律"，开头说道："四百多年前，法国哲学家、数学家笛卡儿认为世界是有序的、统一的、精确的及可预见的，到了 19 世纪末，德国哲学家、思想家尼采则认为这个世界是无序的、随机的、模糊的。"如今，我们更能体会到确定性离我们越来越远，而越来越多地面对着不确定性，如变化多端的气候和不可解释的深度学习算法等。

如今系统越来越复杂，即使有良好架构设计的系统，刚上线时还好，但经过几年、十几年的迭代演化之后，系统不断膨胀，其复杂性也必然大幅增加，系统行为变得越来越不可预测，容易产生故障，导致面向用户的服务不正常。想彻底解决复杂系统的稳定性问题，传统的测试方法已无能为力，混沌工程应运而生。

混沌工程是一门新兴的、面向分布式系统的实验学科，旨在提高系统的稳定性以及自我恢复的弹性能力，提升抵御生产环境中突发事件的能力。我们也可以通俗地将"混沌工程实验"比喻为"以毒攻毒"，即有目的地将有害物质（故障、非法操作或极限操作）注入 IT 系统内，发现系统潜在的问题，以防止 IT 系统未来的"疾病"。

本书作者 Mikolaj 在混沌工程领域耕耘多年，功底深厚，经验丰富，并开发了（开源的）混沌工程测试工具 PowerfulSeal，所以本书很有深度，非常接地气。从 Linux、JVM、Docker、数据库到应用级，本书不厌其烦地重复"具备可观测性、建立稳态、给出假设、运行实验"四个步骤，覆盖从磁盘、内存、CPU、网络、容器、Pod、虚拟机到 Kubernetes 集群上的不同故障，手把手教读者完成不同层次、不同类型或不同场景下的十几个混沌实验，帮助读者彻底理解混沌工程原理和实验原则。借助本书的学习，读者也能够独立自主地完成各种复杂的混沌工程实验。

无独有偶，本书译者王相来自 PingCAP 公司，也参与了一个混沌工程平台（Chaos Mesh）的开发，这确保了本书的翻译质量。更巧的是，王相是我的学生，十多年前我给他上过"软件测试"这门课，但那时讲软件测试还侧重功能、性能和安全性等测试，虽然也提过可靠性测试，但没有详细讲解故障注入测试方法，更没有混沌工程。混沌工程完全是靠他自己学习的，我真的为他感到高兴和骄傲，我也相信他青出于蓝而胜于蓝，未来不可限量。

朱少民，同济大学特聘教授，
《全程软件测试》《敏捷测试》作者

推荐序二

2018 年以来，混沌工程在国内越来越受到大家的重视，2020 年开始在 CNCF 沙箱项目中出现，2022 年开始在 CNCF 孵化项目中出现。混沌工程的诞生与发展，源于越来越多的用户开始采用分布式系统，开发的灵活性和部署速度的大幅提升，加速了系统的复杂性。即使系统中的所有单个服务都正常运行，这些服务之间的交互也可能会导致不可预知的结果，这就是混沌。我们必须在生产暴露给用户之前，主动发现这些隐藏的系统脆弱点。

本书非常细致地教给读者如何设计和执行受控的混沌工程实验，从第一个混沌实验示例开始，覆盖如何在系统调用、Docker、JVM、API、数据库和 Kubernetes 中进行故障注入。特别地，本书还讲解了如何将混沌工程应用于前端代码。最后，本书专门讨论了成为混沌工程师所需要的心态，以及可能存在的难处，总结出积极实现混沌工程的收益是成功的关键。

毋庸置疑，混沌工程已经在世界上规模最大的业务系统上证明了自身的价值，彻底改变了软件设计和运行的模式。相较于解决了速度和灵活性的其他方法，混沌工程关注系统稳定性，建立对系统抵御生产失控的能力的信心。本书从混沌工程的原则出发，深入浅出地剖析了混沌工程的设计和落地之道，并提供了大量丰富的场景和实例作为参考，值得推荐！

黄帅，亚马逊资深技术专家

译者序 *The Translator's Words*

如果五年前问一个软件工程师什么是"混沌工程"，我想对方大概率会一脸茫然。随着软件系统越来越庞大和复杂，工程师们需要面对更大的挑战，尤其是如何保证系统在应对非正常情况时表现如常。传统的单元测试和集成测试已经无法保证系统的质量，越来越多的工程师开始寻求新的测试理念和方法，这就需要混沌工程。

我所就职的 PingCAP 公司主要开发分布式的 HTAP 数据库 TiDB。对于数据库这样的软件来说，它存储了用户最重要的资产——数据，因此保证数据库的容错性和正确性的重要意义也就不言而喻了。从 TiDB 开发伊始，我们就引入了混沌工程，几年来也积累了很多经验，并在 2020 年开源了我们的混沌工程平台 Chaos Mesh。我在参与 Chaos Mesh 的开发时，参考了一些已出版的混沌工程相关的书籍，然而大部分书籍更多的是介绍混沌工程的理念、原则以及一些案例，对于如何去实践以及实现具体的故障功能，我只能摸着石头过河。幸运的是，Mikolaj 的这本书有这方面的内容。在开发 Chaos Mesh 的 JVM 故障功能时，我就参考了本书的内容，受益匪浅。

Mikolaj 是知名的混沌工程测试工具 PowerfulSeal 的创造者，在混沌工程领域有着丰富的经验和独特的见解。本书涉及的技术栈非常广，从 Linux 到 Web 应用程序，从 Docker 到 Kubernetes，作者都设计了巧妙的案例，并提供了实施混沌工程的具体技术和方法。因此，大部分软件从业者都可以从本书中找到和工作相关的内容。不仅如此，作者还将混沌工程结合到团队管理中。

很荣幸可以承担本书的翻译工作，我从中学到了很多新的知识，也从作者风趣幽默的文字中感受到了很多乐趣。然而正如前面所说，这本书涉及的面很广，我很难对各个方面都有深入的了解，再加上精力有限，译文中难免会有错误，希望读者可以帮助指正。

最后，希望我的翻译工作能为混沌工程在国内的推广做些微薄的贡献。

王相

2022 年 3 月 27 日于杭州

与其他新技术领域一样，混沌工程看起来很简单，但却包含丰富而复杂的主题。混沌工程的很多原则和实践都是违反直觉的，就连它的名字也使得解释它的挑战性加倍。然而，该领域正处于发展的前期，需要找到一个易于理解的解释，并且传播给大家。

我很高兴地告诉读者这本书正是在做这件事。

一个经常被重复的科学格言是："如果你不能简单地解释它，那么你就没有真正理解它。"我可以确定，Mikolaj对混沌工程有着深入的理解，因为在本书中，他通过简单而实用的实例解释了其原理和实践，这对于技术书籍来说不同寻常。

然而，这把我们带到了主要问题上。为什么理智的人想要把混沌引入系统中呢？我们的生活已经够复杂了，为什么还要自找麻烦呢？

简而言之，如果你不去自找麻烦，那么当麻烦来找你的时候，会打你个措手不及。而最终，麻烦会找到我们所有人。

我们都理解"测试"这个术语，但是它对于"自找麻烦"来说不会有多大的帮助。测试是为了确保你的系统在一系列特定的情况下可以按照你期望的方式运行。

然而，最大的隐患不是我们预料到的情况，而是从来没有发生过的情况。再多的测试也无法将我们从"涌现性"特性和行为中解救出来。为此，我们需要一些新的东西来解决这个问题。

我们需要混沌工程。

如果这是你阅读的关于混沌工程的第一本书，那么你做了一个明智的选择。如果不是也没关系，你即将开始一段旅程，它将填补你理解上的空白，帮助你把所有的知识都汇聚到你的头脑中。

当你阅读完本书时，你将会更加自在（而且兴奋）地将混沌工程应用到你的系统中，并且可能会对你发现的问题感到非常焦虑。

我很高兴能被邀请来写这些话，如果下次有人问我什么是混沌工程，我可以愉快地推荐他去从这本书里找到答案。

David K. Rensin

Google

序言二 *Foreword*

如果 Mikolaj 没有写这本书，那么也必须有人做同样的事情。话虽如此，要写出这样一本介绍实用方法的书是很困难的，因为很难找到同时具有 Mikolaj 的阅历和混沌工程经验的人。他具有分布式系统（尤其是在 Bloomberg 所从事的关键且复杂的系统）的背景，以及在 PowerfulSeal 上多年的付出，这使他拥有了独特的见解。没有多少人有时间和技能来从事企业级混沌工程的研究。

这种独特的见解在 Mikolaj 的实用主义方法中显而易见。通览所有章节，我们会看到一个反复出现的主题，该主题首先与进行混沌工程的价值主张联系在一起：风险和合同验证、整个系统的整体评估，以及"涌现性"特性的发现。

关于混沌工程，我们听到的最常见的一个问题是"它安全吗？"，第二个问题通常是"我要如何开始进行混沌工程？"。Mikolaj 通过将虚拟机（VM）包含在本书的所有示例和代码中，很好地回答了这两个问题。任何具有运行应用程序基础知识的人都可以轻松地尝试常见的混沌工程场景，然后就可以探索更高级的场景。会把环境搞得一团糟吗？根本不用为此担心，只需关闭虚拟机并重新加载新副本即可。现在，你可以开始安全地进行混沌工程实验了。Mikolaj 会在你的学习旅程中帮助你，从基本的服务中断（终止进程），到通过操作系统和应用程序级别的实验来制造缓存与数据库问题，整个过程都限制了"爆炸半径"来保证安全。

在此过程中，你会了解系统分析中的一些更高级的主题，例如有关伯克利数据包过滤器（Berkeley Packet Filter，BPF）、`sar`、`strace` 和 `tcptop` 的部分，甚至包括虚拟机和容器。除了混沌工程，本书还介绍了 SRE 和 DevOps 实践。

本书提供了在多个领域、层级下进行混沌工程实验的实例，包括应用层、操作系统级别、容器、硬件资源、网络，甚至网络浏览器。其中的每个领域都足以写成一整章，甚至一本书。在这位经验丰富的引导者的指导下，你可以全面探索各种可能的实验。Mikolaj 会以不同的方式适当地介绍每个领域，使你有信心在自己的技术栈中进行尝试。

本书非常实用，在对技术进行取舍时，并没有忽略那些细微的差别。例如，在第 8 章中，Mikolaj 权衡了直接修改应用程序代码以运行实验（更轻松、更通用）与使用第三方工具（更安全,可在上下文中更好地扩展)等另一抽象层运行实验的利弊。这是实现混沌工程的务实考虑。我可以毫不夸张地说,在本书出版之前,其他混沌工程相关的文献都没有思考过如何对不同的方面进行权衡,这也使得本书成为混沌工程领域的有力补充。

如果你对混沌工程感到好奇,或者你已经对混沌工程的历史和优点了如指掌,那么本书可以带你一步一步、安全地进行实践。书中的练习可以为你提供实践经验,虚拟机中包含的示例和突击测验可以增强你的学习效果。你将会对复杂的系统有更好的理解,知道它们是如何工作的,以及它们是如何失败的。当然,你也因此可以构建、操作和维护更健壮的系统。毕竟,安全的系统通常都是复杂的。

Casey Rosenthal

Netflix 混沌工程团队前经理

Verica.io 首席执行官兼联合创始人

前 言 *Preface*

人们经常问我是怎么开始从事混沌工程的。我倾向于告诉他们：因为它有助于改善睡眠。混沌工程不但是"素食主义"友好的，而且在这方面非常有效。下面我来解释一下。

回到 2016 年，机缘巧合之下，我幸运地参与了一个基于 Kubernetes 的前沿项目。现在没有人会因为选择 Kubernetes 而被解雇，但是在那时候风险却很大。Kubernetes v1.2 包含了许多不稳定的组件，并且漏洞修复的发布速度超过了安装速度。

为了使其发挥作用，我的团队需要拥有真正的 Kubernetes 运维经验，并且需要在短期内完成。我们需要知道它是如何工作的、为什么出问题、如何修复它，以及如何在发生这种情况时得到警告。我们认为，做到这一点的最佳方法是先破坏它。

后来，我才知道这种实践称为混沌工程，这样听起来更酷。事实证明，这种实践在减少宕机次数方面非常有效。而且，与昂贵的竹炭记忆海绵枕相比，它对提高我的睡眠质量更有帮助。在这几年里，混沌工程是我的主要兴趣之一。我并不孤单，它正迅速成为全球工程师的宝贵工具。

如今，混沌工程面临着一些严重的问题。特别是充斥了一些奇谈怪论（在生产中随机破坏事物），而且缺乏指导人们如何把它做好的高质量内容以及需要采用的最初违反直觉的思维（失败会发生，所以我们需要做好准备）。

我编写本书来解决这些问题。我想找到一种合理的、基于科学的方法论，从而使混沌工程适用于任何系统、软件或其他方面。我想证明你不必大费周章才能从中受益，只需少量投资即可为你带来很多价值。

如果你是一名对新领域抱有好奇心的软件工程师或者开发者，并且致力于构建更可靠的系统（无论系统规模是大还是小），那么这本书正是为你而设计的。从 Linux 内核一直到应用程序或浏览器级别，本书都为你提供了正确的工具。

我为本书投入了很多心血，希望你能从中获得价值，并且收获快乐。如果你想了解更多信息，可以访问 https://chaosengineering.news。如果你喜欢（或讨厌）这本书，我也希望你可以反馈给我！

关于本书

本书的目标是把混沌工程变成成熟的、主流的、基于科学的实践，从而使任何人都可以接触它。我坚信它会给你带来最好的投资回报，并且我希望每个人都能从中受益。

混沌工程并不关注任何单一的技术或编程语言，这也是写这样一本书的挑战之一。事实上，它可以用于所有类型的技术栈，这是它的优点之一。你可以在本书中看到这一点——每一章都聚焦于一个软件工程师可能会遇到的比较常见的场景，处理不同的语言、不同的技术栈层级和不同的源代码控制层。本书使用 Linux 作为主要的操作系统，但是它教授的原则是通用的。

谁应该读这本书

如果你想使系统更加可靠，那么本书正是为你准备的。你是 SRE 吗？是全栈工程师还是前端开发人员？你在工作中使用 JVM、容器还是 Kubernetes？如果你对以上这些问题中的任何一个的回答是肯定的，你都可以在本书中找到和你工作相关的章节。本书假设你对 Linux（Ubuntu）上的常用命令有基本的了解，因此不会介绍所有相关的内容，这样就可以深入研究我们所关注的方面（值得注意的例外是 Docker 和 Kubernetes，它们是相对较新的技术，我会首先介绍它们是如何工作的）。

这本书是如何组织的：路线图

本书共 13 章，除第 1 章和最后一章外，其余章节分为三个部分。

第 1 章介绍混沌工程和实施混沌工程的原因，接下来的第一部分为进一步理解混沌工程奠定基础：

❏ 第 2 章展示一个真实的例子，说明一个看似简单的应用程序可能会以意想不到的方式崩溃。

❏ 第 3 章介绍可观测性和查看系统内部所需要的工具。

❏ 第 4 章以一个流行的应用程序（WordPress）为例，展示如何在网络层设计、执行和分析混沌实验。

第二部分涵盖混沌工程的各种技术和技术栈：

❏ 第 5 章从一个关于 Docker 的模糊概念开始，介绍它是如何工作的，并使用混沌工程测试它的局限性。

❏ 第 6 章揭开系统调用的神秘面纱——它是什么，如何看应用程序生成了哪些系统调用，以及如何阻止系统调用，从而了解应用程序应对故障的能力。

❏ 第 7 章展示如何动态地将故障注入 JVM 中，这样你就可以测试一个复杂的应用程序如何处理你感兴趣的故障类型。

❑ 第 8 章展示如何将故障直接注入应用程序中。

❑ 第 9 章介绍网络浏览器中的混沌工程（使用 JavaScript）。

第三部分讨论 Kubernetes 中的混沌工程：

❑ 第 10 章介绍 Kubernetes，包括它的由来，以及它能为你做什么。

❑ 第 11 章介绍一些更高级的工具，让你能够快速进行复杂的混沌工程实验。

❑ 第 12 章深入介绍 Kubernetes 的工作原理。为了理解它的弱点，你需要知道它是如何工作的。本章涵盖了 Kubernetes 的所有组件，并探讨如何使用混沌工程识别弹性问题。

最后一章讨论机器之外的混沌工程：

❑ 第 13 章表明，同样的原则也适用于其他复杂的分布式系统，例如你每天都需要面对的团队问题。本章涵盖混沌工程思维，并探讨如何获得利益相关者的支持。

关于代码

本书包含不同的代码片段以及预期的输出，以帮助你使用不同的工具。最好的方法是使用本书附带的 Ubuntu 虚拟机来运行它们，你可以从 https://github.com/seeker89/chaos-engineering-book 下载它以及所有的源代码。

Acknowledgements 致 谢

说实话，如果一开始就知道编写本书需要那么长时间，我真的不能确定自己是否还会决定做这件事情。但现在，我几乎可以闻到新书的油墨香，我真的为我的所作所为而高兴！

许多人为实现这一目标付出了巨大的努力，我非常感谢他们。

感谢 Tinaye 源源不断地提供新泡的茶，并且培养了一种全新的爱好来减轻我因为总是忙碌而产生的内疚感。她真的帮我渡过了难关！

感谢我的好朋友 Sachin Kamboj 和 Chris Green，他们设法读完了本书的初稿。这需要真正的勇气，我非常感激。

非常感谢我的编辑 Toni Arritola，她不仅极力保证这本书的质量，而且总是能发现我试图掩盖的任何错误，还能容忍我的幽默感。她也从来没有试着解释过，在大西洋彼岸的美国，幽默这个词写为“humor”而不是“humour”。

感谢 Manning 出版社的其他工作人员：项目编辑 Deirdre Hiam、文字编辑 Sharon Wilkey、校对员 Melody Dolab 和技术校对 Karsten Strøbæk。

感谢所有的审稿人：Alessandro Campeis、Alex Lucas、Bonnie Malec、Burk Hufnagel、Clifford Thurber、Ezra Simeloff、George Haines、Harinath Mallepally、Hugo Cruz、Jared Duncan、Jim Amrhein、John Guthrie、Justin Coulston、Kamesh Ganesan、Kelum Prabath Senanayake、Kent R. Spillner、Krzysztof Kamyczek、Lev Andelman、Lokesh Kumar、Maciej Drożdżowski、Michael Jensen、Michael Wright、Neil Croll、Ryan Burrows、Satadru Roy、Simeon Leyzerzon、Teresa Fontanella De Santis、Tobias Kaatz、Vilas Veeraraghavan、Yuri Kushch，以及 Nick Watts 和 Karsten Strøbæk。他们都毫不留情地要求我修改任何模糊不清的代码示例。

感谢我的导师 James Hook，他首先允许我将混沌工程作为研究项目。正是由于这个决定，才有了你现在阅读的文字。

最后，我要感谢 GitHub 提供了如此优秀的平台。感谢所有为 PowerfulSeal、Goldpinger 或其他我们共同参与的项目做出过贡献的人。这是一件了不起的事情，我希望开源永无止境。

作者简介 *About the Author*

Mikolaj Pawlikowski 是一位热爱可靠性的软件工程师。如果你想了解关于他的更多信息，请访问 https://chaosengineering.news。

如果你想参与开源混沌工程项目并在虚拟环境中尝试，可以通过 https://github.com/powerfulseal/powerfulseal/ 获取 PowerfulSeal。详情见第 11 章。

最后，Mikolaj 也协助组织一年一度的混沌工程会议，可以在网站 https://www.conf42.com 上注册。

Contents 目 录

推荐序一

推荐序二

译者序

序言一

序言二

前言

致谢

作者简介

第1章　进入混沌工程的世界 ·············· 1

1.1　什么是混沌工程 ····················· 2

1.2　混沌工程的动机 ····················· 3

　　1.2.1　评估风险和成本，并设定 SLI、SLO 和 SLA ···················· 3

　　1.2.2　在整体上测试系统 ·········· 4

　　1.2.3　找到"涌现性"特性 ········· 5

1.3　混沌工程的四个步骤 ············· 5

　　1.3.1　确保可观测性 ················· 7

　　1.3.2　定义稳态 ······················· 8

　　1.3.3　形成假设 ······················· 9

　　1.3.4　运行实验并证明（或反驳）你的假设 ····················· 9

1.4　什么不是混沌工程 ·············· 10

1.5　初识混沌工程 ····················· 11

1.5.1　FizzBuzz 即服务 ············· 11

1.5.2　漫漫长夜 ······················· 11

1.5.3　后续 ····························· 12

1.5.4　混沌工程简述 ··············· 13

总结 ······································· 13

第一部分　混沌工程基础

第2章　来碗混沌与爆炸半径 ············ 17

2.1　设置使用本书中的代码 ········ 17

2.2　场景 ·································· 18

2.3　Linux 取证 101 ··················· 20

　　2.3.1　退出码 ························· 20

　　2.3.2　终止进程 ····················· 21

　　2.3.3　内存溢出杀手 ··············· 23

2.4　第一个混沌实验 ················· 25

　　2.4.1　确保可观测性 ··············· 29

　　2.4.2　定义稳态 ····················· 29

　　2.4.3　形成假设 ····················· 30

　　2.4.4　运行实验 ····················· 30

2.5　爆炸半径 ··························· 31

2.6　深入挖掘 ··························· 33

　　2.6.1　拯救世界 ····················· 35

总结 ······································· 36

第3章 可观测性 ·····················38

3.1 应用程序运行缓慢 ···········39

3.2 USE 方法 ·······················39

3.3 资源 ·····························41

　　3.3.1 系统概述 ···············43

　　3.3.2 block I/O ···············44

　　3.3.3 网络 ·····················48

　　3.3.4 RAM ·····················52

　　3.3.5 CPU ·····················59

　　3.3.6 操作系统 ···············65

3.4 应用程序 ·······················67

　　3.4.1 cProfile ·················68

　　3.4.2 BCC 和 Python ·········69

3.5 自动化：使用时序数据库 ·····71

　　3.5.1 Prometheus 和 Grafana ·······71

3.6 延伸阅读 ·······················74

总结 ·································75

第4章 数据库故障和生产环境中的
　　　测试 ·····························76

4.1 我们在做 WordPress ···········76

4.2 弱点 ·····························78

　　4.2.1 实验 1：磁盘慢了 ·······79

　　4.2.2 实验 2：网络慢了 ·······83

4.3 在生产环境中测试 ·············88

总结 ·································90

第二部分　混沌工程实战

第5章 剖析Docker ··················93

5.1 我的（Docker 化的）应用程序
　　　运行缓慢 ·····················94

5.1.1 架构 ·····················94

5.2 Docker 简史 ···················95

　　5.2.1 仿真、模拟和虚拟化 ·····95

　　5.2.2 VM 和容器 ···············97

5.3 Linux 容器和 Docker ·········99

5.4 Docker 原理 ···················102

　　5.4.1 使用 chroot 变更进程的
　　　　　路径 ·····················102

　　5.4.2 实现一个简单的容器（-ish）
　　　　　第 1 部分：使用 chroot ······105

　　5.4.3 实验 1：一个容器可以阻止
　　　　　另一个容器写磁盘吗 ········107

　　5.4.4 使用 Linux 命名空间隔离
　　　　　进程 ·····················111

　　5.4.5 Docker 和命名空间 ········114

5.5 实验 2：终止其他 PID 命名空间
　　　中的进程 ·····················116

　　5.5.1 实现一个简单的容器（-ish）
　　　　　第 2 部分：命名空间 ·······118

　　5.5.2 使用 cgroups 限制进程的资源
　　　　　使用 ·····················120

5.6 实验 3：使用你能找到的所有
　　　CPU ·····························126

5.7 实验 4：使用过多内存 ···········128

　　5.7.1 实现一个简单的容器（-ish）
　　　　　第 3 部分：cgroups ·········130

5.8 Docker 和网络 ···················133

　　5.8.1 capabilities 和 seccomp ·······137

5.9 Docker 揭秘 ·····················140

5.10 修复我的（Docker 化的）应用
　　　程序运行缓慢的问题 ···········141

　　5.10.1 启动 Meower ···············141

　　5.10.2 为什么应用程序运行缓慢···143

5.11 实验 5：使用 Pumba 让容器的
网络变慢 ·················· 143
　　5.11.1 Pumba：Docker 混沌工程
工具 ··············· 143
　　5.11.2 运行混沌实验 ········· 144
5.12 其他主题 ················· 147
　　5.12.1 Docker daemon 重启 ······ 148
　　5.12.2 镜像 layer 的存储 ······· 148
　　5.12.3 高级网络 ··········· 148
　　5.12.4 安全 ·············· 149
总结 ·················· 149

第6章 你要调用谁？系统调用
破坏者 ·············· 150
6.1 场景：恭喜你升职了 ········· 150
　　6.1.1 System X：如果大家都在
用，但没人维护，是不是
废弃软件 ·········· 151
6.2 简单回顾系统调用 ·········· 153
　　6.2.1 了解系统调用 ········· 154
　　6.2.2 使用标准 C 库和 glibc ······· 156
6.3 如何观测进程的系统调用 ······· 158
　　6.3.1 strace 和 sleep ········· 158
　　6.3.2 strace 和 System X ·········· 161
　　6.3.3 strace 的问题：开销 ······· 162
　　6.3.4 BPF ·············· 163
　　6.3.5 其他选择 ············ 166
6.4 为乐趣和收益阻塞系统调用
第 1 部分：strace ··········· 167
　　6.4.1 实验 1：破坏 close 系统
调用 ············· 167
　　6.4.2 实验 2：破坏 write 系统
调用 ············· 171

6.5 为乐趣和收益阻塞系统调用
第 2 部分：seccomp ·········· 173
　　6.5.1 seccomp 的简单方法：使用
Docker ············ 173
　　6.5.2 seccomp 的困难方法：使用
libseccomp ········· 175
总结 ·················· 177

第7章 JVM故障注入 ·········· 178
7.1 场景 ··················· 178
　　7.1.1 FizzBuzzEnterpriseEdition
介绍 ············· 179
　　7.1.2 环顾 FizzBuzzEnterprise-
Edition ··········· 179
7.2 混沌工程和 Java ············ 180
　　7.2.1 实验的思路 ·········· 181
　　7.2.2 实验的计划 ·········· 182
　　7.2.3 JVM 字节码简介 ········ 183
　　7.2.4 实验的实现 ·········· 190
7.3 已有的工具 ··············· 196
　　7.3.1 Byteman ············ 196
　　7.3.2 Byte-Monkey ·········· 198
　　7.3.3 Spring Boot 的 Chaos
Monkey ··········· 200
7.4 延伸阅读 ················ 200
总结 ·················· 201

第8章 应用级故障注入 ········· 202
8.1 场景 ··················· 202
　　8.1.1 实现细节：混沌之前 ······ 204
8.2 实验 1：Redis 延迟 ·········· 208
　　8.2.1 实验 1 的计划 ········· 209
　　8.2.2 实验 1 的稳态 ········· 209

8.2.3　实验 1 的实现 ·············· 210

8.2.4　实验 1 的执行 ·············· 212

8.2.5　实验 1 的讨论 ·············· 213

8.3　实验 2：失败的请求 ·········· 213

8.3.1　实验 2 的计划 ·············· 214

8.3.2　实验 2 的实现 ·············· 214

8.3.3　实验 2 的执行 ·············· 215

8.4　应用程序与基础设施 ·········· 216

总结 ······································ 217

第9章　我的浏览器中有一只"猴子" ···218

9.1　场景 ································ 218

9.1.1　Pgweb ······················ 219

9.1.2　Pgweb 实现细节 ·········· 220

9.2　实验 1：增加延迟 ············· 222

9.2.1　实验 1 的计划 ·············· 223

9.2.2　实验 1 的稳态 ·············· 223

9.2.3　实验 1 的实现 ·············· 224

9.2.4　实验 1 的执行 ·············· 226

9.3　实验 2：添加故障 ············· 227

9.3.1　实验 2 的实现 ·············· 227

9.3.2　实验 2 的执行 ·············· 229

9.4　其他最好知道的话题 ·········· 229

9.4.1　Fetch API ··················· 229

9.4.2　Throttling ·················· 230

9.4.3　工具：Greasemonkey 和
Tampermonkey ·········· 232

总结 ······································ 232

第三部分　Kubernetes 中的混沌工程

第10章　Kubernetes中的混沌 ········ 235

10.1　将东西移植到 Kubernetes ······· 236

10.1.1　High-Profile 项目文档 ····· 237

10.1.2　Goldpinger 是什么 ········ 237

10.2　Kubernetes 是什么 ············· 238

10.2.1　Kubernetes 简史 ·········· 238

10.2.2　Kubernetes 能为你做
什么 ······················ 239

10.3　搭建 Kubernetes 集群 ·········· 241

10.3.1　使用 Minikube ············ 241

10.3.2　启动一个集群 ············· 241

10.4　测试运行在 Kubernetes 上的
软件 ······························ 243

10.4.1　运行 ICANT 项目 ········· 243

10.4.2　实验 1：终止 50% 的
Pod ······················ 251

10.4.3　派对技巧：时尚地终止
Pod ······················ 256

10.4.4　实验 2：引入网络缓慢 ··· 257

总结 ······································ 267

第11章　自动化Kubernetes实验 ······ 268

11.1　使用 PowerfulSeal 自动化
混沌 ······························ 268

11.1.1　PowerfulSeal 是什么 ······ 269

11.1.2　安装 PowerfulSeal ········ 270

11.1.3　实验 1b：终止 50% 的
Pod ······················ 271

11.1.4　实验 2b：引入网络缓慢 ··· 273

11.2　持续测试和服务水准目标 ······· 276

11.2.1　实验 3：验证 Pod 在创建后
几秒内是否准备就绪 ····· 277

11.3　云层 ······························ 282

11.3.1　云提供商 API、可用区 ··· 282

11.3.2　实验 4：关闭 VM ········· 284

总结 ············· 286

第12章 Kubernetes底层工作原理 ··· 287

12.1 Kubernetes 集群剖析以及如何
破坏它 ············· 287

12.1.1 控制平面 ············· 288

12.1.2 Kubelet 和 pause 容器 ······ 295

12.1.3 Kubernetes、Docker 以及
容器运行时 ············· 297

12.1.4 Kubernetes 网络 ············· 300

12.2 关键组件总结 ············· 304

总结 ············· 304

第13章 混沌工程与人 ············· 305

13.1 混沌工程思维 ············· 305

13.1.1 故障不是一种可能：它会
发生 ············· 306

13.1.2 早失败与晚失败 ········· 307

13.2 获得支持 ············· 308

13.2.1 经理 ············· 308

13.2.2 团队成员 ············· 309

13.2.3 游戏日 ············· 309

13.3 将团队当成分布式系统 ········ 310

13.3.1 查找知识单点故障：
宅度假 ············· 312

13.3.2 团队内部的错误信息和
信任 ············· 313

13.3.3 团队中的瓶颈：慢车道上的
生活 ············· 313

13.3.4 测试你的流程：内部
工作 ············· 314

总结 ············· 315

附录

附录A 安装混沌工程工具 ·········· 318

附录B 突击测验答案 ············· 325

附录C 导演剪辑 ············· 333

附录D 混沌工程食谱 ············· 337

后记 ············· 343

第 1 章　*Chapter 1*

进入混沌工程的世界

本章涵盖以下内容：

❑ 混沌工程是什么，不是什么

❑ 进行混沌工程的动机

❑ 剖析混沌实验

❑ 一个简单的混沌工程实践案例

如果你要设计一辆汽车，要怎么做才能百分之百保证它是安全的？如今的车辆真的是工程学的一大奇迹，从雨刷器到救生气囊，众多子系统集成在一起，不仅让你可以纵情驰骋，还可以在发生事故时保护你和乘客。当你忠诚的汽车"舍车保帅"，通过战略性地使用"防撞缓冲区"（永远无法恢复）来拯救你时，这不是很令人感动吗？

乘客的安全是重中之重，因此所有模块都要经过严格的测试。假设你在现实世界中遇到了交通事故，即使各个模块都能按照设计正常工作，这真的能确保你平安无事吗？如果你的名片上写着"新车碰撞测试"，你显然不会这么认为。大概这就是每种新车在投放市场之前都要通过碰撞测试的原因。

想象一下：在仿真场景中，量产车以受控速度行驶并撞上障碍物，整个过程都在高速摄像头的严密观察之下，以此来对整个系统进行测试。在许多方面，混沌工程之于软件系统，正如同碰撞测试之于汽车工业：通过精心设计的实验方法发现系统问题。在本书中，你将了解应用混沌工程技术来改善计算机系统的原因、时机和方法。也许通过混沌工程还可以挽救一些生命呢！没有什么比核电站更适合作为入门案例了。

1.1 什么是混沌工程

假设你负责设计运行核电站的软件。你的工作除了其他一些普通事项，还需要防止放射性沉降物。这项工作风险很高：代码出现意外会导致灾难，使人们丧生，并使广阔的土地无法居住。从地震、停电、洪水、硬件故障到恐怖袭击，你都需要做好应对措施。你会怎么做？

你聘请了最优秀的程序员，制定了严格的审查流程和测试覆盖率目标，并在大厅里走来走去，提醒每个人我们的工作需要异常的认真。但是，"老板，我们有 100% 的测试覆盖率！"并不足以让你在会议上欢欣鼓舞。你需要应急方案，你需要能够证明，当发生故障时，整个系统可以承受这些问题，这样你的电厂名字才不会出现在新闻头条上。你需要在问题找到你之前先找到这些问题，这就是本书的目的。

混沌工程被定义为"通过实验性的方法，从而建立对系统抵御生产环境中突发事件能力信心的学科"（混沌工程原理，http://principlesofchaos.org/）。换句话说，这是一种软件测试方法，着重于在用户遇到问题之前找到问题。

你希望系统是可靠的（这是我们所关注的重点），这也是要努力产出高质量的代码并保证良好的测试覆盖率的原因。但是，即使代码按预期工作了，在现实世界中，很多方面也可能（并且将会）出错。可能出现故障的事物的清单很长，甚至比止痛药可能产生的副作用的清单还要长：像洪水和地震这样具有威胁性的灾害，可能会导致断电、硬件故障、网络故障、资源匮乏、竞态条件、意外的流量高峰，以及系统中复杂且无法解释的相互作用，从而破坏整个数据中心。操作人员的失误也可能导致类似的问题。系统越复杂，出现问题的机会就越多。

有人将这些视为罕见事件，但它们一直在发生。例如，在 2019 年，月球表面发生了两次坠毁事故：印度的月船二号任务（http://mng.bz/Xd7v）和以色列的创世纪（http://mng.bz/yYgB），都在月球降落时出现问题。需要记住，即使你的系统是没问题的，但是它仍然依赖其他系统，这些依赖系统可能会出问题。例如，在 2019 年夏季的大约一个月之内，Google Cloud[⊖]、Cloudflare、Facebook（WhatsApp）和 Apple 都发生了严重的宕机事故（http://mng.bz/d42X）。如果你的软件是在 Google Cloud 上运行或依靠 Cloudflare 进行网络路由，则可能会受到影响。这些都是现实中的案例。

　一种常见的误解是：混沌工程只是随机地破坏生产环境中的事物，实际上并不是。尽管在生产环境中运行实验是混沌工程的独特组成部分（稍后会再介绍），但它远不止于此，任何可以帮助我们确信系统可以抵御突发事件的方法都可以归结为混沌工程。它与站点可靠性工程（SRE）、应用程序和系统性能分析，以及其他形式的测试互有交集。进行混沌工程可以帮助你为故障做好预案，通过这样来学会构建更好的系统，改进现有系统，甚至让世界变得更加安全。

　　⊖ 你可以在 http://mng.bz/BRMg 上看到 Google Cloud 官方详细的报告。

1.2　混沌工程的动机

至少有三个充分的理由实施混沌工程（听起来像是一个商业广告）：

❑ 确定风险和成本，并设定服务水准指标、目标和协议。

❑ 在整体上测试系统（通常是复杂的、分布式的系统）。

❑ 找到你忽略的"涌现性"特性。

让我们来仔细看看这些动机。

1.2.1　评估风险和成本，并设定 SLI、SLO 和 SLA

你希望你的计算机系统运行良好，"良好"的主观定义取决于系统的性质，以及你对该系统设定的目标。大多数情况下，公司的主要目的是为所有者和股东创造利润。因此，"运行良好"的定义将是业务模型目标的衍生物。

假设你正在为一个面向全球的名为 Bookface 的网站工作，该网站主要用于共享猫、小孩的图片。你的业务模型可能是向用户投放针对性的广告，在这种情况下，你将需要在运行系统的总成本与销售这些广告所能获得的收入之间取得平衡。从工程的角度来看，主要风险之一是整个网站可能都无法正常运行，你将无法展示广告，也就无法获取收益。相反，如果猫的图片服务器出现问题，无法显示特定的猫的图片，可能并不是太大的问题，只会在很小的程度上影响你的利润。

对于这两种风险（用户无法使用网站，用户暂时无法访问猫的图片），你可以用美元/单位时间来估算相关成本。成本包括业务的直接损失，以及其他一些不太明显但是可能同样重要的事情，比如公众形象的损害。有一个真实的例子，福布斯评估亚马逊在 2013 年因网站宕机，每分钟损失 66 240 美元[⊖]。

现在，为了量化这些风险，行业普遍使用**服务水准指标**（SLI）。在我们的示例中，用户可以访问网站的时间的百分比可以作为一个 SLI，猫的图片服务器在特定时间窗口内成功服务的请求比率也可以作为一个 SLI。SLI 在这里是用于针对一种事件计算出一个数值，选择正确的 SLI 非常重要。

甲乙双方就 SLI 的特定范围达成协议，这样就形成了**服务水准目标**（SLO），工程团队为了这个目标而努力工作。反过来，SLO 可以作为**服务水准协议**（SLA）在法律上强制执行，其中一方同意保证某个 SLO，如果没有完成，他们同意支付某种形式的罚款。

回到我们的猫和小孩图片的共享网站，作为一种计算风险的方法，SLI 和 SLO 看起来像这样：

❑ 主要风险是"人们无法访问网站"，简单来说就是"宕机时间"。

❑ 相应的 SLI 可以是"服务器的成功响应与错误响应的比率"。

⊖　参见"Amazon.com Goes Down, Loses \$66 240 per Minute"，Kelly Clay，福布斯，2013 年 8 月，http://mng.bz/ryJZ。

❏ 工程团队要努力达到的 SLO："平均每月服务器的成功响应与错误响应的比率 >
99.95%"。

再举一个例子，想象一下有一个金融交易平台，算法需要通过查询一个 API 在全球市
场上买卖商品期货，访问速度至关重要。我们可以想象一下在交易 API 上设置的一组不同
的约束：

❏ SLI：99% 的响应时间。

❏ SLO：99% 的响应时间 <25 ms，占总时间的 99.999%。

从工程团队的角度来看，这像是不可能完成的任务：1% 的慢查询的平均响应时间超过
25 毫秒，这种场景我们每年只允许出现 5 分钟。建立这样的系统可能是困难且昂贵的。

N 个 9

在涉及 SLO 时，我们经常以 9 的个数来表示特定百分比。例如，99% 是 2 个 9，
99.9% 是 3 个 9，99.999% 是 5 个 9，依此类推。有时，我们也使用诸如 3 个 9 和 1 个
5 或者 3.5 个 9 的短语来表示 99.95%，尽管后者在技术上不正确（99.9% 是 99.95% 的
2 次方，但 99.9% 约是 99.99% 的 5 次方）。以下是一些最常见的值，及其每年和每天的
相应宕机时间：

❏ 90%（1 个 9）——每年 36.53 天，或每天 2.4 小时。

❏ 99%（2 个 9）——每年 3.65 天，或每天 14.40 分钟。

❏ 99.95%（3.5 个 9）——每年 4.38 小时，或每天 43.20 秒。

❏ 99.999%（5 个 9）——每年 5.26 分钟，或每天 840 毫秒。

混沌工程如何帮助实现这些？为了实现 SLO，你将以某种方式设计系统。你将需要
考虑各种险恶的情况，而要查看系统在这些条件下能否正常运行的最佳方法就是去创建它
们——这正是混沌工程的目的所在！你正在有效地从业务目标转换为对工程友好的 SLO 定
义，你可以使用混沌工程技术对其持续进行测试。注意，在所有前面的示例中，我都是针
对整个系统进行讨论的。

1.2.2 在整体上测试系统

各种测试技术在不同层级上处理软件。**单元测试**通常单独覆盖单个功能或较小的模块。
端到端（e2e）测试和集成测试工作在更高的层级上，将整个组件组合在一起，以模仿一个
真实的系统，并进行验证以确保该系统执行应有的功能。**基准测试**是另一种测试形式，专
注于一段代码的性能，该代码可以是较低级别的代码（例如，对单个功能进行微基准测试），
也可以是整个系统的性能（例如，模拟客户端调用）。

我喜欢将混沌工程视为下一个合乎逻辑的步骤，有点像 e2e 测试，但是在此期间，我
们为引入我们希望看到的故障类型确定条件，并衡量我们是否仍能在预期的时间范围内获
得正确的答案。值得注意的是，正如你将在第二部分中看到的那样，即使是单进程系统也

可以使用混沌工程技术进行测试，有时这确实非常方便。

1.2.3 找到"涌现性"特性

复杂的系统通常会表现出我们最初不想要的**涌现性特性**。在现实世界中，出现涌现性特性的例子是人的心脏：它的单个细胞不具有传输血液的属性，但是正确的细胞结构会产生使我们存活的心脏。同样地，我们的神经元也不会思考，但是被我们称为大脑的它们相互关联的集合却会思考，正如你在阅读这些内容时所想象的那样。

在计算机系统中，属性通常是由系统所包含的运动部件之间的交互产生的。让我们考虑一个例子。假设你运行的系统中有许多服务，而所有服务都使用域名系统（DNS）服务器来查找彼此。当遇到 DNS 错误时，每个服务被设计为最多重试 10 次。同样，系统的外部用户被告知，如果他们的请求失败了，就重试。现在，想象一下，无论出于何种原因，DNS 服务器宕机了，并重新启动。当重新启动时，它会收到被重试层放大的大量流量，这些流量远远超过了系统所能处理的大小。因此，它可能再次失败，并陷入重新启动无限循环，而系统作为一个整体也是宕机的。系统的任何组件都不具有创建无限宕机时间的特性，但是如果将这些组件放在一起，并且事件的时机正确，系统作为一个整体可能会进入那种状态。

尽管肯定没有我之前提到的意识示例那样令人兴奋，但是从系统各部分之间的交互作用中涌现出的这种特性是一个真正要解决的问题。这种意外行为会对任何系统（尤其是大型系统）造成严重后果。好消息是，混沌工程技术擅长发现此类问题。通过在实际系统上运行实验，通常可以发现简单、可预测的故障如何级联成大问题。并且你一旦知道了它们，就可以修复它们。

> **混沌工程与随机性**
>
> 在进行混沌工程设计时，你通常可以使用随机性元素，并从模糊测试输入伪随机有效载荷的实践中借鉴，以试图找出你有意编写的测试可能会遗漏的错误。随机性肯定会有所帮助，但我要再次强调，控制实验对于理解结果是必不可少的。混沌工程不仅仅是随机破坏事物。

希望我引起了你的好奇心，并且现在引起了你的注意。让我们看看如何进行混沌工程！

1.3 混沌工程的四个步骤

混沌工程实验（简称**混沌实验**）是混沌工程的基本单元。你需要通过一系列混沌实验来进行混沌工程。给定一个计算机系统和一些你感兴趣的特性，你设计实验，看看当糟糕的事情发生时，系统是如何运行的。在每个实验中，你都专注于证明或反驳关于系统将如何受特定条件影响的假设。

例如,假设你正在运行一个受欢迎的网站,并且你拥有整个数据中心。你需要你的网站在断电时服务不受影响,因此请确保在数据中心中安装了两个独立的电源。从理论上讲,你解决了这个问题,但实际上,仍然有很多地方会出错。也许电源之间的自动切换不起作用。也许自数据中心启动以来你的网站已经发展壮大,并且单一电源无法为所有服务器提供足够的电力。你还记得每三个月付钱给电工做一次机器的定期检查吗?

你是否感到担心,实际上你也应该如此。幸运的是,混沌工程可以帮助你更好地入睡。你可以设计一个简单的混沌实验,以科学地告诉你其中一个电源出现故障时会发生什么(为获得更出色的效果,请始终选择新来的实习生运行这些步骤)。

对于所有的电源重复如下操作,每次只执行一个步骤:

1. 检查网站是否正常。
2. 打开电源面板,关闭电源。
3. 检查网站是否正常。
4. 重新打开电源。

这个过程很粗糙,也很显而易见,但是让我们回顾一下这些步骤。给定一个计算机系统(一个数据中心)和一个特性(能够在单一电源故障下存活下来),你设计了一个实验(关闭电源并查看网站是否仍在运行),以增强你对系统抵抗电源问题的信心。你利用科学为善,并且一分钟就搞定了。"这是一个人的一小步,却是人类的一大步。"

不过,在你沾沾自喜之前,值得一问的是,如果实验失败并且数据中心出现故障,将会发生什么。在这种出于演示目的过于粗糙的情况下,你将自己造成中断。你工作的很大一部分将是最大限度地减少实验带来的风险,并选择合适的环境来执行它们。这部分内容之后再说。

看一下图 1.1,它总结了你刚经历的过程。在你回来时,我猜你的第一个问题是:如果你要处理更复杂的问题该怎么办?

与任何实验一样,你首先要形成一个你想要证明或反驳的假设,然后围绕这个想法设计整个实验。当孟德尔察觉到遗传规律时,他在黄豌豆和绿豌豆上设计了一系列实验,以证明显性性状和隐性性状的存在。他的结果与预期不符,这很好,事实上,他就是这样在遗传学上取得突破的[⊖]。在整本书中,我们将从他的实

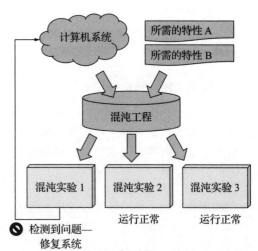

图 1.1 通过一系列混沌实验来实施混沌工程的过程

⊖ 他不得不等上几十年,直到有人重现他的发现,并让主流科学欣赏它,并将其认可为一个"突破"。但现在我们先忽略它。

验中汲取灵感,但是在我们进入设计实验的绝妙技术细节之前,让我们先播下正在寻找的想法的种子。

让我们放大图 1.1 中的这些混沌实验框之一,看看它是由什么组成的。如图 1.2 所示,该图描述了设计实验的四个简单步骤:

1. 你需要能够观察你的结果。无论是最终豌豆的颜色、碰撞试验中假人所拥有的四肢、你的网站正在运行、CPU 负载、每秒请求数,还是成功请求的延迟,第一步是确保你可以准确地读取这些变量的值。我们很幸运能和计算机打交道,因此我们可以很容易地得到非常准确和详细的数据。我们称之为**可观测性**。

2. 使用观测到的数据,你需要定义什么是正常的。这样,当事情超出预期时,你能够知道。例如,你可能希望应用程序服务器在工作周内平均 15 分钟的 CPU 负载低于 20%。或者,你可能希望在参考的硬件规格上,运行具有四个内核的应用服务器的每个实例每秒可以处理 500 到 700 个请求。此正常范围通常称为**稳态**。

3. 你利用可以可靠地收集(可观测性)到的数据,将你的直觉塑造成一个可以被证明或被反驳的假设。一个简单的例子是"终止其中一台机器不会影响平均服务延迟"。

4. 你运行实验,进行测量以得出你是否正确的结论。有趣的是,你希望得到错误的结果,因为这样你可以从中学到更多。清理环境并重复这些步骤。

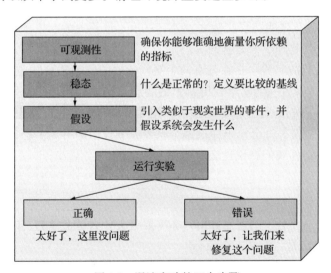

图 1.2　混沌实验的四个步骤

实验通常越简单越好。你不会因精心的设计而获得加分,除非这是证明假设的最佳方式。再看一下图 1.2,让我们从**可观测性**开始深入一点。

1.3.1　确保可观测性

我很喜欢**可观测性**这个词,因为它直截了当,意味着能够可靠地看到任何你感兴趣的指标。这里的关键字是**可靠**。在使用计算机时，我们经常会遇到麻烦——硬件制造商或操作系统（OS）已经提供了读取各种指标的机制，从 CPU 的温度、风扇的 RPM，到内存使用和用于内核事件的钩子。但与此同时，我们也很容易忘记，这些指标是由最终用户需要考虑的 bug 和警告所决定的。如果你用于测量 CPU 负载的进程最终使用的 CPU 多于你的应用程序，那么这可能是个问题。

如果你曾经在电视上看过碰撞测试，就会知道它既可怕又迷人。看着一台重达 3000磅[⊖]的机器加速到一个精心控制的速度，然后像折纸天鹅一样在与一个巨大的混凝土块撞击下折叠，多么震撼人心。

但是，高清慢镜头拍摄的破碎的玻璃四处飞舞，以及看起来毫发无损（也没有受到惊吓）的假人坐在一辆几秒钟前曾经是汽车的东西上，这不仅仅是为了娱乐。就像所有的科学家一样，碰撞测试专家和混沌工程实践者都需要可靠的数据来判断实验是否有效。这就是为什么可观测性，即可靠地收集关于活动系统的数据，是至关重要的。

在本书中，我们将重点关注 Linux 和它提供给我们的系统指标（CPU 负载、RAM 使用、I/O 速度），以及我们将要进行实验的应用程序中的高级指标示例。

> **量子领域的可观测性**
>
> 如果你的青春像我一样充满了疯狂的派对，你可能熟悉双缝实验（http://mng.bz/ MX4W）。这是我最喜欢的物理实验之一，它展示了量子力学的概率本质。它也是在过去的 200 年里被几代物理学家完善的。
>
> 以现代形式进行的实验包括在具有两个平行狭缝的屏障处发射光子（或诸如电子的物质粒子），然后观察另一侧降落在屏幕上的物质。有趣的部分是，如果你没有观察粒子穿过哪个狭缝，它们的行为就像是波浪并相互干扰，从而在屏幕上形成图案。但是，如果你尝试检查（观测）每个粒子穿过哪个狭缝，则粒子的行为不会像波浪一样。量子力学中的可靠可观测性我们就说这么多吧！

1.3.2 定义稳态

有了上一步（可观测性）的可靠数据，你需要定义什么是正常的，以便可以测量异常情况。一个更有趣的说法是"定义一个稳态"。

衡量什么将取决于这个系统和你的目标。它可以是"完好无损的汽车以 60 英里[⊖]每小时的速度直线行驶"，也可以是"99% 的用户可以在 200 毫秒内访问我们的 API"。通常，这将直接由业务策略驱动。

值得一提的是，在现代的 Linux 服务器上有很多东西运行，你将会尽最大努力隔离尽可能多的变量。让我们以你的进程的 CPU 使用情况为例。这听起来很简单，但实际上，很

⊖ 1 磅 = 0.453 592 37 千克。——编辑注

⊖ 1 英里 = 1 609.344 米。——编辑注

多事情都会影响你读取这个指标。你的进程是否获得了足够的 CPU ？或者它是否正在被其他进程占用（可能是一个共享机器，或者可能是一个 cron 作业更新了你在实验期间启动的系统）？内核调度是否将周期分配给了另一个具有更高优先级的进程？你是否处于 VM 中，并且管理程序可能决定了其他更需要 CPU 的事情？

你可以深入探索。好消息是，你通常会多次重复实验，一些其他的变量会暴露出来，但是请记住，所有这些其他因素都会影响你的实验，这很重要。

1.3.3　形成假设

现在是真正有趣的部分。在这一步，你要把你的直觉塑造成一个可验证的假设——在一个明确定义的问题出现时，你的系统会发生什么情况的有根据的猜测。它会继续工作吗？它会变慢吗？慢多少？

在现实生活中，这些问题通常是由意外事件引起的（当事物停止工作时发现的未被发现的问题），但你在这个游戏中做得越好，你就越能（也应该）抢占先机。在本章的前面，我列出了一些容易出问题的例子。这些事件大致可分为以下几类：

- ❏ 外部事件（地震、洪水、火灾、断电等）
- ❏ 硬件故障（硬盘、CPU、交换机、线缆、电源等）
- ❏ 资源短缺（CPU、RAM、交换、磁盘、网络）
- ❏ 软件 bug（无限循环、崩溃、黑客攻击）
- ❏ 无人管理的系统瓶颈
- ❏ 系统不可预测的涌现性特性
- ❏ VM（Java VM、V8 等）
- ❏ 硬件 bug
- ❏ 人为错误（按错按钮、发送错误配置、拔错电缆等）

在本书的第二部分中，我们将研究如何模拟这些问题。其中一些很容易（关闭机器以模拟机器故障，或拔出以太网电缆以模拟网络问题），而其他方式则更为先进（为系统调用增加延迟）。在选择要考虑的故障之前，你需要对你正在使用的系统有充分的了解。

下面是一些例子，假设看起来是这样的：

- ❏ 在以每小时 60 英里的速度正面碰撞时，没有假人会被压扁。
- ❏ 如果豌豆的双亲都是黄色的，那么所有的后代都是黄色的。
- ❏ 如果我们关闭 30% 的服务器，API 仍可以提供服务，并且 99% 的请求在 200 毫秒内。
- ❏ 如果我们的一个数据库服务器宕机，我们的系统仍然可以满足 SLO。

现在，我们该运行实验了。

1.3.4　运行实验并证明（或反驳）你的假设

最后，你运行实验，测量结果，并得出结论是否正确。请记住，如果假设是错的也没关系——这个阶段更加令人兴奋!

在以下情况下,每个人都将获得奖牌:

❏ 如果你是对的,那么恭喜!在风雨如磐的日子里,你对系统有了更多的信心。

❏ 如果你是错的,那么恭喜!你在客户发现之前就在系统中发现了一个问题,而且可以在任何人受到影响之前修复它!

在后面的章节中,我们将花一些时间制定良好的流程规范,包括自动化、管理爆炸半径和在生产环境下测试。现在,只要记住,只要这是一门好科学,你就可以从每个实验中学到一些东西。

1.4 什么不是混沌工程

如果你只是在商店里浏览本书,希望你已经从中得到了一些价值。更多的信息即将到来,所以不要把它放在一边!通常情况下,细节决定成败,在接下来的章节中,你将更深入地了解如何执行前面的四个步骤。我希望现在你可以清楚地看到混沌工程所提供的好处,以及实现它所涉及的大致内容。

但在我们继续之前,我想确保你也明白不要期望从本书中得到的内容。混沌工程不是银弹,不能自动修复你的系统、治愈癌症,或保证减肥成功。事实上,它甚至可能不适用于你的用例或项目。

一个常见的误解是,混沌工程是关于随机破坏事物的。我想"混沌"这个名字对此有些暗示,并且 Chaos Monkey(https://netflix.github.io/chaosmonkey/)作为第一个在该领域赢得互联网声誉的工具,在很大程度上依赖于随机性。但是,尽管随机性可能是一个强大的工具,有时甚至与模糊测试重叠,你还是希望尽可能紧密地控制与之交互的变量。通常,注入故障很容易,困难的部分是要知道在哪里注入以及为什么注入。

混沌工程不仅仅是 Chaos Monkey、Chaos Toolkit(https://chaostoolkit.org/)、PowerfulSeal(https://github.com/bloomberg/powerfulseal)或 GitHub 上众多可用的项目中的任何一个,这些只是使实现某些类型的实验更加容易的工具,真正困难的地方在于学习如何批判性地看待系统,并预测脆弱的点在哪里。

重要的是要明白,混沌工程不能取代其他测试方法,如单元测试或集成测试。相反,它是对它们的补充:就像先单独测试安全气囊,然后在碰撞测试期间再次将安全气囊与汽车的其余部分一起测试,混沌实验是在不同的层面上进行的,并在整体上测试系统。

本书不会为你提供有关如何修复系统的现成答案。相反,它将教你如何自行发现问题以及在何处寻找问题。每个系统都是不同的,尽管我们将共同的场景和陷阱结合在一起,但你需要深入了解系统的弱点才能提出有用的混沌实验。换句话说,你从混沌实验中获得的价值将取决于你的系统、你对系统的了解程度、想要对其进行测试的深度,以及建立可观测性的程度。

尽管混沌工程的独特之处在于它可以应用于生产系统，但这并不是它迎合的唯一场景。互联网上的很多内容似乎都围绕着"在生产环境中破坏"，很可能是因为这是你能做的最激进的事情，但同样，这并不是混沌工程的全部——甚至不是它的主要关注点。应用混沌工程原理并在其他环境中运行实验也可以带来很多价值。

最后，尽管有一些重名，但混沌工程学并非源于数学和物理学中的混沌理论。我知道：这让人烦恼。在家庭聚会上回答这个问题可能会很尴尬，所以最好做好准备。

消除了这些注意事项，让我们通过一个小案例研究来了解一下混沌工程是什么样的。

1.5 初识混沌工程

在一切变得技术化之前，让我们闭上眼睛，快速绕道前往虚构的北欧岛国格兰登（Glanden）。格兰登人的生活是愉快的。地理位置为其勤奋的人们提供了温和的气候和繁荣的经济。格兰登的中心是其首都多伦（Donlon），有约 800 万人口，有着来自世界各地丰富的历史遗产——这是一个真正的文化大熔炉。在多伦，我们虚构的初创公司 FizzBuzzAAS（FizzBuzz-as-a-Service，FizzBuzz 即服务）正努力使世界变得更美好。

1.5.1 FizzBuzz 即服务

FizzBuzzAAS 公司是多伦蓬勃发展的科技领域中的一个后起之秀。它成立于一年前，已经在 FizzBuzz 即服务市场上确立了明显的领导地位。最近，在获得巨额风险资本（VC）资金支持的情况下，该公司正在寻求扩大其市场范围并扩大其业务规模。以 FizzBuzzEnterpriseEdition（https://github.com/EnterpriseQualityCoding/FizzBuzz EnterpriseEdition）为例的竞争是激烈而无情的。FizzBuzzAAS 业务模型非常简单：客户每月支付固定的订阅费即可访问最先进的 API。

Betty 是 FizzBuzzAAS 的销售主管，她天生就是这块料。她即将签订一份大合同，这可能会决定这家雄心勃勃的初创公司的成败。几个星期以来，每个人都在饮水机旁谈论这份合同。空气中弥漫着紧张的气息。

突然，电话响了，所有人都变得安静下来。这是大公司的电话。Betty 接了，"嗯……是的。我明白。"当时是如此的安静，你可以听到外面的鸟鸣声，"是的女士。是的，我会给你回电。谢谢。"

Betty 站起来，意识到每个人都屏住了呼吸，"我们最大的客户无法访问 API。"

1.5.2 漫漫长夜

这是公司历史上第一次让整个工程团队（Alice 和 Bob）通宵达旦工作。最初，没有发现任何问题。他们可以成功地连接到每个服务器，服务器报告运行状况良好，并且预期的进程正在运行并做出响应——那么错误是从哪里来的呢？

更重要的是，他们的架构并没有那么复杂。外部请求将到达负载均衡器，负载均衡器将路由到 API 服务器的两个实例之一，API 服务器将查询缓存并提供预计算的响应（如果它足够新的话），或者计算一个新的响应并存储在缓存中。你可以在图 1.3 中看到这个简单的架构。

终于，在深夜喝了大量咖啡后，Alice 找到了第一块拼图。"这有点奇怪，"她在浏览一个 API 服务器实例的日志时说，"我没有看到任何错误，但所有这些请求似乎都在查找缓存时停止了。"Wow！不久之后，她发现了问题：代码优雅地处理了缓存中断（拒绝连接，没有主机，等等），但在没有响应的情况下没有任何超时。从这开始事情有了进展——快速进行结对编程，快速构建和部署，是时候小睡了。

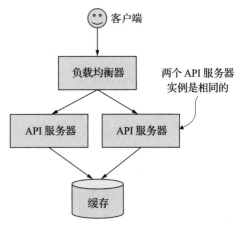

图 1.3　FizzBuzz 即服务技术架构图

世界秩序恢复了。人们可以继续发请求给 FizzBuzz 即服务，风投的钱也花得很值。这家大公司认可了这个问题修复，甚至没有提及取消合同。太阳又出来了。后来，事实证明 API 服务器无法连接到缓存是由一个糟糕的防火墙策略导致的，在该策略中，有人忘记将缓存列入白名单。这是人为的错误。

1.5.3　后续

"我们如何确保下次不会再发生这种情况？"Alice 问道。这次会议对公司的未来至关重要。

鸦雀无声。

"好吧，我想我们可以偶尔先发制人地让一些服务器着火。"Bob 回答说，以此来提振气氛。

每个人都笑了。每个人，除了 Alice。

"Bob，你真是个天才！"Alice 欢呼道，然后花了一会儿时间欣赏大家瞪大的眼球，"我们就这么做吧！如果我们能够像这样模拟一个不完善的防火墙规则，那么我们就可以把它添加到我们的集成测试中。"

"你是对的！"Bob 从椅子上跳了起来，"这很容易！为了在家里的路由器上屏蔽我孩子的《反恐精英》服务器，我经常这么做！你需要做的就是这样。"他说着，开始在白板上写：

```
iptables -A ${CACHE_SERVER_IP} -j DROP
```

"然后在测试结束后，我们可以用这个来撤销它。"他继续说道，他感到同事们对他的尊敬与日俱增：

```
iptables -D ${CACHE_SERVER_IP} -j DROP
```

Alice 和 Bob 将这些修复作为集成测试的开始和退出时的一部分来实现，然后确认旧版本不能工作，但是包含修复的新版本工作得很好。同一天晚上，Alice 和 Bob 都在 LinkedIn 上把自己的职位头衔改成了网站可靠性工程师（Site Reliability Engineer, SRE），并达成协议，永远不会告诉任何人他们在生产过程中修复了这个问题。

1.5.4　混沌工程简述

如果你曾经在一家初创公司工作过，像这样喝着咖啡度过漫漫长夜对你来说可能并不陌生。能理解的请举手！虽然很简单，但这个场景展示了前面介绍的所有四个步骤的作用：

❑ **可观测性**指标是我们是否能成功调用 API。
❑ **稳态**是 API 成功响应。
❑ **假设**是如果我们断开对缓存的连接，仍能成功获得响应。
❑ **运行实验**后，我们可以确认旧版本存在故障，新版本可以正常工作。

干得好，伙计们！你们刚刚增强了系统在困难条件下生存的信心！在这个场景中，团队是被动的：Alice 和 Bob 想出这个新测试只是为了应对他们的用户已经注意到的一个错误。这使得情节产生了更戏剧性的效果。在现实生活中，在本书中，我们将尽最大努力预测并主动检测此类问题，而无须在一夜之间失业的外部刺激！我保证在这个过程中我们会获得一些真正的乐趣（请参阅附录 D）。

总结

❑ 混沌工程是一门在计算机系统上运行实验以发现问题的学科，而这些问题通常是其他测试技术无法发现的。
❑ 与汽车行业中进行的碰撞测试试图确保整个汽车在明确定义的、类似于真实生活的事件中表现出一定的行为非常类似，混沌工程实验旨在确认或反驳你的关于在出现类似现实生活中的问题时系统的行为的假设。
❑ 混沌工程无法自动解决你的问题，提出有意义的假设需要在系统工作方式方面拥有一定水平的专业知识。
❑ 混沌工程并不是要随机破坏事物（尽管随机测试在混沌工程中也有一席之地），而是要添加可控数量的可理解的故障。
❑ 混沌工程不需要很复杂。我们刚刚介绍的四个步骤以及一些出色的技术，应该使你走得更远。正如你将看到的，任何规模和形状的计算机系统都可以从混沌工程中受益。

第一部分 *Part 1*

混沌工程基础

- 第2章　来碗混沌与爆炸半径
- 第3章　可观测性
- 第4章　数据库故障和生产环境中的测试

如果已经有了地基，建造房子往往会容易得多。这部分将为我们要在本书中建造的混沌工程总部大厦奠定基础。即使你只阅读了这三章，你也会看到在现实系统中，仅仅是一点点的混沌工程也可以检测出潜在的灾难性问题。

　　第 2 章直接进入实践，向你展示看似稳定的应用程序多么容易崩溃。它还帮助你设置 VM 以尝试本书中的所有内容，而不必担心破坏你的笔记本电脑，并涵盖了爆炸半径等基本要素。

　　第 3 章介绍可观测性，以及查看系统内部所需的所有工具。可观测性是混沌工程的基石——它决定了科学研究和猜测之间的区别。你还将看到 USE 方法。

　　第 4 章使用一个流行的应用程序（WordPress），向你展示如何设计、执行和分析网络层上的混沌实验。你将看到应用程序在应对网络缓慢方面的脆弱程度，以便你在设计应用程序时提高其弹性。

第 2 章 *Chapter 2*

来碗混沌与爆炸半径

本章涵盖以下内容：

❑ 设置一个 VM 来运行附带的代码

❑ 使用基本的 Linux 取证工具——你的进程为什么会死亡

❑ 使用简单的 bash 脚本执行你的第一个混沌实验

❑ 理解爆炸半径

第 1 章介绍了什么是混沌工程以及混沌实验通常是什么样子的。现在是时候亲自动手，从头开始实现一个实验了！我将带你一步步地构建你的第一个混沌实验，只需要使用几行 bash。我还将利用这个机会介绍和说明爆炸半径等新概念。

这是我们出发之前的最后一站：建立工作空间。

定义　我猜你肯定想知道爆炸半径是什么，让我解释一下。就像炸药一样，软件组件可能会出错，并破坏它所涉及的其他东西。我们经常用爆炸半径来描述可能受到故障影响的东西的最大数量。我将在本章中介绍更多与此相关的内容。

2.1　设置使用本书中的代码

我关心你的学习过程。为了确保所有相关资源和工具可直接供你使用，我提供了一个 VM 镜像，你可以下载、导入，并在任何能够运行 VirtualBox 的主机上运行该镜像。在本书中，我将假设你使用的是 VM 中提供的代码。这样，你就不必在 PC 上安装各种工具。与在你的主机操作系统中相比，在 VM 中也可以更加有趣。

在开始之前，你需要将 VM 镜像导入 VirtualBox。为此，请完成以下步骤：

1. 下载 VM 镜像：

❑ 打开网址 https://github.com/seeker89/chaos-engineering-book。

❑ 单击页面右边的 Releases 链接。

❑ 找到最新发布的版本。

❑ 按照发布说明下载、验证和解压缩 VM 归档文件（将有多个文件需要下载）。

2. 按照 www.virtualbox.org/wiki/Downloads 上的说明安装 VirtualBox。

3. 把 VM 镜像导入 VirtualBox 中。

❑ 在 VirtualBox 中单击"文件"＞"导入"。

❑ 选择你下载并解压的 VM 镜像文件。

❑ 按照向导进行操作，直到完成。

4. 根据你的喜好（和资源）配置 VM：

❑ 在 VirtualBox 中，右击你的新 VM，然后选择"设置"。

❑ 单击"常规"＞"高级"＞"共享粘贴板"，然后选择"双向"。

❑ 单击"系统"＞"主板"，然后选择 4096 MB 基本内存。

❑ 单击"显示"＞"显存大小"，然后选择至少 64 MB。

❑ 单击"显示"＞"远程桌面"，然后取消选中"启用服务器"。

❑ 单击"显示"＞"显卡控制器"，然后选择 VirtualBox 的推荐配置。

5. 启动 VM 并登录：

❑ 用户名和密码都是 chaos。

注意 使用 VirtualBox 时，单击"常规"＞"高级"＞"共享剪贴板"下的"双向"复选框可激活双向复制和粘贴。使用此设置，你可以通过按 <Ctrl+C>（在 Mac 上为 <Cmd+C>）从主机复制内容，然后使用 <Ctrl+V>（在 Mac 上为 <Cmd+V>）将其粘贴到 VM 中。一个常见的需要注意的地方是，当粘贴到 Ubuntu 中的终端时，需要按 <Ctrl+Shift+C> 和 <Ctrl+Shift+V>。

这样就完成了！ VM 提供了所需的所有源代码和所有预安装的工具。工具的版本也将匹配我在本书中所使用的。所有源代码，包括用于预构建 VM 的代码，都可以在 https://github.com/seeker89/chaos-engineering-book 找到。一旦完成了这些步骤，你就可以完全按照本书的介绍去执行了。如果你发现任何问题，请随意在 GitHub 上创建 issue。让我们通过引入一个具有讽刺意味的现实场景来了解它的实质！

小贴士 我选择 VirtualBox 是因为它是免费的，所有人都可以使用。如果你和 VirtualBox 相处得不太好，请随意使用任何能运行这个镜像的容器。VMware 是一个流行的选择，你可以很容易地上网搜索如何来使用它。

2.2 场景

还记得第 1 章中来自格兰登的朋友们吗？他们刚刚伸出手来寻求帮助。他们在最新的产品上遇到了麻烦：之前的客户抱怨它有时不能工作，但当工程师进行测试时，一切似乎都很好。作为混沌工程社区中一颗冉冉升起的新星，你同意帮助他们跟踪并解决所面临的问题。挑战已被接受。

这是一个非常常见的场景。一些东西不工作，现有的测试方法没有发现任何问题，而时间不等人。在一个理想的世界里，你会主动思考并预防这样的情况，但在现实世界里，你会经常面对已经存在的问题。为了给你提供正确的应对工具，我想让你从后一种类型的场景开始。

在这种情况下，你通常至少有两条信息可以着手：总体架构和应用程序日志。首先，我们来看看 FizzBuzz 即服务的技术架构，如图 2.1 所示。

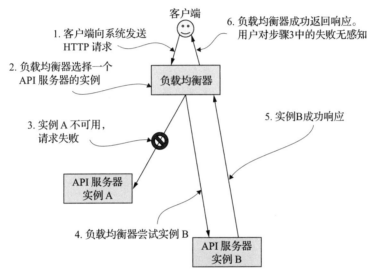

图 2.1　FizzBuzz 即服务技术架构

该架构由一个负载均衡器（NGINX）和两个相同的 API 服务器副本（使用 Python 实现）组成。当客户端通过网络浏览器发出请求时（1），负载均衡器将接收到该请求。负载均衡器被配置为将传入的流量路由到任何正在运行的实例（2）。如果负载均衡器选择的实例不可用（3），其配置为将请求重新传输到另一个实例（4）。最后，负载均衡器将 API 服务器实例提供的响应返回给客户端（5），而内部故障对用户是隐藏的。

另一个你可以获取信息的途径是日志。日志的相关示例如下所示（相似的行多次出现）：

```
[14658.582809] ERROR: FizzBuzz API instance exiting, exit code 143
[14658.582809] Restarting
[14658.582813] FizzBuzz API version 0.0.7 is up and running.
```

虽然日志中的信息不够详细，但它确实提供了关于发生了什么的有价值的线索：你可以看到 API 服务器实例重新启动，还可以看到叫作退出码的东西。这些重启是设计混沌实验的一个很好的起点。但在我们这么做之前，重要的是你要知道如何读取这样的退出码，并使用它们来理解进程死亡前发生了什么。以犯罪心理主题为背景，让我们看看 Linux 取证的基础知识。

2.3 Linux 取证 101

在进行混沌工程时，你经常会发现自己试图理解一个程序为什么会失败。这常常让人感觉像是在扮演侦探，在流行的犯罪电视剧中解决谜团。让我们戴上侦探的帽子破案吧！

在前面的场景中，你可以处理的东西相当于一个黑匣子程序，你可以看到它死亡了，并想要找出原因。你会怎么做？如何检查发生了什么？本节介绍退出码和终止进程，可以通过 kill 命令手动执行，也可以通过内存溢出杀手（Out-Of-Memory Killer）完成，内存溢出杀手是 Linux 的一部分，它负责在系统内存溢出时终止进程。这将让你为处理现实生活中死亡的进程做好准备。让我们从退出码开始。

定义 在软件工程中，我们通常将对我们不透明的系统称为"黑盒"。我们只能看到它们的输入和输出，而不能看到其内部工作原理。与"黑盒"相反的东西有时被称为"白盒"。你可能听说过飞机上安装的亮橙色记录设备。它们也经常被称为"黑匣子"，而不是用它的真实颜色命名，因为它们被设计为防止被篡改。在实践混沌工程时，我们通常会操作整个系统或者系统组件，它们都是黑盒。

2.3.1 退出码

在处理黑盒代码时，你可能想要考虑的第一件事是运行程序并查看发生了什么。除非它是用来转换核电站接入码的，否则运行它可能是个好主意。为了向你展示它会是什么样子，我写了一个程序。让我们通过运行它来热身，并调查发生了什么。在提供的 VM 中，打开一个新的 bash 会话，运行以下命令启动一个神秘的程序：

```
~/src/examples/killer-whiles/mystery000
```

你会注意到它会立即退出并显示如下错误消息：

```
Floating point exception (core dumped)
```

该程序友好地告诉了我们它为什么死亡：与浮点运算错误有关。这对人类肉眼来说非常棒，但是 Linux 提供了一种更好的机制来了解程序发生了什么。当进程终止时，它返回一个数字来通知用户该进程是否成功。该数字称为退出码。你可以通过在提示符运行以下命令来检查前一命令返回的退出码：

```
echo $?
```

在本实例下，你将看到以下输出：

```
136
```

这意味着执行的最后一个程序的退出码为 136。许多（不是所有）UNIX 命令在命令成功时返回 0，在命令失败时返回 1。有些使用不同的返回码来区分不同的错误。bash 对于退出码有一个相当严谨的约定，建议查看 www.tldp.org/LDP/abs/html/exitcodes.html。

128～192 范围内的错误码使用 128 + n 解码，其中 n 是终止信号的编号。在本例中，退出码是 136，对应 128 + 8，这意味着程序接收到一个终止信号 8，即 SIGFPE。当一个程序试图执行一个错误的算术运算时，这个信号会发送给它。别担心，你不需要记住所有的终止信号的编号。你可以通过在命令提示符下运行 kill -L 来查看它们及其对应的编号。请注意，bash 和其他 shell 之间有一些退出码是不同的。

记住，程序可以返回任何退出码，有时甚至是错误的。但我们可以认为这个退出码是有意义的，这样就知道从哪里开始调试，生活就会变得很美好。程序做错了些事情，所以它死了，冷酷的内核正义得到了伸张。

可用的信号

如果你对可以发送（例如，通过 kill 命令）的各种信号感到好奇，可以通过在终端中运行以下命令轻松地列出它们：

```
kill -L
```

你可以看到如下所示的输出：

```
 1)SIGHUP       2)SIGINT      3)SIGQUIT     4)SIGILL      5)SIGTRAP
 6)SIGABRT      7)SIGBUS      8)SIGFPE      9)SIGKILL    10)SIGUSR1
11)SIGSEGV     12)SIGUSR2    13)SIGPIPE    14)SIGALRM    15)SIGTERM
16)SIGSTKFLT   17)SIGCHLD    18)SIGCONT    19)SIGSTOP    20)SIGTSTP
21)SIGTTIN     22)SIGTTOU    23)SIGURG     24)SIGXCPU    25)SIGXFSZ
26)SIGVTALRM   27)SIGPROF    28)SIGWINCH   29)SIGIO      30)SIGPWR
31)SIGSYS      34)SIGRTMIN   35)SIGRTMIN+1 36)SIGRTMIN+2 37)SIGRTMIN+3
38)SIGRTMIN+4 39)SIGRTMIN+5 40)SIGRTMIN+6 41)SIGRTMIN+7 42)SIGRTMIN+8
43)SIGRTMIN+9  44)SIGRTMIN+10 45)SIGRTMIN+11 46)SIGRTMIN+12 47)SIGRTMIN+13
48)SIGRTMIN+14 49)SIGRTMIN+15 50)SIGRTMAX-14 51)SIGRTMAX-13 52)SIGRTMAX-12
53)SIGRTMAX-11 54)SIGRTMAX-10 55)SIGRTMAX-9  56)SIGRTMAX-8  57 SIGRTMAX-7
58)SIGRTMAX-6  59)SIGRTMAX-5  60)SIGRTMAX-4  61)SIGRTMAX-3  62)SIGRTMAX-2
63)SIGRTMAX-1  64)SIGRTMAX
```

2.3.2 终止进程

为了向你展示如何显式地终止进程，我们将同时扮演好警察和坏警察。在两个终端窗口中打开两个 bash 会话。在第一个终端中，运行以下命令启动一个长时间运行的进程：

```
sleep 3600
```

顾名思义，sleep 命令在指定的时间（以秒为单位）内阻塞。这只是为了模拟长时间运行的进程。你的提示符将被阻塞，等待命令完成。要确认进程是否存在，在第二个终端中，运行以下命令列出正在运行的进程（f 标志直观地显示进程之间的父子关系）：

```
ps f
```

在以下输出中，你可以看到 sleep 3600 是另一个 bash 进程的子进程：

```
PID  TTY      STAT   TIME COMMAND
4214 pts/1    Ss     0:00 bash
4262 pts/1    R+     0:00  \_ ps f
2430 pts/0    Ss     0:00 bash
4261 pts/0    S+     0:00  \_ sleep 3600
```

现在，仍然在第二个终端中，让我们把魔爪伸向可怜的 sleep 进程，终止它：

```
pkill sleep
```

你将注意到 sleep 进程会在第一个终端中终止。它将打印此输出，然后提示符再次可用了：

```
Terminated
```

看到这个信息很有用，但在大多数情况下，你关心的进程会在你没有注意的情况下终止，然后你将有兴趣尽可能多地收集有关其终止情况的信息。这时，我们之前介绍的退出码将派上用场。你可以使用以下熟悉的命令来验证 sleep 进程在终止之前返回的退出码：

```
echo $?
```

退出码是 143。与前面的 136 类似，它对应于 128 + 15，15 对应信号 SIGTERM，它也是 kill 命令发送的默认信号。这与 FizzBuzz 日志中显示的退出码相同，表明它们的进程正在被终止。这是一个令人振奋的时刻：我们揭开了谜团的第一块拼图！

如果选择其他信号，则会看到不同的退出码。为了说明这一点，请通过运行相同的命令在第一个终端再次启动 sleep 进程：

```
sleep 3600
```

在第二个终端上运行以下命令，以此来发送 KILL 信号：

```
pkill -9 sleep
```

这将导致获得不同的退出码。请在第一个终端（进程终止的终端）运行以下命令查看退出码：

```
echo $?
```

你将看到如下输出：

```
137
```

如你所料，退出码是 137，也就是 128 + 9。当我们使用 kill -8 终止进程时，也将获得与前面程序中出现运算错误的示例相同的退出码，这是毫无疑问的。所有这些只是一个约定，但是大多数流行的工具都将遵循它。

现在，你已经了解了另一种流行的进程终止方法，即显式信号。可能是管理员发出命令，可能是系统检测到运算错误，也可能是由管理进程的某种守护进程完成的。在最后这种类型中，一个有趣的例子是内存溢出（OOM）杀手。让我们来看看这个强大的杀手。

突击测验：退出码
选择错误的陈述：

1. Linux 进程提供的一个数字，用来表示退出的原因。
2. 数字 0 表示成功退出。
3. 数字 143 对应于 SIGTERM。
4. 有 32 种可能的退出码。

答案见附录 B。

2.3.3 内存溢出杀手

当第一次了解内存溢出杀手（OOM Killer）时，你可能会感到吃惊。如果你还没有，我希望你能先亲身体验一下。让我们从一个需要解决的小谜团开始。为了说明 OOM 是什么，请从命令行运行以下我为你准备的程序：

```
~/src/examples/killer-whiles/mystery001
```

你能知道这个程序在做什么吗？你会从哪里开始？源代码和可执行文件在同一个文件夹中，但是在你阅读它之前请给我几分钟时间。让我们先试着把它当作一个黑盒来处理。

运行该程序一两分钟后，你可能会注意到 VM 变得有点慢，这也暗示我们应该去检查内存的使用情况。在命令行中运行 top 命令，如下所示：

```
top -n1 -o+%MEM
```

请注意，使用 -n1 标志会打印一个输出并退出，而不是连续更新输出，而 -o+%MEM 这个标志会通过内存利用率对进程进行排序。

输出将类似于以下内容：

可用内存约为 100 MB

```
top - 21:35:49 up  4:21,  1 user,  load average: 0.55, 0.46, 0.49
Tasks: 175 total,   3 running, 172 sleeping,   0 stopped,   0 zombie
%Cpu(s): 11.8 us, 29.4 sy, 0.0 ni, 35.3 id, 20.6 wa, 0.0 hi, 2.9 si, 0.0 st
MiB Mem : 3942.4 total,    98.9 free,   3745.5 used,    98.0 buff/cache
MiB Swap:    0.0 total,    0.0 free,      0.0 used.    5.3 avail Mem

PID  USER   PR NI    VIRT     RES    SHR  S  %CPU  %MEM   TIME+ COMMAND
5451 chaos  20  0 3017292    2.9g      0  S   0.0  74.7 0:07.95 mystery001
5375 chaos  20  0 3319204  301960  50504  S  29.4   7.5 0:06.65 gnome-shell
1458 chaos  20  0  471964  110628  44780  S   0.0   2.7 0:42.32 Xorg
(...)
```

内存使用情况（RES 和 %MEM）以及 mystery001 进程的名称（均以粗体显示）

你可以看到 mystery001 正在使用 2.9 GB 的内存，几乎占 VM 的四分之三，而可用内存徘徊在 100 MB 左右。你的 top 可能会开始垂死挣扎，或者很难分配内存。除非你忙于对视频进行编码或使游戏效果最佳，否则这很少是一个好兆头。如果时机正合适，当你试图弄清楚发生了什么时，你应该会在提示符下看到进程终止（如果你使用更多的 RAM 运行 VM，则可能需要更长的时间）：

```
Killed
```

但是发生了什么事？谁终止了它？本节的标题似乎已经剧透了答案。因此让我们检查内核日志以查找线索。为此，你可以使用 dmesg。这是一个 Linux 实用程序，用于显示内核消息。让我们在终端中运行以下命令来搜索我们的 mystery001：

```
dmesg | grep -i mystery001
```

你将看到类似下面的输出。当你读到这几行时，真相渐渐浮出了水面。一种叫作 oom_reaper 的东西刚刚终止了你的进程：

```
[14658.582932] Out of memory: Kill process 5451 (mystery001)
score 758 or sacrifice child
[14658.582939] Killed process 5451 (mystery001)
total-vm:3058268kB, anon-rss:3055776kB, file-rss:4kB, shmem-rss:0kB
[14658.644154] oom_reaper: reaped process 5451 (mystery001),
now anon-rss:0kB, file-rss:0kB, shmem-rss:0kB
```

那是什么，为什么它拥有访问进程的权限？如果你再多浏览一下 dmesg，你将看到一些关于 OOM Killer 所做事情的信息，包括它在将你的程序献上 RAM 祭坛之前所评估的进程列表。

下面是一个例子，为了简洁省略了部分内容。请注意 oom_score_adj 这一列，它从 OOM Killer 的角度显示了各种进程的分数（为了便于阅读，我将名称用粗体显示）：

```
[14658.582809] Tasks state (memory values in pages):
[14658.582809] [pid ] uid tgid total_vm rss pgtables_bytes swapents
    oom_score_adj name
(...)
[14658.582912] [5451] 1000  5451 764567  763945  6164480  0   0 mystery001
(...)
[14658.582932] Out of memory: Kill process 5451 (mystery001) score 758 or
    sacrifice child
[14658.582939] Killed process 5451 (mystery001) total-vm:3058268kB, anon-
    rss:3055776kB, file-rss:4kB, shmem-rss:0kB
[14658.644154] oom_reaper: reaped process 5451 (mystery001), now anon-
    rss:0kB, file-rss:0kB, shmem-rss:0kB
```

OOM Killer 是 Linux 内核中比较有趣（且有争议）的内存管理功能之一。在内存不足的情况下，OOM Killer 会介入并尝试找出要终止的进程，以便回收一些内存并让系统重新获得一定的稳定性。它使用启发式方法（包括 niceness 值、进程的最近运行情况，以及所使用的内存量，请参阅 https://linux-mm.org/OOM_Killer 了解更多详细信息）为每个进程评分并选择不幸的获胜者。如果你对它的发展及其实现方式感兴趣，那么我所知道的关于该主题的最佳文章是 Goldwyn Rodrigues 的 "Taming the OOM Killer"（https://lwn.net/Articles/317814/）。

这就是进程终止的第三个常见原因，一个经常让新手感到惊讶的原因。在 FizzBuzz 日志示例中，你知道你看到的退出码可能是显式 kill 命令或 OOM Killer 的结果。不幸的是，与具有明确定义的含义的其他退出码不同，日志示例中的退出码并不能帮助你得出进程终止的确切原因。幸运的是，混沌工程允许你在任何情况下都能取得进展。让我们开始着手应用一些混沌工程吧！

突击测验：什么是OOM？

选择一个：

1. 用于对任何给定的进程调节分配 RAM 大小的机制。

2. 当系统资源不足时终止进程的机制。

3. 瑜伽唱诵。

4. Linux 管理员看到进程终止时发出的声音。

答案见附录 B。

OOM Killer 设置

可以通过内核公开的标志来调整 OOM Killer 的行为。以下内容来自内核文档，网址为 www.kernel.org/doc/Documentation/sysctl/vm.txt：

```
==============================================================

oom_kill_allocating_task

This enables or disables killing the OOM-triggering task in
out-of-memory situations.

If this is set to zero, the OOM killer will scan through the entire
tasklist and select a task based on heuristics to kill.  This normally
selects a rogue memory-hogging task that frees up a large amount of
memory when killed.

If this is set to non-zero, the OOM killer simply kills the task that
triggered the out-of-memory condition.  This avoids the expensive
tasklist scan.

If panic_on_oom is selected, it takes precedence over whatever value
is used in oom_kill_allocating_task.

The default value is 0.
```

此外，`oom_dump_tasks` 在终止进程时将转储额外的信息，以便于调试。在提供的基于 Ubuntu Disco Dingo 的 VM 中，你可以看到两个标志都使用了默认的配置，分别为 0 和 1，这意味着 OOM Killer 将尝试使用它的启发式方法来选择受害者，然后在终止进程时转储额外的信息。如果需要检查系统的设置，可以执行以下命令：

```
cat /proc/sys/vm/oom_kill_allocating_task
cat /proc/sys/vm/oom_dump_tasks
```

2.4　第一个混沌实验

日志中的退出码并不能很好地说明是什么原因导致 FizzBuzz 的 API 服务器终止。虽然这可能有点扫兴，但这是设计使然。在这个僵局中，我想把你引向混沌工程的一个强大方面：我们将整个系统作为一个整体来进行假设。

你可以回想一下图 2.1，该系统被设计成通过负载均衡来处理 API 服务器实例宕机，如果一个实例宕机，系统会自动重新路由。但是，用户抱怨他们看到了错误！

虽然深入分析 API 服务器实例被终止的原因并进行修复很重要，但从整个系统的角度来看，你应该更关注为什么用户在不应该看到错误的时候看到了错误。换句话说，修复终止 API 服务器实例的问题只是暂时"解决"问题，另一个 bug、宕机或人为错误都可能会重新引入该问题，并影响最终用户。在我们的系统或任何更大的分布式系统中，组件死亡是一种常态，而不是例外。

看看图 2.2，与图 2.1 相比，它说明了将系统属性作为一个整体来考虑的不同之处。对于客户端与系统的交互，我们不再只是考虑它的具体实现，还要考虑系统应如何作为一个整体运行。

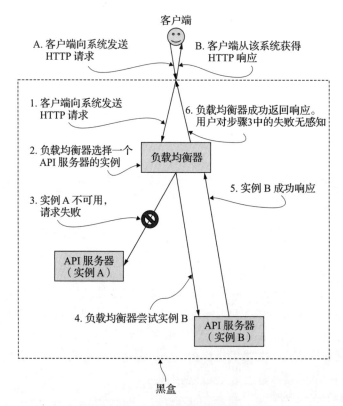

图 2.2 FizzBuzz 即服务系统整体概览

让我们设计我们的第一个混沌实验，以复现客户所面临的情况，并看看会发生什么。第 1 章介绍了设计混沌实验的四个步骤：

1. 确保可观测性。

2. 定义稳态。

3. 形成假设。

4. 运行实验。

最好尽可能简单地开始。你需要为可观测性选择一个度量标准，最好是一个可以轻松生成的。在本例中，我们选择从系统收到的失败的 HTTP 响应数。你可以编写一个脚本来发出请求并计算失败的请求数量，但也有现成的工具可以完成这一点。

简单起见，你将使用一个众所周知的工具：Apache Bench。你可以使用它来生成 HTTP 流量，以验证稳态，并生成此过程中遇到的错误响应数量的统计信息。如果系统运行正常，即使你在测试过程中终止了一个 API 服务器实例，你也不会看到任何错误响应。这就是我们的假设。最后，实现和运行实验也将非常简单，因为我们已经介绍了如何终止进程。

综上所述，我准备了图 2.3，看起来应该很熟悉。它以第 1 章的图 1.2 中的四个步骤为模板，其中包含了我们第一个实验的详细信息。

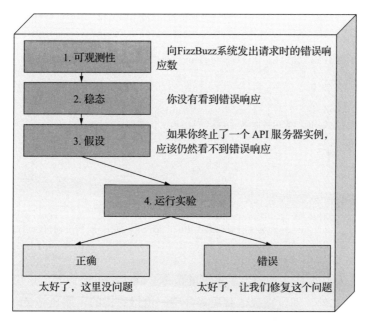

图 2.3　第一个混沌实验的四个步骤

如果这个计划对你来说可行，那么我们可以继续。终于到了动手干活的时候了！让我们仔细看看我们的应用程序。VM 预先安装了所有组件，所有源代码都可以在 ~/src/examples/killer_whiles 文件夹中找到。API 服务器的两个实例被建模为系统服务 faas001_a 和 faas001_b。它们已经预先安装好了（但默认为禁用），因此可以使用 systemctl 检查它们的状态。使用命令提示符对 faas001_a 或 faas001_b 执行此命令（并按 Q 退出）：

```
sudo systemctl status faas001_a
sudo systemctl status faas001_b
```

你将会看到如下的输出：

- faas001_b.service - FizzBuzz as a Service API prototype - instance A
  Loaded: loaded (/home/chaos/src/examples/killer-
whiles/faas001_a.service; static; vendor preset: enabled)
  Active: inactive (dead)

如你所见，API 服务器实例已加载但处于非活动状态。让我们继续，在命令行中发出以下命令，通过 `systemctl` 来启动它们：

```
sudo systemctl start faas001_a
sudo systemctl start faas001_b
```

请注意，这些服务配置为仅对 `/api/v1/` 路径正确响应。所有其他 URL 路径将返回 404 响应代码。

现在，进入下一个组件：负载均衡器。负载均衡器是一个 NGINX 实例，配置为在两个后端实例之间以轮询方式分配流量，并服务于 8003 端口。这应该根据我们的场景对负载均衡器进行足够精确的建模。它有一个基本的配置，你可以通过在命令行中执行以下命令来进行查看：

```
cat ~/src/examples/killer-whiles/nginx.loadbalancer.conf | grep -v "#"
```

你将会看到如下输出：

```
upstream backend {
    server 127.0.0.1:8001 max_fails=1 fail_timeout=1s;
    server 127.0.0.1:8002 max_fails=1 fail_timeout=1s;
}
server {
    listen 8003;

    location / {
        proxy_pass http://backend;
        proxy_set_header X-Forwarded-For $proxy_add_x_forwarded_for;
    }
}
```

配置 NGINX 及其最佳实践超出了本书的范围。除了知道服务器应该像本章开头的场景中描述的那样运行之外，你不需要了解更多。唯一值得一提的可能是将 `fail_timeout` 参数设置为 1 秒，这意味着在其中一个服务器返回错误（或没有响应）后，它将从池中删除 1 秒的时间，然后优雅地重新引入。`max_fails` 配置允许单个实例错误响应的次数，如果超过这个限制，NGINX 会将实例从池中删除。NGINX 被配置为侦听 VM 本地主机上的 8003 端口。

通过在命令提示符中运行以下命令，确保负载均衡器也已启动并运行：

```
sudo systemctl start nginx
```

为了确认你可以通过负载均衡器成功访问到 API 服务器，可以使用 `curl` 来访问负载均衡器。通过在 8003 端口上向本地主机发出 HTTP 请求来验证，请求唯一实现的路径

为 /api/v1/。为此，在命令提示符中运行以下命令：

```
curl 127.0.0.1:8003/api/v1/
```

你将会看到令人欣慰的响应：

```
{
    "FizzBuzz": true
}
```

如果你收到的是这个，我们就可以开始了。如果你现在想看一下源代码，我不打算阻止你，但我建议你推迟一下，以后再看。这样，你可以更轻松地将这些组件视为具有你感兴趣的某些行为的黑盒。好了，我们讲完了，现在是时候通过生成一些负载让系统做一些工作了！

突击测验：以下哪个不属于混沌实验的步骤？

选择一个：

1. 可观测性。
2. 稳态。
3. 假设。
4. 当实验失败时，找个角落哭泣。

答案见附录 B。

2.4.1 确保可观测性

有很多方法可以生成 HTTP 负载。为了简单起见，让我们使用 Apache Bench，它已经预先安装了，可以通过 ab 命令访问。用法很简单。例如，如果将并发设置为 10（-c 10），并持续 30 秒的时间（-t 30），或者总共发送 50 000 个请求（持续 30 秒和总共发送的请求数量达到 50 000 个，两个条件任一得到满足后即退出），并且忽略内容长度差异（-l），要向你的负载均衡器施加尽可能多的请求，所有你需要做的就是在提示符下运行以下命令：

```
ab -t 30 -c 10 -l http://127.0.0.1:8003/api/v1/
```

ab 的默认输出非常有用。你最感兴趣的信息是 Failed requests。你将以此作为你的成功指标。让我们继续看一下它在稳态下的值。

2.4.2 定义稳态

要确定稳态，或者了解系统的正常行为，请在终端中执行 ab 命令：

```
ab -t 30 -c 10 -l http://127.0.0.1:8003/api/v1/
```

你将看到类似如下的输出，这有点冗长，所以我删除了不相关的部分：

```
(...)
```

```
Benchmarking 127.0.0.1 (be patient)
(...)
Concurrency Level:      10
Time taken for tests:   22.927 seconds
Complete requests:      50000
Failed requests:        0
(...)
```

如你所见，Failed requests 为 0，两个 API 服务器通过负载均衡器为负载提供服务。吞吐量本身没有什么值得炫耀的，但是由于你在一个 VM 中运行所有组件，因此暂时将忽略性能方面。你将使用 Failed requests 作为单一指标，这就是目前监控稳态所需要的一切。现在是时候写下你的假设了。

2.4.3 形成假设

如前所述，你希望我们的系统在只重启其中一个服务器的情况下可以正常工作。因此，你的第一个假设可以这样写："如果我们每次只终止两个实例中的一个，用户将不会收到负载均衡器的任何错误响应。"没有必要把它弄得更复杂，让我们运行它！

2.4.4 运行实验

现在场景已经设定好了，接下来你可以使用 bash 基本功来继续运行实验。使用 ps 列出你感兴趣的进程，然后先 kill 实例 A（端口 8001），在等待一小段时间后，kill 实例 B（端口 8002），同时运行 ab。我为你准备了一个简单的脚本。在提示符下执行以下命令，看一下具体的脚本：

```
cat ~/src/examples/killer-whiles/cereal_killer.sh
```

你将看到以下输出（为了简洁起见，省略了部分内容）：

```
echo "Killing instance A (port 8001)"
ps auxf | grep 8001 | awk '{system("sudo kill " $2)}'     ◁─── 搜索 ps 的输出，找到包
(...)                                                             含字符串 "8001" 的进程
                                                                 (faas001_a) 并 kill

echo "Wait some time in-between killings"       等待 2 秒，给 NGINX 足够
sleep 2                                     ◁── 的时间来检测由 systemd
(...)                                            重新启动的实例

echo "Killing instance B (port 8002)"                        搜索 ps 的输出，找到包
ps auxf | grep 8002 | awk '{system("sudo kill " $2)}'  ◁─── 含字符串 "8002" 的进程
                                                                 (faas001_b) 并 kill
```

以上的脚本会首先终止一个实例，然后等待一段时间，最后再终止另一个实例。在两次终止实例之间需要等待一段时间，这么做是为了让 nginx 有足够的时间在你终止实例 B 之前重新把被终止的实例 A 添加到资源池中。这样你就可以开始了！在一个窗口中启动 ab 命令：

```
bash ~/src/examples/killer-whiles/run_ab.sh
```

在另一个窗口中，你可以使用刚才看到的 `cereal_killer.sh` 脚本来终止实例。在提示符中运行以下命令：

```
bash ~/src/examples/killer-whiles/cereal_killer.sh
```

你应该会看到类似如下的东西（简洁起见，我删除了一些不太相关的内容）：

```
Listing backend services
(...)

Killing instance A (port 8001)
● faas001_a.service - FizzBuzz as a Service API prototype - instance A
   Loaded: loaded (/home/chaos/src/examples/killer-
whiles/faas001_a.service; static; vendor preset: enabled)
   Active: active (running) since Sat 2019-12-28 21:33:00 UTC; 213ms ago
(...)

Wait some time in-between killings

Killing instance B (port 8002)
● faas001_b.service - FizzBuzz as a Service API prototype - instance B
   Loaded: loaded (/home/chaos/src/examples/killer-
whiles/faas001_b.service; static; vendor preset: enabled)
   Active: active (running) since Sat 2019-12-28 21:33:03 UTC; 260ms ago
(...)
Listing backend services
(...)

Done here!
```

两个实例都被顺利地终止并且正常重新启动了，你可以看到它们的进程 ID（PID）发生了更改，并且 systemd 报告它们的状态为 active。在第一个窗口中，在命令执行完成后，你在输出的结果中应该看不到错误信息：

```
Complete requests:      50000
Failed requests:        0
```

你已经成功证实了你的假设，并且完成了实验。恭喜你！你刚刚设计、实现和执行了你的第一个混沌实验。给自己点个赞！

看起来在 API 服务器实例的连续两次故障中，我们的系统可以幸存下来，而且这也很容易做到。你使用 ab 生成了一个可靠的指标，建立了它的正常值范围，然后在一个简单的 bash 脚本中引入了故障。虽然这个脚本设计得很简单，但我估计你会觉得我在使用 kill 命令的时候有点暴力——这给我带来了一个叫作**爆炸半径**（blast radius）的新概念。

2.5　爆炸半径

如果你留心的话，我敢肯定你已经注意到我前面的例子 `cereal_killer.sh` 有点鲁莽。在提示符下运行以下命令，看看 `cereal_killer.sh` 脚本中包含 sudo 的行：

```
grep sudo ~/src/examples/killer-whiles/cereal_killer.sh
```

可以看到如下两行：

```
ps auxf | grep 8001 | awk '{system("sudo kill " $2)}'
ps auxf | grep 8002 | awk '{system("sudo kill " $2)}'
```

这个实现在这个小实验中工作得很好，但是如果 ps 的输出中出现任何包含字符串 8001 或 8002 的进程，即使 PID 为 8001 或者 8002，这些进程也会在"无罪且未经审判"的情况下，被无情地终止。

在这个特定的示例中，你可以做很多事情来解决这个问题，从限制 grep，到从 systemd 获取 PID，再到直接使用 systemctl restart。但是我希望你在阅读本书的时候在大脑中思考这个问题。为了更清楚地说明这一点，图 2.4 展示了三种可能的爆炸半径，从之前例子中的广义 grep 到更特定的 grep，旨在仅影响目标进程。

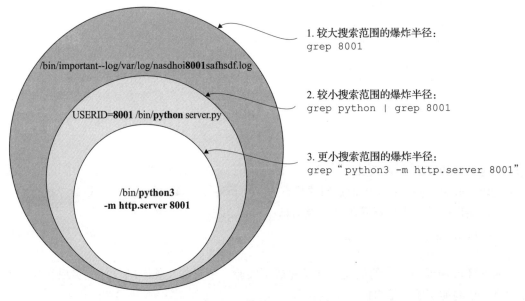

图 2.4　爆炸半径的例子

这就是**爆炸半径**的意义所在：**限制我们的实验能影响的事物的数量**。在接下来的章节中，你将看到各种限制爆炸半径的技术例子，但一般来说，它们可以分为两类："策略类"和"实现类"。

前面介绍的缩小爆炸半径的方法属于后一种"实现类"。你可以主动寻找使执行更安全的方法，但无论怎么优化，肯定还是有一定的误差（仍然可能终止非目标进程）。

前一种"策略类"的方法更多的是关于以某种方式规划你的实验，以便当实验出错时，将发生灾难性事件的空间最小化。许多好的软件部署实践都适用。下面是一些例子：

❑ 首先在一小部分流量上运行实验，然后再进行扩展。

❑ 在开始生产之前，先在质量保证（QA）环境中运行实验（在后面会讨论在生产环境中进行测试）。

❑ 尽早实现自动化，以便你可以更轻松地重现你的发现。

❑ 谨慎使用随机性，这是一把双刃剑。它可以帮助查找竞态条件之类的问题，但可能会使问题难以复现（我们后面会再讲到这一点）。

好吧，我们现在知道了爆炸半径的重要性。在此示例中，我们不会更改脚本，但我希望你从现在开始就将爆炸半径记在你的脑海中。我们的第一个实验未发现任何问题，我们给自己点了个赞。但是，FizzBuzz 客户端仍然可以看到错误，这表明我们没有深入到兔子洞中。让我们更深入地挖掘！

突击测验：爆炸半径是什么？

选择一个：

1. 能被我们的行为影响的事物的数量。

2. 在混沌实验中我们想要破坏的事物的数量。

3. 当坐在你旁边的人意识到他们的混沌实验出了问题，突然站起来掀翻桌子时，咖啡洒出来不至于溅到自己衣服上的最小安全距离，这就是爆炸半径，以米为单位。

答案见附录 B。

2.6 深入挖掘

在我们的第一个实验中，我们在时间上相当保守，允许 NGINX 有足够的时间重新将之前被终止的服务器添加到资源池中，然后再优雅地开始发送请求。说到**保守**，我的意思是说我把 sleep 放在这里，是为了告诉你们一个看似成功的实验可能是不够的。让我们尝试解决这个问题。如果 API 服务器不止一次地连续崩溃，会发生什么？它会继续正常工作吗？

让我们使用一些具体的数字来调整混沌实验的假设："如果我们连续终止实例 A 6 次，间隔 1.25 秒，然后对实例 B 做同样的事，我们仍然不会发现错误。"是的，这些数字有些奇怪，你马上就会明白我为什么选择这些数字！

我为你编写了一个脚本：`killer_while.sh`。通过在提示符下运行以下命令来查看源代码：

```
cat ~/src/examples/killer-whiles/killer_while.sh
```

你将看到脚本的主体，如下所示：

```
# restart instance A a few times, spaced out by 1.25 second delays
i="0"
while [ $i -le 5 ]              ⟵── 使用一个 while 循环，
do                                  终止进程 6 次
    echo "Killing faas001_a ${i}th time"
```

```
ps auxf | grep killer-whiles | grep python | grep 8001 | awk
   '{system("sudo kill " $2)}'
sleep 1.25
i=$[$i+1]
done

systemctl status faas001_a --no-pager

(...)
```

sleep 一小段时间，以便有足够的时间重新启动服务

使用稍微保守的一系列 grep 命令来缩小目标进程的范围，并终止选出的进程

显示服务 faas001_a 的状态（使用 --no-pager 以防止将输出通过管道传输到 less）

这实际上是前面脚本 cereal_killer.sh 的一个变体，这次使用了两个 while 循环来执行一些代码。（是的，我确实用了 while 循环而不是 for 循环，这样"killer while"⊖的笑话就起作用了。）

当运行它的时候，你认为会发生什么？让我们来找到答案，在命令提示符下运行脚本：

```
bash ~/src/examples/killer-whiles/killer_while.sh
```

你应该看到类似如下的输出（再次省略部分内容，显示最有趣的信息）：

```
Killing faas001_a 0th time
(...)
Killing faas001_a 5th time
● faas001_a.service - FizzBuzz as a Service API prototype - instance A
     Loaded: loaded (/home/chaos/src/examples/killer-
whiles/faas001_a.service; static; vendor preset: enabled)
     Active: failed (Result: start-limit-hit) since Sat 2019-12-28 22:44:04
UTC; 900ms ago
   Process: 3746 ExecStart=/usr/bin/python3 -m http.server 8001 --directory
/home/chaos/src/examples/killer-whiles/static (code=killed, signal=TERM)
  Main PID: 3746 (code=killed, signal=TERM)

Dec 28 22:44:04 linux systemd[1]: faas001_a.service: Service
RestartSec=100ms expired, scheduling restart.
Dec 28 22:44:04 linux systemd[1]: faas001_a.service: Scheduled restart job,
restart counter is at 6.
Dec 28 22:44:04 linux systemd[1]: Stopped FizzBuzz as a Service API
prototype - instance A.
Dec 28 22:44:04 linux systemd[1]: faas001_a.service: Start request repeated
too quickly.
Dec 28 22:44:04 linux systemd[1]: faas001_a.service: Failed with result
'start-limit-hit'.
Dec 28 22:44:04 linux systemd[1]: Failed to start FizzBuzz as a Service API
prototype - instance A.
Killing faas001_b 0th time
(...)
Killing faas001_b 5th time
● faas001_b.service - FizzBuzz as a Service API prototype - instance B
     Loaded: loaded (/home/chaos/src/examples/killer-
whiles/faas001_b.service; static; vendor preset: enabled)
     Active: failed (Result: start-limit-hit) since Sat 2019-12-28 22:44:12
```

⊖ "killer while"为"killer whale"的谐音，意思为虎鲸。这里有很多虎鲸的笑话：https://upjoke.com/killer-whale-jokes。——译者注

```
UTC; 1s ago
  Process: 8864 ExecStart=/usr/bin/python3 -m http.server 8002 --directory
/home/chaos/src/examples/killer-whiles/static (code=killed, signal=TERM)
 Main PID: 8864 (code=killed, signal=TERM)

(...)
```

你看到了错误信息，而且两个实例都已经完全失效。这是怎么发生的？一分钟前它还在正常重新启动，到底是哪里出了错？让我们再次检查 systemd 服务文件是否出错。你可以在提示符中运行这个命令来查看它：

```
cat ~/src/examples/killer-whiles/faas001_a.service
```

你将会看到如下输出：

```
[Unit]
Description=FizzBuzz as a Service API prototype - instance A

[Service]
ExecStart=python3 -m http.server 8001 --directory
/home/chaos/src/examples/killer-whiles/static
Restart=always
```

注意 Restart=always 这部分配置，看起来服务应该会一直重启，但显然不是这样。你想花点时间自己找到答案吗？从前面的输出中你能找到一些线索吗？

2.6.1　拯救世界

事实证明，细节决定成败。如果你仔细阅读前一节中的日志，就会发现 systemd 抱怨启动请求的频率太高了。从 systemd 文档（http://mng.bz/VdMO），你可以得到更多的细节信息：

```
DefaultStartLimitIntervalSec=, DefaultStartLimitBurst=
Configure the default unit start rate limiting, as configured per-service
by StartLimitIntervalSec= and StartLimitBurst=. See systemd.service(5) for
details on the per-service settings. DefaultStartLimitIntervalSec= defaults
to 10s. DefaultStartLimitBurst= defaults to 5.
```

除非指定了 StartLimitIntervalSec，否则默认情况下只允许在 10 秒移动窗口内重新启动 5 次，如果超过该值将停止重新启动服务。这既是好消息也是坏消息。好消息是，只需两行代码，我们就可以调整 systemd 的配置文件，使其一直可以重新启动。坏消息是，如果我们使用修改 systemd 配置的方式修复这个问题，API 本身还是可能会崩溃，但是我们来自格兰登的朋友可能永远不会去管它，因为他们的客户不再抱怨了！

让我们修复它。在提示符下复制并粘贴以下命令，在服务描述中增加额外的参数 StartLimitIntervalSec，并将其设置为 0（或使用你喜欢的文本编辑器来添加）：

```
cat >> ~/src/examples/killer-whiles/faas001_a.service <<EOF
[Unit]
StartLimitIntervalSec=0
EOF
```

之后，你需要重新加载 systemctl 守护进程并再次启动这两个服务。可以通过运行以下命令来执行此操作：

```
sudo systemctl daemon-reload
sudo systemctl start faas001_a
sudo systemctl start faas001_b
```

你现在应该可以继续了。使用此新的配置，实例 A 将无限期重新启动，从而可以避免重复之前的错误，而实例 B 仍会失败。为了测试这一点，你现在可以通过在提示符下执行以下命令来再次运行 killer_while.sh：

```
bash ~/src/examples/killer-whiles/killer_while.sh
```

你将会看到如下输出（省略了部分内容）：

```
Killing faas001_a 0th time
(...)
Killing faas001_a 5th time
● faas001_a.service - FizzBuzz as a Service API prototype - instance A
   Loaded: loaded (/home/chaos/src/examples/killer-
whiles/faas001_a.service; static; vendor preset: enabled)
   Active: active (running) since Sat 2019-12-28 23:16:39 UTC; 197ms ago
(...)
Killing faas001_b 0th time
(...)
Killing faas001_b 5th time
● faas001_b.service - FizzBuzz as a Service API prototype - instance B
   Loaded: loaded (/home/chaos/src/examples/killer-
whiles/faas001_b.service; static; vendor preset: enabled)
   Active: failed (Result: start-limit-hit) since Sat 2019-12-28 23:16:44
UTC; 383ms ago
 Process: 9347 ExecStart=/usr/bin/python3 -m http.server 8002 --directory
/home/chaos/src/examples/killer-whiles/static (code=killed, signal=TERM)
 Main PID: 9347 (code=killed, signal=TERM)
(...)
```

实例 A 在重新启动后可以正常运行，状态为 active，但是实例 B 仍然重启失败。你让实例 A 成功免疫了你发现的问题。这样成功解决了这个问题！

如果以同样的方式修复 faas001_b，然后使用 killer_while.sh 重新运行实验，你将不会再看到任何错误响应。宇宙的秩序恢复了，格兰登的朋友们可以继续他们的生活。你并没有查看 API 服务器的具体实现，仅仅是使用混沌工程来测试系统，就发现了一个很容易修复的缺陷。做得很好，现在你可以再给自己点个赞了，至少在 7.5 分钟内，你仍然会保持这种愉悦感觉！让我们开始下一个挑战！

总结

❑ 在进行混沌实验时，重要的是能够观察到进程终止的原因，是由于程序崩溃或者接收到了终止信号，还是 OOM Killer。

❑ 爆炸半径是指一个动作或行为能影响到的事物的最大数量。

❑ 使用一些技术来限制爆炸半径，以减少运行混沌实验的风险，是对实验进行计划的一个重要方面。

❑ 通过使用第 1 章中介绍的四个简单的混沌实验步骤，使用少量 bash 命令即可实现有效的混沌实验，如本章所示。

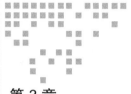

可 观 测 性

本章涵盖以下内容:

❑ 使用 USE 方法诊断系统性能问题

❑ 了解混沌实验中使用的基本系统指标

❑ 使用 Linux 工具检查系统指标

❑ 使用时序数据库来获取对系统性能的持续了解

系好安全带。我们将要解决一个你在实践混沌工程时将会面临的更恼人的情况:臭名昭著的"我的应用程序运行缓慢"的抱怨。如果软件经过了所有的开发阶段并投入生产,那么它很有可能通过了相当数量的测试,并且许多人都认可了,但是它仍然可能存在问题。在应用程序投入使用之后,如果它开始变慢了,而且没有明显的原因,这往往意味着我们要花很长时间来解决这个问题。

与普通的"我的应用程序无法正常工作"相比,"我的应用程序运行缓慢"更微妙,有时调试起来相当棘手。在本章中,你将学习如何处理造成这种情况的一个流行原因——资源竞争。我们将介绍用于检测和分析此类问题的必要工具。

在日常生活中,混沌工程、站点可靠性工程(Site Reliability Engineering, SRE)和系统性能工程之间只有一墙之隔。在一个理想的世界里,混沌工程师的工作只涉及预防。在实践中,你通常需要进行调试,然后设计一个实验来防止问题再次发生。因此,本章的目的是为你提供足够的工具以及在进行混沌工程实践时需要的背景知识。

如果我的工作做得足够好,那么你阅读完本章之后,我希望在下次感恩节晚宴上,当你与有点古怪的大叔讨论基本的 Linux 性能分析工具时,你能够谈笑风生。到时候给我发感谢邮件吧!来自格兰登的充满戏剧性的朋友——FaaS 团队有了一个新的求助,让我们用它来设定场景。他们在忙什么呢?

3.1 应用程序运行缓慢

那是十一月的一个风雨交加的寒冷下午。乌云密布，大雨倾盆，堵塞在曼哈顿中城的黄色出租车的车顶被雨点砸得啪啪作响。FaaS 项目（共有五个团队成员）的工程负责人 Alice 被困在车内，正在对她将在几分钟内提供给客户的演示文稿进行最后的修改。

她有不祥的预感。自从当天她坐进车里的那一刻起，她就一直觉得好像有什么可怕的事情要发生——厄运即将来临的感觉。当她从车里走出来，置身在大雨中，她的手机响了起来。就在她看手机的时候，她知道大祸临头了。那个大客户占了她公司的大部分收入，然而这个客户打电话从来没有什么好消息。

Alice 接了电话，禁不住打了个寒战，风把她的伞刮走了。Alice 点了几下头，挂上了电话。这位客户说出了撼动她世界的几个字："应用程序运行得太慢了。"此时雷声响起。

如果你曾经遇到过奇怪的系统运行缓慢问题，我相信你能理解 Alice 的感受。现在，它们都成为很好的故事和趣闻，但在当时，它们一点也不有趣。根据系统的性质，稍微慢一点可能不会被注意到（无论如何都可能是一件坏事），但如果慢到一定程度，就意味着系统已经崩溃了。我相信你一定听说过这样的故事：一些公司和产品获得了正面的媒体关注，但随着流量的激增，不久之后就被流量所击垮，因为不可靠而出现了负面报道。"慢"对任何企业来说都是危险的，我们需要能够诊断这个问题并与之抗争。

很好，但这一切和混沌工程有什么关系呢？事实证明，它们之间有千丝万缕的关系。在实践混沌工程时，我们通常要么试图积极地阻止这种情况的发生（通过模拟并观察发生了什么），要么参与调试正在发生的情况，然后试图阻止它再次发生。无论哪种方式，为了对造成的严重后果负责，我们都需要能够对系统的性能指标有良好的洞察力（可观测性），而且越快越好。

通常，在发生此类问题时，每个人都处于恐慌状态，因此你需要快速思考。在本章中，我想为你提供入门所需的所有信息。让我们从更高层级方法的概述开始。

3.2 USE 方法

如同抽丝剥茧一样，有很多方法来调试服务器的性能问题。我最喜欢的，也是我们将要讨论的其中一个方法，叫作 USE（Utilization, Saturation, and Error），它代表**利用率**、**饱和度和错误**（请参阅 Brendan Gregg, www.brendangregg.com/usemethod.html）。这个想法很简单：对于每种类型的资源，检查利用率、饱和度和错误，从而从高层级了解可能出现的错误。

定义 在本章中，我们将大量讨论关于资源的利用率和饱和度。**资源**是构成物理服务器的任何物理组件，如 CPU、磁盘、网络设备和 RAM，还包括软件资源，如线程、PID 或 inode ID。资源的**利用率**由平均时间或所使用资源的比例表示。例如，对于 CPU，一个有意义的指标是花费在工作上的时间百分比。对于磁盘，磁盘所占的百分比是一个有意义的指标，磁盘的吞吐量也是一个有意义的指标。最后，**饱和度**是指资源在任何给定时刻无法处理的工作量（通常是排队的）。高饱和度可能是一个问题的标志，但也可能是非常理想的（例如，在批处理系统中，我们希望尽可能使用接近 100% 的可用处理能力）。

图 3.1 展示了应用 USE 方法的流程图。首先确定资源，然后针对每个资源检查错误。如果找到，你将进行调查并尝试修复它们。否则，检查利用率级别。如果高，则需要进一步调查。否则，再看看饱和度，如果看起来有问题，则需要进行更深入的研究。即使找不到任何东西，至少也可以减少未知的未知问题的数量。

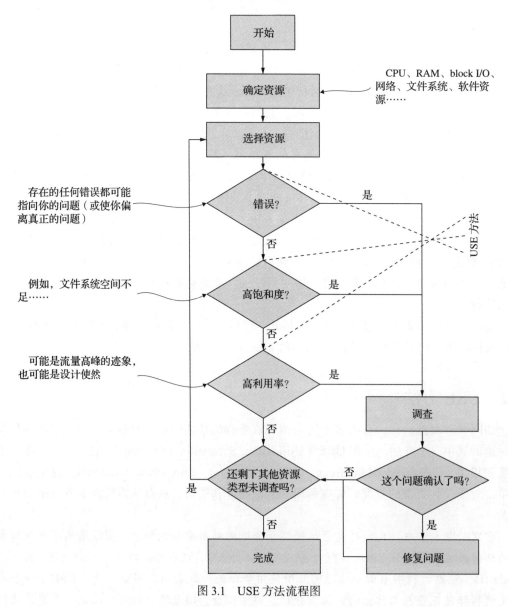

图 3.1　USE 方法流程图

已知的未知问题与未知的未知问题（即暗债）

未知问题有两种形式：已知的和未知的。

已知的未知就是我们知道自己不知道的事情。如果我还没有打开冰箱，就不能确定里面是否有培根（不要提薛定谔的培根或里面有摄像头的智能冰箱）。培根已经在我的"雷达"上了。而那些我不知道但是应该知道的事，我应该怎么应对呢？

这些都是**未知的未知**，每一个足够复杂的计算机系统都有一些未知的问题。这些问题更难处理，因为通常当我们意识到需要了解它们时，已经太晚了。例如，在发生事故后，我们可能会采取一些监控措施来提醒我们注意这个问题。也就是说，一个未知问题变成了一个已知的未知问题。未知的未知问题也经常被称为"暗债"，这听起来像是来自遥远星系的东西。

这种方法可以让我们快速识别瓶颈。值得注意的是，在流程图的各个步骤中，你经常会发现问题，但不一定是你要调查的问题。好吧，你可以把它们添加到待办事项列表中，然后继续你的调查。

还有一点需要说明的是，在本章中，我的目标是为你提供足够的信息，以涵盖在涉及混沌工程时有用的问题类型。对于那些刚接触 Linux 性能分析工具的人来说，熟悉本章所涉及的工具可以作为练习。对于其他人，请不要因为没有涉及你喜欢的工具而对我怀恨在心！有了重点之后，下面从资源开始。

突击测验：USE 是什么？

选择一个：

1. USA 的一个错误拼写。

2. 一种调试性能问题的方法，基于检测利用率（utilization）、严重程度（severity）和退出（exiting）。

3. 显示 Linux 机器上资源使用情况的命令。

4. 一种调试性能问题的方法，基于检测利用率（utilization）、饱和度（saturation）和错误（error）。

答案见附录 B。

3.3 资源

图 3.2 展示了我们将要研究的资源类型。这是一个高层级的概述，稍后我们将进一步讨论各个部分。

底部是物理计算机的四个主要逻辑组件：CPU、RAM、网络和 block I/O。上面是操作系统层，它还提供软件资源（如文件描述符或线程）。顶部是应用程序层，其中包括库和运行时。

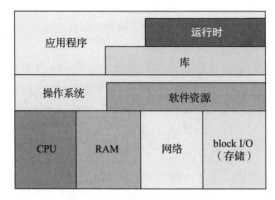

图 3.2　系统资源的简化视图

现在，让我们回到 Alice 和她糟糕的一天，我希望你设身处地地站在她的角度思考问题，我会引导你一步步找出她的应用程序慢的原因。我们将使用 USE 方法。

为了让事情更有趣，我准备了一个 Alice 所面临场景的模拟环境。我们将要介绍的所有命令都已经在 VM 中提供了，代码片段将在 VM 的终端中执行。要在 VM 中启动 Alice 的应用程序，在终端中运行以下命令：

```
~/src/examples/busy-neighbours/mystery002
```

这个应用程序会循环计算 pi 的数值，你将看到类似如下的输出。请注意执行一组计算（以粗体显示）所花费的时间：

```
Press [CTRL+C] to stop..
Calculating pi's 3000 digits...
3.14159265358979323846264338327950288419716939937510582097494459230 7\

real    0m4.183s
user    0m4.124s
sys     0m0.022s
```

这基本上就是 Alice 登录时所看到的信息，程序仍然在无休止地运行着。

注意　这将使你的 CPU 处于高温状态（它被设置为使用两个内核），所以如果你在普通的硬件上运行它，并且不希望你的笔记本电脑变成加热器，你可能需要在我们介绍具体的工具时再打开和关闭它。

在本章的其余部分，我将假定你在命令行窗口中运行这个程序。可以通过 <Ctrl+C> 来退出这个程序。如果你对它是如何工作的感到好奇，可以随意查看它的代码。但我建议你通过我介绍的 Linux 系统中可用的可见性工具集合来了解它，这更有趣一些。

在最初的几次迭代之后，你应该注意到 pi 的计算开始花费更长的时间，并且在时间方面有更多的变化。这就是为你准备的"我的应用程序运行缓慢"的模拟。你会感受到一些 Alice 的痛苦。

下面的每一节都将介绍一组工具。当你的应用程序运行缓慢时，可以通过这些工具来获得系统的可见性（可观测性）。就让我们一探究竟吧。第一站是"应用于整个系统的工具"。我知道，这个名字起得挺烂的。

3.3.1 系统概述

首先介绍两个基本工具 uptime 和 dmesg，它们可以为我们提供有关整个系统的信息。让我们从 uptime 开始。

uptime

uptime 通常是你要运行的第一个命令。除了告诉你系统运行了多长时间（最近是否重新启动）之外，它还提供了平均负载信息。load average 可以帮助你快速了解系统在负载方面的趋势。在终端窗口中运行 uptime 命令，你将看到类似如下的输出：

```
05:27:47 up 18 min,  1 user,  load average: 2.45, 1.00, 0.43
```

这三个数字代表了一个移动窗口内争用 CPU 时间运行超过 1、5 和 15 分钟的进程的负载平均值。这些数字是按指数比例放大的，所以两倍大的数字并不意味着两倍的负载。

在本例中，1 分钟的平均值是 2.45，5 分钟的平均值是 1.00，15 分钟的平均值是 0.43，这表示系统上的负载量正在上升。这是一个不断增长的趋势。这仅用于查看负载的趋势（增加或减少），值本身并不能反映整个情况。事实上，我们也根本不用太关注这些值。只要记住，如果这些数值急剧下降，就可能意味着我们来晚了，消耗资源的应用程序都不在了。如果这个数字在增加，就表示系统的负载在不断地增加。

我们再看一下 dmesg。

平均负载

如果你曾经对编写一个使用平均负载（使用像 uptime 那样打印的平均负载的数据）的程序感兴趣，那么本章内容正合你的心意。Linux 已经提供了这些数据，你需要做的就是读取 /proc/loadavg 这个文件。如果你在终端中运行 cat /proc/loadavg 命令来打印它的内容，会看到类似这样的输出：

```
0.12 0.91 0.56 1/416 5313
```

前三个数字是前面在运行 uptime 时看到的 1 分钟、5 分钟和 15 分钟移动窗口内的负载平均值。第四和第五个数字使用斜杠分隔开，第四个数字是当前可运行的、内核可调度实体（进程、线程）的数量，第五个数字是当前存在的内核可调度实体的总数。最后一个数字是最近启动的程序的 PID。要了解更多信息，只需在终端中运行 man proc 并在结果中搜索 loadavg。

---

dmesg

dmesg 读取内核的消息缓冲区。可以将其视为内核和驱动程序的日志。你可以通过在终端提示符下运行以下命令来阅读这些日志。由于会有多页的输出，因此你可以使用 less

命令以进行分页查看，也可以方便搜索。

```
dmesg | less
```

可以看到什么信息？任何错误和异常信息都可以为你提供线索。你还记得上一章中的
OOM Killer 吗？你可以在 `less` 中输入 `/Kill` 并按 Enter 键来在日志中搜索 `Kill`。如果
你的 OOM Killer 确实终止了任何进程，你应该看到类似如下的输出：

```
[14658.582932] Out of memory: Kill process 5451 (mystery001)
score 758 or sacrifice child
[14658.582939] Killed process 5451 (mystery001) total-vm:3058268kB,
anon-rss:3055776kB, file-rss:4kB, shmem-rss:0kB
```

你需要快速查看输出，以确认没有任何异常信息。如果你看到任何错误信息，它们可
能与你诊断的内容有关，也可能无关。如果日志中没有包含你感兴趣的内容，则可以把视
线转到其他地方了。`dmesg` 命令还有一个 `--human` 选项，它用于以人类可读的格式显示
时间，使输出更易于阅读。你可以在命令提示符下运行它：

```
dmesg --human
```

然后，输出将具有每行对应的时间，类似于如下输出（为简洁起见，我省略了行中部分
内容）：

```
[Sep10 10:05] Linux version 5.4.0-42-generic (buildd@lgw01-amd64-038) (...)
[  +0.000000] Command line: BOOT_IMAGE=/boot/vmlinuz-5.4.0-42-generic (...)
```

习惯这些日志需要一些时间，但是在每次调试系统性能问题时，对它们进行快速检查
是值得的。如果你在日志中看到你不理解的东西，不要担心，内核消息就是这么冗长。大
多数时候，你可以忽略任何没有包含 **error** 的内容。

这就是你现在需要知道的关于 `dmesg` 的全部内容。到目前为止，一切顺利。让我们来
探讨下一组资源：block I/O。

突击测验：在哪里可以找到内核日志？

选择一个：

1. /var/log/kernel

2. dmesg

3. kernel --logs

答案见附录 B。

3.3.2　block I/O

让我们仔细看看 block I/O 设备，比如系统上的磁盘和其他类型的存储。这里有个有趣
的不同点，它会以两种方式影响你的系统：性能表现不佳，或者存储已经满了。因此，你
需要从两个角度来查看它们的利用率：吞吐量和容量。

相对于图3.2中的整个资源地图，图3.3展示了我们放大的内容，包括将要使用的工具，以获得关于利用率和饱和度的更多信息。

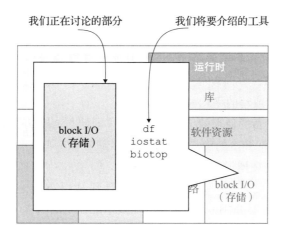

图3.3 放大与block I/O相关的可观测性工具

让我们从 df 开始，回顾一些对此次调查可用的工具。

df

利用率的定义是所用资源的百分比。可以使用 df 来报告文件系统磁盘空间使用情况，以此来评估磁盘的资源利用率。使用它很简单：在终端提示符下键入以下命令（这里 -h 代表 human readable，即人类可读，不是 help 的意思），列出所有已挂载的文件系统，并显示其大小和已用空间：

```
df -h
```

你将看到与此类似的输出（/dev/sda1 是我的主文件系统，以粗体显示）：

```
Filesystem      Size  Used Avail Use% Mounted on
udev            2.0G     0  2.0G   0% /dev
tmpfs           395M  7.9M  387M   2% /run
/dev/sda1        40G   13G   27G  33% /
tmpfs           2.0G     0  2.0G   0% /dev/shm
tmpfs           5.0M     0  5.0M   0% /run/lock
tmpfs           2.0G     0  2.0G   0% /sys/fs/cgroup
tmpfs           395M   24K  395M   1% /run/user/1000
```

对于设备 /dev/sda1，它的利用率为 33%。当文件系统被填满时，无法再对其进行任何写操作，这将成为一个问题。它可以容纳多少数据只是存储设备提供的利用率的两个方面之一，另一个是它可以在单位时间中写入多少数据（即**吞吐量**）。让我们使用 iostat 对吞吐量进行评估。

iostat

iostat 是查看磁盘等 block I/O 设备的性能和利用率（就吞吐量而言）的非常出色的

工具。可以使用 -x 标志来获取扩展的统计信息，包括百分比形式的利用率。在终端中运行如下命令：

```
iostat -x
```

你应该会看到类似下面的输出。在这个示例中，每秒读写的次数（分别为 r/s 和 w/s）似乎是合理的，但它们本身并不能说明发生了什么。字段 rkB/s 和 wkB/s 分别表示**每秒读千字节**和**每秒写千字节**，分别表示读和写的总吞吐量。同时，这两个指标（原始数据和吞吐量）还可以让你了解读或写的平均大小。

aqu-sz 是发送到设备的请求的平均队列长度［即使与 Aquaman(海王) 有相同的前缀，也与它无关］，这是一种饱和度的度量，它表明系统正在做一些工作。同样，这个数字很难解释，但你可以看看它是在增加还是在减少。

因为运行 VM 的主机系统不同，你可能会看到结果差异也比较大。我的 2019 款 MacBook Pro 的速度接近 750MB/s，远远小于在线基准设定的值：

```
Linux 5.0.0-38-generic (linux)    01/28/2020    _x86_64_    (2 CPU)

avg-cpu:  %user   %nice %system %iowait  %steal   %idle
          57.29    0.00   42.71    0.00    0.00    0.00

Device            r/s      w/s      rkB/s      wkB/s   rrqm/s  wrqm/s  %rrqm
 %wrqm r_await w_await aqu-sz rareq-sz wareq-sz  svctm   %util
loop0            0.00     0.00       0.00       0.00     0.00    0.00   0.00
  0.00    0.00    0.00    0.00     0.00     0.00   0.00    0.00    0.00    0.00
sda              0.00   817.00       0.00  744492.00
  0.00    0.00    3.44    1.29     0.00    911.25   0.56   46.00
```

最后，%util 这一列显示了利用率，这里定义为设备花费在工作上的时间百分比。较高的值可能表示已经饱和了，但有两点需要特别强调：首先，一个比较复杂的逻辑设备可能显示很高的饱和度，比如 RAID，但是它的底层磁盘实际上可能没有充分利用，因此在解释这一点时要小心；其次，高饱和度也并不意味着它就成为应用程序中的性能瓶颈，因为我们开发了各种技术来尝试在等待 I/O 时做一些有生产力的事情。

总之，在前面的示例中，iostat 展示了一些向主磁盘写入数据的状态，大约 740 MB/s 的写入速度和 46% 的利用率。这里所讲的内容已经很明白了，所以让我们转向下一个工具：biotop。

biotop

biotop 是 block I/O top 的缩写，它是名为 BCC（https://github.com/iovisor/bcc）的工具套件的一部分。BCC 提供了一个用于编写内核监控和跟踪程序的工具包。它利用 eBPF 技术，并且提供了示例实用程序，这些示例实用程序本身就非常有用，可以展示它的用途。

伯克利数据包过滤器

伯克利数据包过滤器（Berkeley Packet Filter，BPF）是 Linux 内核的一个强大特性，

它允许程序员在内核中执行代码，并且可以保证安全性和性能。它包括许多应用程序，其中大多数超出了本书的范围，但我强烈建议你掌握它。

BCC 项目构建于 BPF 技术之上，通过提供包装器和额外的抽象层，使得使用 BPF 更加容易。BCC 官方网站（https://github.com/iovisor/bcc/tree/master/tools）有所有示例应用程序的源代码，包括我们在本章中讨论的 biotop、opensnoop 和 execsnoop，以及更多的工具。这些工具本身的编写方式也有很高的参考价值。

eBPF 中的"e"表示"extended"，也就是扩展的意思，表示它是 BPF 的一个更新版本。然而，当我们谈到 BPF 时，经常指的是 eBPF；当我们强调经典的 BPF 时，才指的是非扩展版本。

BCC 工具已预先安装在 VM 上，你也可以从 https://github.com/iovisor/bcc/blob/master/INSTALL.md 安装它。我很愿意向你展示 eBPF 的强大功能，建议你阅读一两本有关它的书⊖。现在，让我们仅从 biotop 开始体验一些示例工具。

在 VM 正在运行的 Ubuntu 上，这些工具名称后缀为 -bpfcc。在终端中输入以下命令运行 biotop：

```
sudo biotop-bpfcc
```
← 这里需要 sudo，因为运行 BPF 需要管理员权限

你应该会看到类似的输出，并且每秒刷新一次（专业提示：如果你想防止命令每次都清除屏幕，可以在命令中添加 -C）：

```
06:49:44 loadavg: 2.70 1.24 0.47 6/426 5269

PID     COMM              D MAJ MIN DISK      I/O  Kbytes  AVGms
5137    kworker/u4:3      W 8   0   sda       677  611272  3.37
246     jbd2/sda1-8       W 8   0   sda       2    204     0.20
```

biotop 可以帮助你确定写入磁盘的负载来自何处。在本例中，你可以看到一个名为 kworker 的进程，它正在以超过 600MB /s 的速度向磁盘写入数据，有时你还会看到其他一些消耗较少的进程。我们已经确定，在我们的场景下这没什么问题，可以不用再关注它了。但如果你在寻找吞噬所有资源的罪魁祸首，这是一个可以帮助你的工具——当你手足无措的时候，别忘了它！⊖

同样值得注意的是，由 bpfcc-tool 安装的工具是用 Python 编写的，所以如果你好奇其源代码是什么样子，你可以在终端的命令行中运行以下命令来查看（如果对其他工具感兴趣，可以把 biotop-bpfcc 替换为你感兴趣的工具名称）：

⊖ 你可以从 Brendan Gregg 的 *BPF Performance Tools*（Addison-Wesley, 2019）入手，网站 http://mng.bz/aoA7 上有介绍。

⊖ BCC 项目的作者 Brendan Gregg 还维护了一组有关的 Linux 工具图，你可以在 www.brendangregg.com/linuxperf.html 上查看这些图。当你需要调试系统的特定部分时，这个图可以为你提供帮助，而不用记住这些工具，并且你可以把这些图贴到你的隔间墙上！

```
less $(which biotop-bpfcc)
```

好了，对于获取 block I/O 的利用率和饱和度，这些工具足以满足我们的需求了。让我们看看下一个部分：网络！

突击测验：下面哪个命令不能帮助你查看有关磁盘的统计信息？

选择一个：

1. `df`

2. `du`

3. `iostat`

4. `biotop`

5. `top`

答案见附录 B。

3.3.3　网络

Linux 中的网络可能会相当复杂，在这里我假设你已经对它的工作原理有所了解。在本小节中，我们将重点关注网络接口的利用率和饱和度，并深入了解 TCP。图 3.4 展示了网络层在资源地图中的位置，并提到了我们将要研究的工具：sar 和 tcptop。让我们从研究 sar 的网络接口利用率开始。

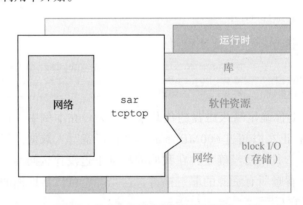

图 3.4　放大与网络相关的可观测性工具

sar

sar 是一个用于收集、报告和保存系统指标的工具。我已经将它预装到 VM 中，但是为了让它收集系统指标，你需要编辑文件 /etc/default/sysstat 来将 ENABLED="false" 修改为 ENABLED="true"，以此来激活它的功能。为了让 sysstat 获取最新的修改，你还需要在提示符下运行以下命令重新启动它的服务：

```
sudo service sysstat restart
```

sar 为你的系统使用情况提供了各种指标，但在这里我们将重点关注网络方面。让我们从检查利用率开始。你可以使用 sar 提供的 DEV 关键字，它提供了对网络接口的全面概述。

interval 和 count

请注意，sar 和 BCC 套件中的许多工具在末尾都接受两个可选的位置参数：[interval] [count]。它们控制打印输出的频率（interval，以秒为单位），以及在程序退出前应打印多少次（count）。通常，默认值为 1 秒和无限次。在我们的示例中，我们经常使用 1 1 打印一组统计数据并退出。

在提示符下运行以下命令：

```
sar -n DEV 1 1
```

你应该看到类似如下的输出（利用率字段和它的值以粗体显示，并且省略了部分输出以便于阅读）。在此示例中（在 **VM** 中运行该命令可能会看到的内容），实际上并没有使用网络，因此所有统计信息均为 0。sar 命令显示了两个网络接口 eth0（主网卡）和 lo（loopback，环回）：

```
Linux 5.0.0-38-generic (linux)     01/29/2020    _x86_64_    (2 CPU)

07:15:57 AM
IFACE   rxpck/s   txpck/s   rxkB/s   txkB/s   rxcmp/s   txcmp/s   rxmcst/s   %ifutil
07:15:58 AM
lo      0.00      0.00      0.00     0.00     0.00      0.00      0.00       0.00
07:15:58 AM
eth0    0.00      0.00      0.00     0.00     0.00      0.00      0.00       0.00
(...)
```

你可以从 %ifutil 字段读取利用率。其他字段从名称中并不容易看懂含义，因此让我们从 man sar 的输出中查看它们的定义：

❑ rxpck/s——每秒接收的数据包总数
❑ txpck/s——每秒传输的数据包总数
❑ rxkB/s——每秒接收的千字节数
❑ txkB/s——每秒传输的千字节数
❑ rxcmp/s——每秒接收的压缩数据包数（对于 cslip 等）
❑ txcmp/s——每秒传输的压缩数据包数
❑ rxmcst/s——每秒接收的多播数据包数

为了产生流量，让我们从互联网上下载一个大文件。你可以通过在提示符下运行以下命令，从相对较慢的镜像站中下载 Ubuntu 19.10 的 ISO 镜像：

```
wget \
http://mirrors.us.kernel.org/ubuntu-releases/19.10/
ubuntu-19.10-desktop-amd64.iso
```

在下载的同时，你可以在另一个终端窗口运行与之前相同的 sar 命令：

```
sar -n DEV 1 1
```

这次，输出显示了经过 eth0 接口的流量（同样，利用率以粗体显示）：

```
07:29:44 AM
IFACE  rxpck/s  txpck/s  rxkB/s   txkB/s  rxcmp/s  txcmp/s  rxmcst/s  %ifutil
07:29:45 AM
lo     0.00     0.00     0.00     0.00    0.00     0.00     0.00      0.00
07:29:45 AM
eth0   1823.00  592.00   1616.29  34.69   0.00     0.00     0.00      1.32
```

sar 命令还支持另一个关键字 EDEV，用于显示网络错误的统计信息。为此，在提示符下执行以下命令：

```
sar -n EDEV 1 1
```

你将会看到类似如下的输出：

```
Linux 5.0.0-38-generic (linux)     01/29/2020    _x86_64_    (2 CPU)

07:33:53 AM
IFACE rxerr/s txerr/s coll/s rxdrop/s xdrop/s txcarr/s rxfram/s rxfifo/s txfifo/s
07:33:54 AM
lo     0.00    0.00    0.00   0.00     0.00    0.00     0.00     0.00     0.00
07:33:54 AM
eth0   0.00    0.00    0.00   0.00     0.00    0.00     0.00     0.00     0.00
(...)
```

如你所见，在我们的示例中没有错误显示。看起来 Alice 的问题不在这里。

同样，字段的名称可能看起来有些让人困惑，尤其是在刚开始接触这个工具的时候。因此，为方便起见，我们来看一下这些字段的含义：

- ❑ rxerr/s——每秒接收的错误数据包数
- ❑ txerr/s——传输数据包时每秒发生的错误数
- ❑ coll/s——传输数据包时每秒发生的冲突数
- ❑ rxdrop/s——在接收数据包时，由于 Linux 缓冲区空间不足而每秒丢弃的数据包数
- ❑ txdrop/s——在传输数据包时，由于 Linux 缓冲区空间不足而每秒丢弃的数据包数
- ❑ txcarr/s——在传输数据包时，每秒发生的载波错误数
- ❑ rxfram/s——在接收数据包时，每秒发生的帧对齐错误数
- ❑ rxfifo/s——在接收数据包时，每秒发生的 FIFO 溢出错误数
- ❑ txfifo/s——在传输数据包时，每秒发生的 FIFO 溢出错误数

最后，让我们探讨一下 sar 提供的另外两个关键字：TCP（用于 TCP 统计信息）和 ETCP（用于 TCP 层错误）。你可以在提示符下执行以下命令来同时获取这两方面的信息：

```
sar -n TCP,ETCP 1 1
```

你将看到类似如下的输出。没有错误显示出来，这意味着这不是 Alice 麻烦的根源，至少这次不是。你可以放心地转移到下一个工具：

```
Linux 5.0.0-38-generic (linux)    01/29/2020    _x86_64_    (2 CPU)

07:56:30 AM  active/s passive/s    iseg/s    oseg/s
07:56:31 AM     0.00     0.00    1023.00    853.00


07:56:30 AM  atmptf/s  estres/s retrans/s isegerr/s   orsts/s
07:56:31 AM     0.00     0.00     0.00     0.00      0.00

Average:     active/s passive/s    iseg/s    oseg/s
Average:        0.00     0.00    1023.00    853.00


Average:     atmptf/s  estres/s retrans/s isegerr/s   orsts/s
Average:        0.00     0.00     0.00     0.00      0.00
```

同上，为了方便理解，这里列出了这些字段的含义：

❑ active/s——每秒 TCP 连接从 CLOSED 状态直接转换为 SYN-SENT 状态的次数 [tcpActiveOpens]。

❑ passive/s——每秒 TCP 连接从 LISTEN 状态直接转换为 SYN-RCVD 状态的次数 [tcpPassiveOpens]。

❑ iseg/s ——每秒接收的分段总数，包括接收的错误的段 [tcpInSegs]。此计数包括在当前建立的连接上收到的分段。

❑ oseg/s——每秒发送的分段总数，包括当前连接上的分段的数量，但不包括仅包含重传八位字节的分段的数量 [tcpOutSegs]。

❑ atmptf/s—— 每秒 TCP 连接从 SYN-SENT 状态或 SYN-RCVD 状态直接转换为 CLOSED 状态的次数，以及每秒 TCP 连接从 SYN-RCVD 状态直接转换为 LISTEN 状态的次数 [tcpAttemptFails]。

❑ estres/s——每秒 TCP 连接从 ESTABLISHED 状态或 CLOSE-WAIT 状态直接转换为 CLOSED 状态的次数 [tcpEstabResets]。

❑ retrans/s——每秒重新传输的分段总数，即包含一个或多个先前传输的八位字节的 TCP 传输分段数 [tcp RetransSegs]。

❑ isegerr/s—— 每秒接收到的错误（例如，错误的 TCP 校验码）的分段总数 [tcpInErrs]。

❑ orsts/s——每秒发送的包含 RST 标志的 TCP 分段的数量 [tcpOutRsts]。

如果下载尚未完成，那就不要中断下载。在下一部分使用 tcptop 时，你仍然需要产生一些流量！

tcptop

tcptop 是我之前提到的 BCC 项目（https://github.com/iovisor/bcc）的一部分。它显示了使用 TCP 的排名靠前的进程（默认为前 20），并按带宽排序。你可以在命令行中像这样运行它：

```
sudo tcptop-bpfcc 1 1
```

你将看到类似于下面的输出。RX_KB 为接收的流量（以千字节为单位，r 是 received 的缩写，也就是接收），TX_KB 为发送的流量（t 是 transmitted 的缩写，也就是传输）。你可以看到 wget 命令正在以超过 2 MB/s 的速度缓慢下载 Ubuntu 镜像，这是你上一节中有意运行用来生成流量的。tcptop 是一个非常有价值的工具，可以让你跟踪到底谁在使用系统的带宽。BPF 是不是很酷？

```
08:05:51 loadavg: 0.20 0.09 0.07 1/415 8210

PID     COMM    LADDR               RADDR               RX_KB   TX_KB
8142    wget    10.0.2.15:60080     149.20.37.36:80     2203    0
```

如你所见，它的用法非常简单，甚至它可能为你在某些圈子中赢得本地计算机魔术师的称号。请确保在遇到困难时记得这个工具！

好了，这就是你需要了解的有关 tcptop 的所有信息，希望足以让你在系统的网络部分使用 USE 方法。下一站：RAM。

> **突击测验**：下面哪个命令不能帮助你查看有关网络的统计信息？
> 选择一个：
> 1. sar
> 2. tcptop
> 3. free
> 答案见附录 B。

3.3.4 RAM

如果没有 RAM（Random Access Memory，随机存储器），任何程序都无法运行，而 RAM 争用通常是你必须解决的问题。能够读取系统的 USE 指标至关重要。图 3.5 展示了 RAM 在资源图上的位置，以及我们将介绍的工具：free、top、vmstat 和 oomkill。让我们从 free 开始。

free

free 之于 RAM 相当于 df 之于磁盘：它显示 RAM 的利用率。它也接受相同的 -h 参数，用于显示人类可读的输出。你可以像这样在命令行上运行 free：

```
free -h
```

你将看到如下的输出，不同之处在于我在此处激活了 swap，以便将其显示在输出中，在你的输出中应该是没有的⊖（以粗体显示的列是我们讨论的内容）：

⊖ 实际上在本书附带的 VM 上没有禁用 swap，见 https://github.com/seeker89/chaos-engineering-book/issues/22。
——译者注

	total	used	free	shared	buff/cache	available
Mem:	**3.8Gi**	**1.1Gi**	**121Mi**	107Mi	2.7Gi	**2.4Gi**
Swap:	750Mi	3.0Mi	747Mi			

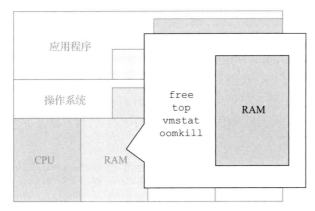

图3.5　放大与 RAM 相关的可观测性工具

如果这是你第一次看到这个工具的输出，我敢打赌你一定很困惑。总内存是 3.8 GB，而你使用了 1.1 GB，那么为什么只有 121MB 空闲内存呢？你不是唯一一个觉得有些可疑的人。事实上，这种反应非常普遍，以至于 RAM 有了自己的网站（www.linuxatemyram.com）！

那么到底发生了什么？ Linux 内核使用一些可用内存来为你提速（通过维护磁盘缓存），但是它非常乐意在你需要内存的时候将其归还给你（或任何其他用户）。因此，从技术上讲，这些内存不是 free 的，但它确实是 available 的。这就像你的弟弟在你不用车的时候借用你的汽车一样，不同的是，Linux 在你需要时候总是会把内存毫发无损地还给你。

幸运的是，最新版本的 free 有 available 这一列，正如前面的输出一样。不久前的版本没有 available，而是提供了一个额外的行 -/+buffers/cache，这只会增加用户的困惑。

如果你使用的是比较老的版本，则可能会看到额外的行，如下所示。这会显示 used 减去 buffers 和 cache 的值（已使用，无法回收），以及 free 加上 buffers 和 cache 的值（未使用或可以回收，因此可用）。

	total	used	free	shared	buffers	cache
Mem:	3.8Gi	2.7Gi	121Mi	107Mi	1.1Gi	1.3Gi
-/+ buffers/cache:		**302Mi**	**2.4Gi**			

那么，如何知道 RAM 是否真的耗尽了呢？ RAM 耗尽，则 available 这一列的值必然会接近于零，并且（正如你在前面使用 dmesg 所看到的）OOM Killer 开始大开杀戒（如果启用的话）。如果 available 列的值显示还有合理的内存剩余，那么在 RAM 这一方面就没问题。看看前面的输出，Alice 看起来也没这个问题。让我们继续使用下一个工具：古老但是好用的 top。

top

top 提供了系统的内存和 CPU 利用率的总体概览。使用默认设置运行 top 非常容易。在提示符下输入这三个字符即可：

```
top
```

你将看到交互式输出每 3 秒刷新一次，如下所示。注意，在默认情况下，输出是按照字段 %CPU 的值大小排序的，也就是程序的 CPU 利用率。你可以在键盘上按 Q 键退出。这里我展示的是开启 swap 情况下的输出，你的 VM 环境下 swap 是默认关闭的。我用粗体标出了对应 CPU 利用率（%CPU）和内存利用率（%MEM）的列，以及展现系统 CPU 和内存整体情况的行：

```
Tasks: 177 total,   6 running, 171 sleeping,   0 stopped,   0 zombie
%Cpu(s): 53.3 us, 40.0 sy, 0.0 ni, 0.0 id, 0.0 wa, 0.0 hi,  6.7 si,  0.0 st
MiB Mem :   3942.4 total,    687.8 free,   1232.1 used,   2022.5 buff/cache
MiB Swap:    750.5 total,    750.5 free,       0.0 used.   2390.4 avail Mem

PID USER      PR  NI    VIRT    RES    SHR S  %CPU  %MEM   TIME+  COMMAND
3508 chaos    20   0  265960 229772   264 R  43.8   5.7  0:02.51 stress
3510 chaos    20   0    3812     96     0 R  43.8   0.0  0:02.72 stress
3507 chaos    20   0    3812     96     0 R  37.5   0.0  0:02.63 stress
3509 chaos    20   0    4716   1372   264 R  37.5   0.0  0:02.43 stress
   7 root     20   0       0      0     0 I  18.8   0.0  0:00.68 kworker/u4:0-
flush-8:0
1385 chaos    20   0  476172 146252 99008 S   6.2   3.6  0:01.95 Xorg
   1 root     20   0   99368  10056  7540 S   0.0   0.2  0:01.38 systemd
   2 root     20   0       0      0     0 S   0.0   0.0  0:00.00 kthreadd
```

我将通过使用 man top 来查看其他字段的含义。（顺便说一句，top 命令手册是一篇很棒的读物。它包含了很多内容，从内存的工作方式，到一些奇技淫巧，这足以让你在下一次团队聚餐上炫耀一番。）

你可以看到我的 CPU 工作得非常卖力，稍后我会详细介绍 CPU 有关内容。另外，请注意输出的头部信息，你可以从这些信息中快速了解系统的 CPU 和内存利用率的整体情况。在后面讨论 CPU 时，我们再详细介绍一下不同值的含义。你应该对内存的总体信息感到熟悉，因为它类似于 free 的输出（省略了 available 字段）。

有谁从来没运行过 top，请举手！确实，我看不到任何人举手。那么，为什么我们还要大费周章地来谈论它呢？好吧，当你在运行 top 的同时按键盘上的问号（？）时，你会发现一个新世界。你将看到类似以下的内容：

```
Help for Interactive Commands - procps-ng 3.3.15
Window 1:Def: Cumulative mode Off.  System: Delay 3.0 secs; Secure mode Off.

Z,B,E,e  Global: 'Z' colors; 'B' bold; 'E'/'e' summary/task memory scale
l,t,m    Toggle Summary: 'l' load avg; 't' task/cpu stats; 'm' memory info
0,1,2,3,I Toggle: '0' zeros; '1/2/3' cpus or numa node views; 'I' Irix mode
f,F,X    Fields: 'f'/'F' add/remove/order/sort; 'X' increase fixed-width

L,&,<,> . Locate: 'L'/'&' find/again; Move sort column: '<'/'>' left/right
```

```
R,H,V,J . Toggle: 'R' Sort; 'H' Threads; 'V' Forest view; 'J' Num justify
c,i,S,j . Toggle: 'c' Cmd name/line; 'i' Idle; 'S' Time; 'j' Str justify
x,y     . Toggle highlights: 'x' sort field; 'y' running tasks
z,b     . Toggle: 'z' color/mono; 'b' bold/reverse (only if 'x' or 'y')
u,U,o,O . Filter by: 'u'/'U' effective/any user; 'o'/'O' other criteria
n,#,^O  . Set: 'n'/'#' max tasks displayed; Show: Ctrl+'O' other filter(s)
C,...   . Toggle scroll coordinates msg for: up,down,left,right,home,end

k,r       Manipulate tasks: 'k' kill; 'r' renice
d or s    Set update interval
W,Y       Write configuration file 'W'; Inspect other output 'Y'
q         Quit
          ( commands shown with '.' require a visible task display window )
Press 'h' or '?' for help with Windows,
Type 'q' or <Esc> to continue
```

就像不小心走进了那个奇怪的衣橱，带你去了纳尼亚[⊖]！如果你有时间，你可以先浏览一下上面的内容，下面我会着重介绍一些你会喜欢的惊人功能。

- ❑ **切换内存单位**——在默认情况下，内存使用情况以 KB 为单位显示。如果你想切换到 MB、GB 等单位，请键入 e（切换进程列表单位）或 E（切换摘要单位）。

- ❑ **切换内存（CPU）总结信息**——如果你不希望费脑子比较数字，可以键入 m 以将视图更改为进度条。同样，可以输入 t 来切换 CPU 利用率的输出。

- ❑ **隐藏杂波**——键入 0（零）可在显示屏上隐藏任何零值。

- ❑ **选择/排序列**——键入 f 将打开一个新对话框，你可以在其中选择要显示的列，并选择一列作为排序的标准，对其进行重新排列。该对话框看起来像以下输出，并列出了所有可用选项以及如何使用它们的说明：

```
Fields Management for window 1:Def, whose current sort field is RES
   Navigate with Up/Dn, Right selects for move then <Enter> or Left commits,
   'd' or <Space> toggles display, 's' sets sort.  Use 'q' or <Esc> to end!

* RES     = Resident Size (KiB)    nDRT    = Dirty Pages Count
* PID     = Process Id             WCHAN   = Sleeping in Function
* USER    = Effective User Name    Flags   = Task Flags <sched.h>
* PR      = Priority               CGROUPS = Control Groups
* NI      = Nice Value             SUPGIDS = Supp Groups IDs
* VIRT    = Virtual Image (KiB)    SUPGRPS = Supp Groups Names
* SHR     = Shared Memory (KiB)    TGID    = Thread Group Id
* S       = Process Status         OOMa    = OOMEM Adjustment
* %CPU    = CPU Usage              OOMs    = OOMEM Score current
* %MEM    = Memory Usage (RES)     ENVIRON = Environment vars
* TIME+   = CPU Time, hundredths   vMj     = Major Faults delta
* COMMAND = Command Name/Line      vMn     = Minor Faults delta
  PPID    = Parent Process pid     USED    = Res+Swap Size (KiB)
  UID     = Effective User Id      nsIPC   = IPC namespace Inode
```

⊖ 出自电影《纳尼亚传奇：狮子、女巫和魔衣橱》（*The Chronicles of Narnia: The Lion, the Witch and the Wardrobe*），在玩捉迷藏游戏时，主人公发现一个古老的衣橱，从衣橱里进入一个冰天雪地的奇妙魔法世界"纳尼亚王国"。——译者注

```
RUID    = Real User Id          nsMNT   = MNT namespace Inode
RUSER   = Real User Name        nsNET   = NET namespace Inode
SUID    = Saved User Id         nsPID   = PID namespace Inode
SUSER   = Saved User Name       nsUSER  = USER namespace Inode
GID     = Group Id              nsUTS   = UTS namespace Inode
GROUP   = Group Name            LXC     = LXC container name
PGRP    = Process Group Id      RSan    = RES Anonymous (KiB)
TTY     = Controlling Tty       RSfd    = RES File-based (KiB)
TPGID   = Tty Process Grp Id    RSlk    = RES Locked (KiB)
SID     = Session Id            RSsh    = RES Shared (KiB)
nTH     = Number of Threads     CGNAME  = Control Group name
P       = Last Used Cpu (SMP)   NU      = Last Used NUMA node
TIME    = CPU Time
SWAP    = Swapped Size (KiB)
CODE    = Code Size (KiB)
DATA    = Data+Stack (KiB)
nMaj    = Major Page Faults
nMin    = Minor Page Faults
```

注意，在 top 的输出中，你还可以使用 < 和 > 键更改用于排序的列，但这有点尴尬，因为列名旁边没有可视化的指示。你可以使用 x 将用于排序的列切换为粗体，这会有点帮助。

❏ **搜索（定位）进程名称**——键入 L 以打开搜索对话框。

❏ **显示树视图**——键入 V 将显示哪些进程是哪些父进程的子进程，类似 ps f 的输出。

❏ **保存视图设置**——你可以通过键入 w 来保存配置文件，这可以节省你的时间。键入 w 后，top 会写入你已更改的所有交互式设置，以便下次运行时可以选择相同的设置。

注意 如果你是在 macOS 主机上运行的 Linux VM，你可能想看看 macOS 内置的 top 和 Linux 的 top 有哪些区别。你会对 macOS 的 top 感到失望的，但是幸运的是，你可以通过 Homebrew 和 MacPorts 安装更好的替代品（htop、glance 等）。

你可能觉得这些内容有点跑题了，但实际上并非如此。在实践混沌工程时，关于正确理解指标并能可靠地解读指标的重要性，再怎么强调都不为过。top 既强大又易于使用，并且知道如何高效地使用它至关重要。如果你已使用 top 多年，但仍从本节中学到一些新知识，那就给我发一封感谢信吧！

在最开始的输出中，我们可以看到内存利用率和饱和度非常低，这表明这也不是问题所在，但是 CPU 是比较繁忙的。我们先继续看与内存相关的工具，之后再调查 CPU 的问题吧。

vmstat

vmstat 所显示的不仅仅是其名称所暗示的虚拟内存（virtual memory）的统计信息。首先在命令提示符中运行不带任何参数的 vmstat 命令：

```
vmstat
```

你将会看到类似如下的输出：

```
procs---------memory-----------swap-- -----io---- -system-- ------cpu-----
 r  b   swpd   free   buff   cache   si   so    bi    bo   in   cs us sy id wa st
 5  0      0 1242808  47304 1643184    0    0  1866 53616  564  928 17 13 69  1  0
```

所有的值显示在一行中，这使得每 n 秒打印一次（使用 vmstat n 来指定打印时间间隔）变得很实用。我们感兴趣的列包括 memory（类似于 free，其中 swpd 显示已使用的 swap 内存）、r（可运行的进程数，正在运行或等待运行的进程数）和 b（处于不可中断睡眠状态的进程数）。可运行的进程数表明了系统的饱和度（争夺运行时的进程越多，系统越繁忙——还记得本章前面的平均负载吗）。in 和 cs 中的列分别代表中断和上下文切换的总数。我们将在 3.3.5 节中详细介绍 CPU 时间的分解。

如你所见，vmstat 与其他工具（例如 free 和 top）的功能是有重叠的。在显示相同信息的工具中，选择哪个工具纯属个人喜好。但是，为了帮助你做出明智的决定，这里列出了 vmstat 可以做的一些其他事情：

❑ **生成可读的系统使用情况的统计信息**——在提示符下使用 -s 标志运行 vmstat，如下所示：

```
vmstat -s
```
你将会看到一个清晰易读的列表，如下所示：

```
   4037032 K total memory
   1134620 K used memory
    679320 K active memory
   1149236 K inactive memory
   2049752 K free memory
     17144 K buffer memory
    835516 K swap cache
    768476 K total swap
         0 K used swap
    768476 K free swap
     54159 non-nice user cpu ticks
       630 nice user cpu ticks
     45166 system cpu ticks
     25524 idle cpu ticks
       337 IO-wait cpu ticks
         0 IRQ cpu ticks
      3870 softirq cpu ticks
         0 stolen cpu ticks
   1010446 pages paged in
 255820616 pages paged out
         0 pages swapped in
         0 pages swapped out
   1363878 interrupts
   1140588 CPU context switches
1580450660 boot time
      3541 forks
```

注意最后一行的 forks，这是自启动以来执行的 fork 的次数——基本上等于已运行的进程总数。这是系统忙碌的另一种迹象。你也可以通过直接运行 vmstat -f 来获取该信息。

❑ **生成可读的磁盘使用情况的统计信息**——如果运行 vmstat -d，将显示系统中磁盘的利用率/饱和度统计信息。你还可以运行 vmstat -D 来获得一次性的统计信息。

好了，关于 vmstat，了解这么多足矣。让我们介绍一下 RAM 部分的最后一个实用工具：oomkill。

oomkill

oomkill（BCC 项目的一部分，https://github.com/iovisor/bcc）的工作原理是跟踪对 oom_kill_process 的内核调用，并在每次调用发生时将它的信息打印到屏幕上[⊖]。你还记得在我们讨论查找 dmesg 输出时，搜索关于被 OOM Killer 终止的进程的信息吗？这相当于直接代入矩阵。你从信息源获得信息，然后你可以把它插入你看到的任何系统。

要运行 oomkill，在一个终端窗口中执行以下命令：

```
sudo oomkill-bpfcc
```

它开始追踪 OOM Killer 的行为了。现在，你已经为处理进程被 OOM 终止的情况做好了准备。打开另一个终端窗口并在其中运行 top，这次使用 -d 0.5 每半秒刷新一次：

```
top -d 0.5
```

你可以多次输入 m，来显示一个好看的进度条，方便查看系统的内存利用率。现在，在第三个终端窗口中，尝试使用 Perl 占用所有内存（实际上这个例子直接来自 http://mng.bz/xmnY）：

```
perl -e 'while (1) { $a .= "A" x 1024; }'
```

你应该可以看到 top 显示的内存使用情况，在几秒钟内逐渐增长，然后返回到之前的状态。在带有 oomkill 的第一个窗口中，你应该看到了杀手的踪迹：

```
06:49:11 Triggered by PID 3968 ("perl"), OOM kill of PID 3968 ("perl"),
1009258 pages, loadavg: 0.00 0.23 1.22 3/424 3987
```

非常好！如果这个程序从运行到被终止的过程太快了，你还记得上一章中调试的 mystery001 程序吗？你可以通过在第三个终端窗口中运行以下命令来重新启动它：

```
./src/examples/killer-whiles/mystery001
```

现在，top 显示的内存使用应该会慢慢爬升起来，在一分钟之内，你应该会看到 oomkill 打印另一条消息，类似于以下内容：

```
07:09:20 Triggered by PID 4043 ("mystery001"), OOM kill of PID 4043
("mystery001"), 1009258 pages, loadavg: 0.22 0.10 0.36 4/405 4043
```

很好！现在，你已经准备就绪，足以应付 OOM 导致的进程终止，并获取 RAM 利用率和饱和度来搜集证据。干得好，侦探。是时候转移到下一个资源类型：CPU。

> **突击测验：下面哪个命令不能帮助你查看有关 CPU 的统计信息？**
> 选择一个：

⊖ 看看 BPF 和 BCC 是如何简单地附加探针的：http://mng.bz/A0y7。这太神奇了不是吗？

1. top
2. free
3. mpstat

答案见附录 B。

3.3.5　CPU

现在我们把所有系统资源的压轴大戏留给 CPU！让我们花一点时间欣赏处理器为我们所做的所有辛勤工作。我的电脑是 2019 MacBook Pro，我正在用 CPU 中的两个核心来运行我的 VM。通过在命令提示符处运行以下命令，让我们来看看我的 Ubuntu 所能看到的处理器信息：

```
cat /proc/cpuinfo
```

你将看到与此类似的输出（简洁起见，我省略了部分内容），其中包含每个处理器的详细信息，包括型号和 CPU 时钟：

```
processor       : 0
(...)
model name      : Intel(R) Core(TM) i7-9750H CPU @ 2.60GHz
stepping        : 10
cpu MHz         : 2591.998
(...)
```

在一分钟里，两个核中的每一个都完成了大约 $2\,591\,998\,000 \times 60$ 秒个循环 ≈ 1660 亿个循环。我们得感谢 CPU 的辛勤劳动，要是我们的政客也这么努力就好了！那么，这些核心在忙什么呢？在本节中，我们将对此进行研究。

图 3.6 放大了我们的资源图，显示了 CPU 所处的位置，并列出了我们将在本节中介绍的工具：top 和 mpstat。我们之前已经介绍了 top 的内存方面的内容，现在我们来了解它在 CPU 方面提供了哪些功能，给它画上一个完整的句号。

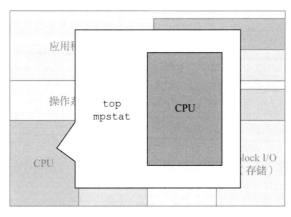

图 3.6　放大 CPU 可观测性工具

top

到目前为止，你已经熟悉了如何读取 top 的内存使用信息，以及如何使用一些非常神奇的功能（如果还不熟悉，请回顾 3.3.4 节）。最后，让我们看下处理器到底在做什么。在终端再次运行 top：

top

你将看到类似如下的输出。这次，让我们重点关注 %Cpu(s) 行（以粗体显示）：

```
Tasks: 177 total,   6 running, 171 sleeping,   0 stopped,   0 zombie
%Cpu(s): 71.9 us, 25.0 sy, 0.0 ni, 0.0 id, 0.0 wa, 0.0 hi, 3.1 si, 0.0 st
```

让我们看下这些数字代表什么意思：

❑ us（user time，用户时间）——CPU 在用户空间中花费的时间百分比。

❑ sy（system time，系统时间）——CPU 在内核空间中花费的时间百分比。

❑ ni（nice time，nice 时间）——在低优先级进程上花费的时间百分比。

❑ id（idle time，空闲时间）——CPU 实际上不做任何事情所花费的时间百分比。（它不能停止！）

❑ wa（I/O wait time，I/O 等待时间）——CPU 等待 I/O 所花费的时间百分比。

❑ hi（hardware interrupts，硬中断）——CPU 服务硬件中断所花费的时间百分比。

❑ si（software interrupts，软中断）——CPU 服务软件中断所花费的时间百分比。

❑ st（steal time，窃取时间）——管理程序窃取 CPU，并将其分配给其他人 / 系统的时间百分比。仅在虚拟环境中生效。

在前面的输出中，你可以看到大部分时间消耗在用户空间上（大概是正在运行的 Alice 的应用程序），将 25% 的时间花费在内核空间上（可能在执行系统调用，也就是 syscalls），其余时间则花费在软中断上（很可能是处理 syscall 调用）。根本没有空闲时间，这意味着无论 Alice 的应用程序在做什么，它都在耗尽所有可用的 CPU ！

Niceness

在 Linux 中，Niceness 是一个有趣的概念。它是一个数值，它显示了一个进程是多么乐意将 CPU 周期给予更高优先级的"邻居"（与其他进程相处多么融洽）。取值范围为 −20 ～ 19。

更高的值意味着更融洽，所以更乐意放弃 CPU（因此优先级更低）。值越低，优先级越高。更多信息请参见 man nice 和 man renice。这些值可以在 top 的 ni 列中看到。

现在，如果你查看 top 命令的其余输出，你将看到类似的内容（同样，为简洁起见，我省略了部分内容）：

```
PID USER     PR  NI    VIRT    RES    SHR S  %CPU  %MEM    TIME+ COMMAND
2893 chaos   20   0    3812    100      0 R  52.9   0.0  0:02.57 stress
```

```
2894  chaos    20    0  265960 183156   324 R  23.5  4.5  0:02.60 stress
2895  chaos    20    0    4712   1376    264 R  23.5  0.0  0:02.62 stress
2896  chaos    20    0    3812    100      0 R  17.6  0.0  0:02.64 stress
2902  chaos    20    0    3168   2000   1740 R  17.6  0.0  0:01.90 bc
```

(...)

你可以看到，在 top 命令的输出中，stress 和 bc 几乎占用了所有可用的两个核心。现在是一个很好的时机来看看我们一直在研究的模拟程序。在终端上运行这个，看看你运行的 mystery002 命令到底是什么样的：

```
cat ~/src/examples/busy-neighbours/mystery002
```

你会看到这个输出，这是一个简单的 bash 脚本，计算 pi 的数值，并在后台运行一个完全良性的脚本：

```
#!/bin/bash
echo "Press [CTRL+C] to stop.."

# start some completely benign background daemon to do some
__lightweight__work
#      ^ this simulates Alice's server's environment
export dir=$(dirname "$(readlink -f "$0")")
(bash $dir/benign.sh)&         ◁—— 这是被启动的后台进程

# do the actual work
while :
do
    echo "Calculating pi's 3000 digits..."            这是 bc 命令，创造性
    time echo "scale=3000; 4*a(1)" | bc -l | head -n1  ◁—— 地用于计算 pi 的数值
done
```

到目前为止，一切顺利，让我们来再次检查后台进程是否正常，在提示符下运行以下命令：

```
cat ~/src/examples/busy-neighbours/benign.sh
```

你将看到以下输出：

```
#!/bin/bash

# sleep a little, sneakily
sleep 20

# Just doing some lightweight background work
# Nothing to see here ;)
while :                                              这是你在 top 中看到
do                                                   的 stress 命令
    stress --cpu 2 -m 1 -d 1 --timeout 30 2>&1 > /dev/null  ◁——
    sleep 5
done
```

好了，现在的问题是：正如在本节前面的 top 输出中看到的，你的应用程序（bc 命令计算 pi）与系统中的其他命令（stress）竞争 CPU 时间，但是它并不总是获胜的一方

（stress 获得了更多的 CPU 分配百分比）。为了方便，让我们再看一下输出：

```
  PID USER      PR  NI    VIRT    RES    SHR S  %CPU  %MEM     TIME+ COMMAND
 2893 chaos     20   0    3812    100      0 R  52.9   0.0   0:02.57 stress
 2894 chaos     20   0  265960 183156    324 R  23.5   4.5   0:02.60 stress
 2895 chaos     20   0    4712   1376    264 R  23.5   0.0   0:02.62 stress
 2896 chaos     20   0    3812    100      0 R  17.6   0.0   0:02.64 stress
 2902 chaos     20   0    3168   2000   1740 R  17.6   0.0   0:01.90 bc
```

(...)

这就是我们的程序慢的原因，法官大人。stress 进程是造成它的"邻居"繁忙的典型案例。案件结案了，又一个谜题解决了，做得好！

现在应该没有什么最高（top）机密了，你基本上就是一名合格的"顶级"（top）特工了（我帮不了你更多了）。希望你的计算机还没有过热，但我希望你的房间温度在你开始本章后已经上升了（被你的热情所影响）。稍后我们将讨论如何处理资源短缺和繁忙的"邻居"。让我们快速介绍最后一个工具，以此来结束 CPU 资源的介绍！

mpstat -P ALL 1

mpstat 是另一个可以显示 CPU 利用率的工具。它的好处是它可以分别向你显示每个 CPU 的信息。在终端中运行以下命令：

```
mpstat -P ALL 1
```

它会输出类似如下的信息，每秒钟刷新一次：

```
01:14:08 PM CPU %usr %nice %sys %iowait %irq %soft %steal %guest %gnice %idle
01:14:09 PM  all 60.10  0.00 33.33   0.00 0.00  6.57   0.00  0.00   0.00  0.00
01:14:09 PM    0 41.41  0.00 45.45   0.00 0.00 13.13   0.00  0.00   0.00  0.00
01:14:09 PM    1 78.79  0.00 21.21   0.00 0.00  0.00   0.00  0.00   0.00  0.00
```

在这里可以看到与 top 相同的统计数据，但现在可以看到每个 CPU 的信息。拆分后的信息非常有用，因为你可以查看负载的分布并进行分析。如果从本章的开头终止 mystery002 进程并重新启动，则应该看到在开始的 20 秒内，bc 会占用尽可能多的 CPU，但是由于它是单线程的，无论如何，它只能安排在单个 CPU 上。然后，在 20 秒之后，当 stress 命令开始运行时，它将在两个 CPU 上创建工作线程，并且它们都变得繁忙。

我喜欢 mpstat 的输出（与我的姓名 Mikolaj Pawlikowski 首字母开头为 mp 无关），因为这些列更具有可读性。如果你的系统上没有 mpstat，top 也会支持与此类似的拆分视图功能，在我们的 Ubuntu VM 上可用的版本中，你可以通过键入 1（数字 1）来切换它。

好吧，你的"雷达"上有了 mpstat。你现在有足够多的工具来检测正在发生的事情，当你希望自己能获得足够的 CPU 时间时，可以看到是谁占用了。所以，现在的问题是，如何防止这种情况发生？让我们看看你有哪些可选项。

我的狗正在吃我的 CPU，我要如何修复它

你发现应用程序很慢，原因很简单，它没有获得足够的 CPU。在我们的模拟环境中，

这听起来是很基础的问题，但在一个更大的共享环境中，这可能并不明显。许多严重的生产问题不是火箭科学，这没关系。

我们来回顾一下第 1 章中介绍的混沌实验的四个步骤：确保可观测性、定义稳态、形成假设、运行实验。让我们来看看你到目前为止所做的事情：

1. 你观测了程序计算 3000 位 pi 的数值所需的时间——这是可观测性。

2. 你看到最初的迭代需要一定的时间——这是稳态。

3. 你希望每次迭代所消耗的时间保持相同——这是假设。

4. 但是，当你运行实验时，消耗的时间增加了——运行实验，发现假设错误。

Look，ma，no hands[⊖]! 你应用了你在前几章学到的知识，并进行了一个合理的混沌实验。图 3.7 以一种你现在应该熟悉的格式对所有内容进行了总结。

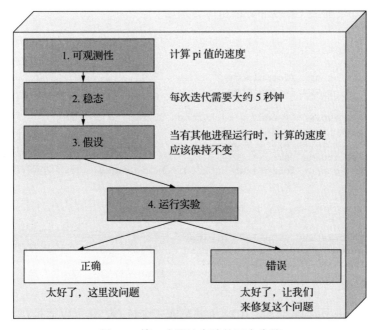

图 3.7 第二个混沌实验的四个步骤

我们的实验表明，我们的假设是错误的。当后台有其他进程运行时，我们的应用程序速度大大降低。那如何去修复它？一种选择是使用 niceness，在本章前面已经看到过这个属性，与系统上的其他进程相比，你可以使用它为你的进程设置更高的优先级，以确保获得更多的 CPU 时间。这可能行得通，但是它最大的缺点是：很难精确控制它们将获得多少CPU。

在这种情况下，Linux 提供了另一种工具：**控制组**（control group）。控制组是 Linux 内核中的一项功能，允许用户指定内核应分配给一组进程确切的资源量（CPU、内存、I/O）。

⊖ 一首歌名。——译者注

我们会在第 5 章中再详细地了解它，但是现在，我们先快速了解下它可以做什么。

首先，使用 cgcreate 创建两个控制组：formulaone 和 formulatwo。可以通过在提示符下运行以下命令来完成：

```
sudo cgcreate -g cpu:/formulaone
sudo cgcreate -g cpu:/formulatwo
```

你可以把它们当作特百惠的午餐盒（我的意思是说容器），你可以在其中放置进程并使它们共享该空间。你可以通过 cgexec 将进程放入这些午餐盒中的一个。让我们调整一下初始的 mystery002 脚本，以使用 cgcreate 和 cgexec。我为你提供了修改后的版本。你可以通过在提示符下运行以下命令来查看它：

```
cat ~/src/examples/busy-neighbours/mystery002-cgroups.sh
```

你可以看到如下输出（修改部分以粗体显示）：

```
#!/bin/bash
echo "Press [CTRL+C] to stop.."                    创建控制 CPU
                                                    的控制组
sudo cgcreate -g cpu:/formulaone
sudo cgcreate -g cpu:/formulatwo

# start some completely benign background daemon to do some
__lightweight__work                                 在其自己的控制组
#      ^ this simulates Alice's server's environment 中执行 benign.
export dir=$(dirname "$(readlink -f "$0")")         sh 脚本
(sudo cgexec -g cpu:/formulatwo bash $dir/benign.sh)&

# do the actual work
while :
do
    echo "Calculating pi's 3000 digits..."
    sudo cgexec -g cpu:/formulaone bash -c 'time echo "scale=3000; 4*a(1)"
| bc -l | head -n1'
done                                                在一个单独的控制组中执行
                                                    主要的 pi 计算代码
```

默认情况下，每个控制组获得 1024 个共享或一个核心。你可以通过在一个终端上运行新版本的脚本来确认它是否可以正常工作：

```
~/src/examples/busy-neighbours/mystery002-cgroups.sh
```

在另一个终端中运行 top，你应该看到类似如下的输出，其中所有 stress 进程大约共享一个 CPU，而 bc 进程可以单独使用另一个 CPU：

```
Tasks: 187 total,   7 running, 180 sleeping,   0 stopped,   0 zombie
%Cpu(s): 72.7 us, 27.3 sy, 0.0 ni, 0.0 id, 0.0 wa, 0.0 hi,  0.0 si,  0.0 st
MiB Mem :  3942.4 total,    494.8 free,   1196.3 used,   2251.3 buff/cache
MiB Swap:     0.0 total,      0.0 free,      0.0 used.   2560.1 avail Mem

  PID USER      PR  NI    VIRT    RES    SHR S  %CPU  %MEM     TIME+ COMMAND
 4888 chaos     20   0    3168   2132   1872 R  80.0   0.1   0:03.04 bc
 4823 root      20   0    3812    100      0 R  26.7   0.0   0:06.05 stress
```

```
4824 root      20   0  265960 221860      268 R  26.7   5.5   0:06.13 stress
4825 root      20   0    4712   1380      268 R  26.7   0.0   0:05.97 stress
4826 root      20   0    3812    100        0 R  26.7   0.0   0:06.10 stress
```

我们将在后面的章节中对此进行更多的研究。如果你现在就想知道，在终端中运行
`man cgroups`。否则，我们就结束对 CPU 的介绍。让我们进一步探索资源图，来看看操
作系统层。

3.3.6 操作系统

我们已经解决了 Alice 的应用程序运行慢的谜题。但在我们结束之前，我想向你们介绍
一些在操作系统级别真正强大的工具——你知道的，下次应用程序运行得慢，就不是 CPU
的问题了。

图 3.8 展示了操作系统在我们资源图中的位置。我们将介绍的工具分别是 BCC 项目中
的 opensnoop 和 execsnoop。让我们从 opensnoop 开始。

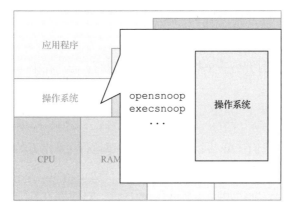

图 3.8　放大 OS 可观测性工具

opensnoop

opensnoop 允许你查看系统上所有进程打开的所有文件，基本上是实时的。BPF 真的
是 Linux 的强大工具，不是吗？要启动它（别忘了加上 Ubuntu 包的后缀），在命令行中运行：

```
sudo opensnoop-bpfcc
```

你应该开始看到文件被系统上的各个进程打开。如果你想获得其功能的示例，请尝试
打开另一个终端窗口，运行 top（只打印一次）：

```
top -n1
```

你可以看到 opensnoop 输出了类似以下的内容（省略了大部分内容）：

```
(...)
12396 top              6   0 /proc/sys/kernel/osrelease
12396 top              6   0 /proc/meminfo
12396 top              7   0 /sys/devices/system/cpu/online
```

```
12396  top                 7   0 /proc
(...)
12396  top                 8   0 /proc/12386/stat
12396  top                 8   0 /proc/12386/statm
12396  top                 7   0 /etc/localtime
12396  top                 7   0 /var/run/utmp
12396  top                 7   0 /proc/loadavg
(...)
```

这样一来，你就知道了 top 是从何处获得所有信息的（通过读取 /proc 下的文件，你也可以随意探索一下这些文件）。在实践混沌工程时，为了知道如何设计或实现你的实验，你通常会想知道一个不是你编写的特定应用程序实际在做什么，知道它打开了哪些文件是一个非常有用的功能。说到这，还有另一个同样适合你的工具：execsnoop。

execsnoop

execsnoop 与 opensnoop 类似，但是 execsnoop 侦听内核中对 exec 变体的调用，这意味着你将获得计算机上正在启动的所有进程的列表。你可以通过在提示符下运行以下命令来启动它：

```
sudo execsnoop-bpfcc
```

在运行的同时，尝试打开另一个终端窗口，然后执行 ls。在第一个窗口中，execsnoop 应该输出类似如下的信息：

```
PCOMM        PID    PPID   RET ARGS
ls           12419  2073     0 /usr/bin/ls --color=auto
```

现在，和 ls 类似，我们在第二个终端窗口中尝试运行在章节开始时使用的 mystery002 命令，在提示符下运行以下命令：

```
~/src/examples/busy-neighbours/mystery002
```

输出如下所示，你将看到所有正在执行的命令。你应该能看到所有辅助命令，例如 readlink、dirname、head 和 sleep。你也会发现 bc 和 stress 命令运行了。

```
PCOMM      PID    PPID  RET ARGS
mystery002 12426  2012   0 /home/chaos/src/examples/busy-
neighbours/mystery002
readlink   12428  12427 0 /usr/bin/readlink -f
/home/chaos/src/examples/busy-neighbours/mystery002
dirname    12427  12426 0
bash       12429  12426 0 /usr/bin/bash /home/chaos/src/examples/busy-
neighbours/benign.sh
bc         12431  12426 0 /usr/bin/bc -l
head       12432  12426 0 /usr/bin/head -n1
sleep      12433  12429 0 /usr/bin/sleep 20
(...)
stress     12462  12445 0 /usr/bin/stress --cpu 2 -m 1 -d 1 --timeout 30
(...)
```

这是查看 Linux 机器上正在启动哪些程序的极为方便的方法。我是否说过 BPF 真的很棒？

其他工具

操作系统级别提供了非常丰富的工具，因此本节的目的不是提供所有可用工具的完整列表，而是强调在进行混沌工程时可以（而且应该）考虑所有这些工具。

你可能希望在这里看到 strace、dtrace 和 perf 之类的工具（如果你不了解它们，请搜索一下），但是我并没有介绍它们。相反，我选择让你领略 BPF 所提供的功能，因为我相信它将在此用例中慢慢取代较旧的技术。我强烈建议访问 https://github.com/iovisor/bcc 并浏览其他可用工具。由于篇幅有限，在这里没有覆盖所有内容，但是我希望我能给你带来体验的乐趣，探索其他工具留给你作为练习。让我们看一下资源图的顶层。

3.4 应用程序

我们已经到达了资源图的顶层，即应用程序层。无论是严肃的商业应用、视频游戏还是比特币挖矿机，都可以在此处直接编写代码来实现客户的需求。

每个应用程序都是不同的，在混沌实验的背景下，讨论由应用程序直接提供的高层级的度量通常是有意义的。例如，我们可能正在研究银行交易的延迟时间、同时在线玩家的数量，或者每秒计算哈希的次数。在进行混沌工程设计时，由于每种指标都具有独特的含义，因此我们需要针对性地进行处理。

但是在操作系统和应用程序之间，运行着很多我们可能忽略的代码——运行时和库。它们在应用程序之间共享，因此更易于调查和诊断。在本节中，我们将研究如何查看 Python 应用程序内部的情况。我将向你展示如何使用 cProfile、pythonstat 和 pythonflow 来让你了解可以轻松完成哪些事情。图 3.9 再次展示了所有这些在资源图中的位置。

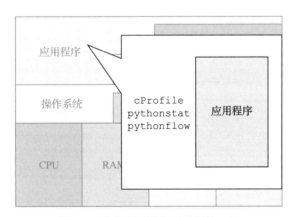

图 3.9 放大应用程序可观测性工具

让我们从 cProfile 开始。

3.4.1　cProfile

Python 秉承"内置电池"的座右铭，附带两个分析模块：cProfile 和 profile（https://docs.python.org/3.7/library/profile.html）。我们将使用前者，因为它提供了较低的开销，并且在大多数情况下都推荐使用。

要使用它，让我们通过在命令提示符下运行以下代码来启动 Python 交互式命令行界面（Read-Eval-Print Loop，REPL）：

```
python3.7
```

这将为你提供有关 Python 二进制文件的一些数据，以及一个闪烁的光标，你可以在其中键入命令，类似于以下输出：

```
Python 3.7.0 (default, Feb  2 2020, 12:18:01)
[GCC 8.3.0] on linux
Type "help", "copyright", "credits" or "license" for more information.
>>>
```

想象一下，你再次试图找出某个特定应用程序运行缓慢的原因，并且你想检查它在用 Python 执行时花费的时间。这就是 cProfile 等分析器可以提供帮助的地方。cProfile 可用于分析代码段，并且以非常简单的方式。尝试在你刚启动的交互式 Python 会话中运行此命令：

```
>>> import cProfile
>>> import re
>>> cProfile.run('re.compile("foo|bar")')
```

运行最后一行时，你应该看到类似如下的输出（为了更清楚，省略了部分内容）。输出显示，在运行 re.compile("foo | bar") 时，程序进行 243 个函数调用（236 个原始调用，或者说非递归调用），然后列出了所有的调用。请注意粗体字体的两列：ncalls（调用总数，如果有两个数字用斜杠分隔，则第二个是非递归调用的数目）和 tottime（在其中花费的总时间）。cumtime 也很值得注意，因为它给出了该调用及其所有子调用所花费的累积时间：

```
    243 function calls (236 primitive calls) in 0.000 seconds

    Ordered by: standard name

ncalls tottime percall cumtime percall filename:lineno(function)
    1    0.000   0.000   0.000   0.000 <string>:1(<module>)
(...)
    1    0.000   0.000   0.000   0.000 re.py:232(compile)
(...)
    1    0.000   0.000   0.000   0.000 sre_compile.py:759(compile)
(...)
    1    0.000   0.000   0.000   0.000 {built-in method builtins.exec}
   26    0.000   0.000   0.000   0.000 {built-in method builtins.isinstance}
30/27    0.000   0.000   0.000   0.000 {built-in method builtins.len}
    2    0.000   0.000   0.000   0.000 {built-in method builtins.max}
```

```
     9    0.000    0.000    0.000    0.000 {built-in method builtins.min}
     6    0.000    0.000    0.000    0.000 {built-in method builtins.ord}
    48    0.000    0.000    0.000    0.000 {method 'append' of 'list' objects}
     1    0.000    0.000    0.000    0.000 {method 'disable' of '_lsprof.Profiler'
objects}
     5    0.000    0.000    0.000    0.000 {method 'find' of 'bytearray' objects}
     1    0.000    0.000    0.000    0.000 {method 'get' of 'dict' objects}
     2    0.000    0.000    0.000    0.000 {method 'items' of 'dict' objects}
     1    0.000    0.000    0.000    0.000 {method 'setdefault' of 'dict' objects}
     1    0.000    0.000    0.000    0.000 {method 'sort' of 'list' objects}
```

要理解这些信息，对源代码有一定程度的理解是有帮助的，即使你不理解源代码，通过使用这种技术，你至少可以知道哪里可能慢了。

如果你想运行模块或脚本，而不仅仅是片段，则可以从命令行运行 cProfile，如下所示：

```
python -m cProfile [-o output_file] [-s sort_order] (-m module |
myscript.py)
```

例如，要运行简单的 HTTP 服务器，可以在提示符下运行以下命令。它将一直等到程序完成，因此，当你完成该程序后，可以按 <Ctrl+C> 将其终止。

```
python3.7 -m cProfile -m http.server 8001
```

在另一个命令提示符处，对服务器发送 HTTP 请求，以检查其是否正常运行，并生成一些更有趣的统计信息：

```
curl localhost:8001
```

在第一个提示中按 <Ctrl+C> 时，cProfile 将打印统计信息。你应该看到大量的输出，在这些行中，有一行特别值得关注，这是我们的程序花费了大部分时间来等待接受新请求的地方：

```
    36  17.682   0.491  17.682    0.491 {method 'poll' of 'select.poll' objects}
```

希望这能让你体会到，使用 Python 标准库来分析 Python 程序是多么容易，以及通过分析可以获得哪些信息。其他 Python 分析器（例如，查看 https://github.com/benfred/py-spy）提供了更易于使用和可视化的功能。但是，由于篇幅有限，我们就不再介绍了。让我们快速看看另一种方法，使用 BPF。

3.4.2　BCC 和 Python

要使用 pythonstat 和 pythonflow，你需要一个使用 --with-dtrace 参数编译的 Python 二进制文件，以支持能够使用用户静态定义跟踪（User Statically Defined Tracing，USDT）探针（更多信息请参阅 https://lwn.net/Articles/753601/）。这些探针是代码中的一些位置，软件作者在这些位置定义了用 DTrace 附加到的特殊端点，用于调试和跟踪他们的应用程序。

许多流行的应用程序，如 MySQL、Python、Java、PostgreSQL、Node.js 等，都可以用这些探针进行编译。BPF（和 BCC）也可以使用这些探针，这就是我们将要使用的两种工具（`pythonstat` 和 `pythonflow`）的工作原理。

~/Python3.7.0/python 是我为你预编译的 Python 二进制文件，编译时使用了 `--with-dtrace` 参数，因此支持 USDT 探针。在终端窗口中，运行以下命令以开始一个简单的游戏：

```
~/Python-3.7.0/python -m freegames.life
```

这是 Conway 的"模拟人生"游戏的实现，你可以在 https://github.com/grantjenks/free-python-games 中找到。现在，在另一个终端中，通过运行以下命令启动 `pythonstat`：

```
sudo pythonstat-bpfcc
```

你应该看到类似如下的输出，分别显示每秒方法调用、垃圾回收、创建对象、加载类、异常和创建线程的次数：

```
07:50:03 loadavg: 7.74 2.68 1.10 2/641 7492

PID      CMDLINE              METHOD/s  GC/s   OBJNEW/s  CLOAD/s  EXC/s  THR/s
7139     /home/chaos/Python-3 480906    3      0         0        0      0
7485     python /usr/sbin/lib 0         0      0         0        0      0
```

另一个工具 `pythonflow` 允许你跟踪 Python 中各种方法执行的开始和结束。运行以下命令，在一个终端中启动交互式界面来进行尝试：

```
~/Python-3.7.0/python
```

在另一个终端，通过以下命令启动 `pythonflow`：

```
sudo pythonflow-bpfcc $(pidof python)
```

现在，当你在 Python 提示符下执行命令时，你将在 `pythonflow` 的窗口中看到调用堆栈。例如，尝试运行以下命令：

```
>>> import this
The Zen of Python, by Tim Peters

Beautiful is better than ugly.
Explicit is better than implicit.
Simple is better than complex.
Complex is better than complicated.
Flat is better than nested.
Sparse is better than dense.
Readability counts.
Special cases aren't special enough to break the rules.
Although practicality beats purity.
Errors should never pass silently.
Unless explicitly silenced.
In the face of ambiguity, refuse the temptation to guess.
```

```
There should be one-- and preferably only one --obvious way to do it.
Although that way may not be obvious at first unless you're Dutch.
Now is better than never.
Although never is often better than *right* now.
If the implementation is hard to explain, it's a bad idea.
If the implementation is easy to explain, it may be a good idea.
Namespaces are one honking great idea -- let's do more of those!
```

在 `pythonflow` 的窗口中，你将看到导入该模块所需的所有步骤：

```
Tracing method calls in python process 7539... Ctrl-C to quit.
CPU PID     TID     TIME(us) METHOD
1   7539    7539    4.547    -> <stdin>.<module>
1   7539    7539    4.547      -> <frozen importlib._bootstrap>._find_and_load
1   7539    7539    4.547       -> <frozen importlib._bootstrap>.__init__
1   7539    7539    4.547       <- <frozen importlib._bootstrap>.__init__
1   7539    7539    4.547       -> <frozen importlib._bootstrap>.__enter__
(...)
```

你可以尝试在 Python 中运行其他代码，然后在屏幕上看到所有的方法调用。再强调一次，在实践混沌工程时，我们通常会和其他人的代码打交道，如果能了解它的工作流程是非常有帮助的。

这些介绍是以 Python 为例的，每种语言生态系统都有其类似的工具和方法。通过这些工具和方法获得的堆栈信息都可以帮助我们分析和跟踪应用程序。在本书的后续章节中，我将介绍更多的示例。让我们继续本章的最后一个难题：自动化。

3.5 自动化：使用时序数据库

到目前为止，我们所了解的所有工具都非常实用。你已经了解了如何检查哪些系统资源已经饱和，如何查看系统错误，如何查看系统级别正在发生什么，甚至还可以了解各种运行时的行为。但是这些工具也有不足之处：你需要坐下来执行每个工具。在本节中，我将讨论你可以做些什么来自动获得这些信息。

目前市场上有各种监控系统，其中比较受欢迎的包括 Datadog（www.datadoghq.com）、New Relic（https://newrelic.com/）和 Sysdig（https://sysdig.com/）。将它们提供的某种代理服务部署在所有你希望监控的计算机上，然后提供了浏览、可视化和对监控数据告警的方法。如果你想了解更多有关这些商业产品的信息，我相信他们的销售人员将很高兴为你提供演示。另一方面，在本书的背景下，我想重点介绍开源的替代方案：Prometheus 和 Grafana。

3.5.1 Prometheus 和 Grafana

Prometheus（https://prometheus.io/）是一个开源的监控系统，也是一个时序数据库。它提供了监控数据的收集、存储、查询和告警等所需的一切。Grafana（https://grafana.

com/）则是一个分析和可视化工具，可以与包括 Prometheus 在内的各种数据源结合起来使用。Prometheus 包含一个名为 Node Exporter 的子项目（https://github.com/prometheus/node_exporter），通过它可以获取大量的系统指标数据。

它们共同构成了强大的监控套件。我不在这介绍如何配置生产环境使用的 Prometheus，我想向你展示的是，如何通过使用这些工具将 USE 指标轻松地导入到时序数据库中。我们将使用 Docker，这样更快一点。如果你不清楚 Docker 的工作原理也没关系，我们将在后面的章节中介绍。现在，只需将其视为程序启动器。

首先，让我们在提示符下执行以下命令来启动 Node Exporter：

```
docker run -d \
  --net="host" \
  --pid="host" \
  -v "/:/host:ro,rslave" \
  quay.io/prometheus/node-exporter \
  --path.rootfs=/host
```

运行后，通过访问它的默认端口来确认它是否正常工作，运行以下命令：

```
curl http://localhost:9100/metrics
```

你应该看到类似如下的输出。这是 Prometheus 专有的格式——每个指标一行，简单且易于理解：

```
promhttp_metric_handler_requests_total{code="200"} 0
promhttp_metric_handler_requests_total{code="500"} 0
promhttp_metric_handler_requests_total{code="503"} 0
```

每行对应一个时间序列。在此示例中，指标的名称相同（promhttp_metric_handler_requests_total），有三个标签代码（code）的值（200、500 和 503）。这转化为三个独立的时间序列，每个时间序列在任何时间点都具有一定的值。

现在，可以让 Prometheus 通过抓取数据来工作了，这意味着对我们刚刚调用的端点进行 HTTP 调用，解析时间序列数据，并在抓取时间相对应的时间戳上存储值。让我们启动一个 Prometheus 实例，并使其从 Node Exporter 终端抓取数据。为此，你可以首先在主目录中创建一个名为 prom.yml（/home/chaos/prom.yml）的配置文件，其内容如下：

```
global:
  scrape_interval: 5s        ◁——┤ 将抓取间隔设置为 5 秒，
scrape_configs:                   │ 以便更快地获取指标
- job_name: 'node'
  static_configs:                      ┤ 告诉 Prometheus 抓取端口
  - targets: ['localhost:9100']  ◁——┤ 为 9100（默认端口）的 Node
                                        │ Exporter 的数据
```

然后使用该配置文件启动 Prometheus，在提示符下运行以下命令：

```
docker run \
    -p 9090:9090 \
```

```
--net="host" \
-v /home/chaos/prom.yml:/etc/prometheus/prometheus.yml \
prom/prometheus
```

在容器启动后，打开 Firefox（或其他浏览器），并导航到 http://127.0.0.1:9090/。你将看到 Prometheus 的用户界面（UI）。用户界面可让你查看配置和状态，以及查询各种指标。接下来，在查询窗口中查询 CPU 指标 node_cpu_seconds_total，然后单击"Execute"。你应该看到类似于图 3.10 的输出。

请注意标签 mode 的各种值：idle、user、system、steal、nice 等，这些和你在 top 中看到的有相同的含义。但是现在，它们是一个时间序列，你可以随着时间进行绘制，汇总它们并轻松发出告警。

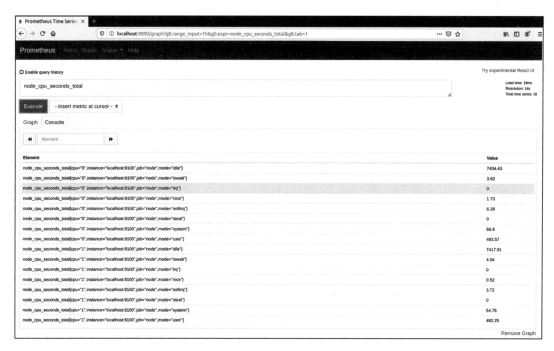

图 3.10　运行中的 Prometheus 用户界面，显示了 node_cpu_seconds_total 指标

由于篇幅有限，就不在这查询 Prometheus 或构建 Grafana 面板了，我将其留给你作为练习。请访问 http://mng.bz/go8V，以了解有关 Prometheus 查询语言的更多信息。如果你想了解 Grafana 的面板，请访问 https://grafana.com/grafana/dashboards。图 3.11 展示了一个可供下载的面板。

好吧，它对我而言很有趣，希望对你也一样。现在是时候总结了，但是在总结之前，让我们看看在哪里可以找到有关此主题的更多参考信息。

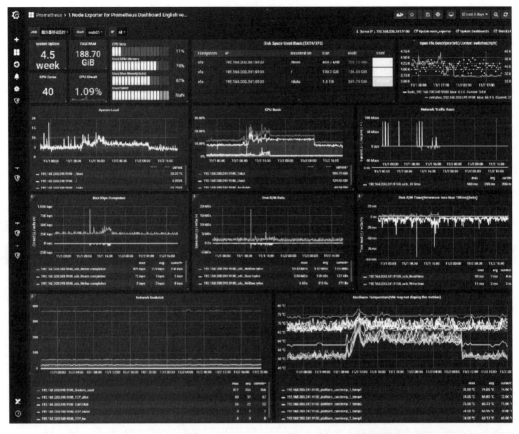

图 3.11　Grafana 面板示例，来自 https://grafana.com/grafana/dashboards/11074

3.6　延伸阅读

本章对我来说很棘手。一方面，我想为你介绍必要的工具和技术，用于在接下来的章节中实践混沌工程，因此本章内容很多；另一方面，我希望将内容保持在最低限度，因为它不是系统性能手册。这意味着我必须做出一些选择，跳过一些出色的工具。如果你想更深入地研究该主题，建议你阅读以下书籍：

❑ *Systems Performance: Enterprise and the Cloud*（Brendan Gregg 著，Pearson，2013），www.brendangregg.com/sysperfbook.html

❑ *BPF Performance Tools*（Brendan Gregg 著，Addison-Wesley，2019），www.brendangregg.com/bpf-performance-tools-book.html

❑ *Linux Kernel Development*（Robert Love 著，Addison-Wesley Professional，2010），https://rlove.org/

就这样结束吧！

总结

❑ 当调试一个运行缓慢的应用程序时，你可以使用 USE 方法：检查利用率、饱和度和错误。

❑ 要分析的资源包括物理设备（CPU、RAM、磁盘、网络）以及软件资源（系统调用、文件描述符）。

❑ Linux 提供了一个丰富的、可用的工具生态系统，包括 `free`、`df`、`top`、`sar`、`vmstat`、`iostat`、`mpstat` 和 BPF。

❑ 通过 BCC，可以轻松使用 BPF 来获得系统的可观测性，而开销通常可以忽略不计。

❑ 你可以在不同的层级获得有价值的可观测性，包括物理组件、操作系统、库 / 运行时、应用程序。

数据库故障和生产环境中的测试

本章涵盖以下内容：

❑ 为开源软件设计混沌实验

❑ 使用流量控制（Traffic Control）增加网络延迟

❑ 了解何时在生产环境中进行测试才有意义，以及如何进行测试

在本章中，你会将目前为止所学到的所有有关混沌工程的知识，应用在一个你可能熟悉的通用应用程序的真实示例中。你听说过 WordPress 吗？这是一个流行的博客引擎和内容管理系统。WordPress 占据了大多数内容管理系统（CMS）支撑的网站（http://mng.bz/e58Q）。它通常与另一种流行的数据库 MySQL 配合使用。

让我们以 MySQL 支持的 WordPress 为例，使用混沌工程，试着对它运行的可靠性建立信心。你将尝试预先猜测什么情况可能会干扰它，并设计实验来验证它是如何运行的。准备好了吗？让我们看看来自格兰登创业公司的朋友们最近在忙些什么。

4.1 我们在做 WordPress

真是不可思议，他们的风投资金能维持这么久。我们最喜欢的格兰登创业公司与 3.1 节所见的情形相比发生了很大的变化。公司的首席执行官（CEO）上周读了 Eric Ries 的《精益创业》（*The Lean Startup*）（http://theleanstartup.com/）。再加上 "FizzBuzz 即服务" 平平无奇的销售业绩，导致了一个转折，也就是《精益创业》中的术语——转向。经过了大量的讨论之后，开干了，转向意味着人事重组（Alice 现在领导一个 SRE 团队，工程由新人 Charlie 领导）、一个新的标志（喵，Meower），以及商业模式的彻底改变（"人有 Uber，猫

有 Meower")。但是猫运输服务的商业模式和需求细节仍有些模糊。

唯一不模糊的是来自 CEO 的直接建议："我们要做 WordPress 了。"Alice 的团队的任务是做一个基于 WordPress 的 Meower 系统，并将 FizzBuzz 即服务应用程序可靠运行的所有经验应用到这个新系统中。没有必要和 CEO 争论，所以我们直接开始工作吧！

这就是你的切入点。你将使用预先在 Ubuntu VM 上安装好的 WordPress。让我们来看看"引擎盖"下面有什么，图 4.1 展示了系统组件的概览：

❏ Apache2（一种流行的 HTTP 服务器）用于处理传入的流量。

❏ 用 PHP 编写的 WordPress 处理请求，并生成响应。

❏ MySQL 用于存储博客的数据。

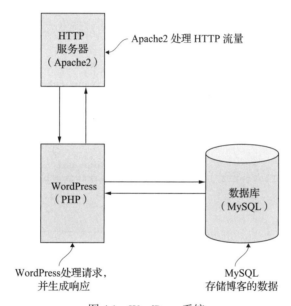

图 4.1　WordPress 系统

WordPress 提供了可用于各种 Linux 发行版的软件包。在本书提供的 VM 中，该软件是通过默认的 Ubuntu 软件包预先安装的，接下来的步骤是启动和配置。通过在 VM 内的终端命令提示符处运行以下命令，停止 NGINX（如果它从前面的章节中一直运行到现在），然后启动数据库和 HTTP 服务器：

```
sudo systemctl stop nginx          停止第 3 章中运行的
sudo systemctl start mysql         NGINX
sudo systemctl start apache2
```

Apache2 Web 服务器现在应该在 http://localhost/blog 上提供 WordPress 的服务了。要确认其运行正常并配置 WordPress 应用程序，请打开浏览器并转到 http://localhost/blog。你将看到一个配置页面，对于需要填写的具体信息，按照自己的想法填就行了（请记住密码，因为以后需要它才能登录 WordPress），然后单击"安装 WordPress"。安装完成后，WordPress

将允许你登录，然后你就可以开始使用 WordPress 博客了。

你现在应该准备好了！是时候戴上混沌工程师的帽子，想出混沌实验的点子了。为了做到这一点，让我们找出这个简单系统的一些弱点。

4.2 弱点

它在高层级上是如何运作的？让我们再从混沌工程师的角度来看这个系统。图 4.2 展示了客户端向 Meower 发出请求时发生的情况，并提供了系统的概览。

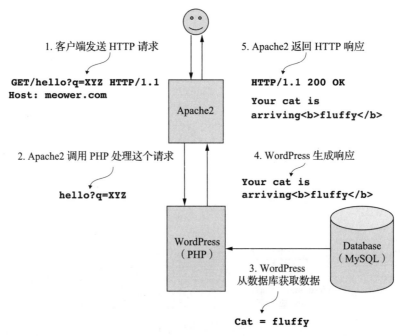

图 4.2　WordPress 处理用户请求示意图

Apache2（一种流行的 HTTP 服务器）用于处理传入的 HTTP 流量（1）。在后台，Apache2 解码 HTTP，提取出请求，然后调用 PHP 解释器运行的 WordPress 应用程序以生成响应（2）。WordPress（PHP）连接到 MySQL 数据库以获取生成响应所需的数据（3）。然后，该响应被反馈到 Apache2（4），Apache2 将数据作为有效的 HTTP 响应返回给客户端（5）。

这就是混沌工程的乐趣所在。了解了系统在高层级上的工作原理之后，你就可以开始研究它是如何崩溃的。让我们试着预测系统的脆弱点，并通过实验测试它们对你期望看到的故障类型有多大的弹性。从哪里开始呢？

通常需要从科学和艺术两方面来衡量，从而找到薄弱环节。对于系统是如何工作的，我们通常不会有十分完整的心理印象，混沌实验的出发点是对给定系统中的脆弱点进行有根据的猜测。利用过去的经验并运用各种启发式方法，你可以进行猜测，然后通过混沌实验将其转变为实际的科学。启发式的猜测之一：系统中负责存储状态的部分通常是最脆弱的部分。如果将这个猜测应用于我们这个简单的示例中，则可以看出数据库可能是薄弱环节。下面是我们基于这个系统弱点的两个有根据的猜想示例：

1. 数据库可能要求良好的磁盘 I/O 速度。如果磁盘慢了会怎么样？

2. 你可以接受的应用程序服务器和数据库之间的联网速度有多慢？

这些都是很好的学习机会，所以让我们从数据库的磁盘 I/O 要求开始，尝试将它们发展为功能全面的混沌实验。

4.2.1　实验 1：磁盘慢了

你怀疑磁盘 I/O 降级可能会对应用程序的性能产生负面影响。现在这只是一个有根据的猜测。要确认或者否认这个猜测，你可以像所有疯狂的科学家一样通过实验寻求答案。幸运的是，到目前为止，你已经熟悉了第 1 章中介绍的设计混沌实验的四个步骤：

1. 确保可观测性。

2. 定义稳态。

3. 形成假设。

4. 运行实验！

让我们根据这些步骤来设计一个真正的实验！

第一，你需要能够可靠地观察实验结果。为此，你需要一个可靠的指标。你对网站的性能很感兴趣，因此，一个良好的指标示例就是每秒成功请求数（RPS）。它很容易使用（只有一个数字），并且你可以使用第 2 章中介绍的 Apache Bench 轻松地获取这个指标——所有这些都使它成为初学者的理想选择。

第二，你需要定义稳态。你可以在系统上运行没有经过任何修改的 Apache Bench，然后读取正常情况下每秒成功请求数的范围来作为稳态。

第三，要形成假设。你在本章的开头才开始了解这个系统，所以可以从一个简单的假设开始，然后在运行实验并进一步了解系统特性时，再对假设进行完善。一个简单假设的例子可以是这样的："如果磁盘 I/O 使用了 95%，每秒成功请求数不会下降超过 50%。"这个假设代表了一个现实世界中可能存在的情况，在这种场景中，另一个进程（例如日志清理 / 轮转）启动并在一段时间内使用大量磁盘 I/O。我在这里选择的值（95% 和 50%）完全是任意的，只是为了让我们开始这个实验。在现实世界中，这些值的选择可能来自你想要满足的 SLO。现在，你对这个系统的了解还很少，所以让我们先从某个地方开始，然后再对它进行改进。

满足以上三点，你就可以开始运行我们的实验了。我敢肯定你等不及了，让我们开始吧！

实施

在对系统进行任何更改之前，让我们测量一下基线，也就是定义稳态。稳态是你选择的指标在正常运行期间的值，可以这样认为，当你不进行任何混沌实验时，系统的运行就代表其正常的行为。借助成功响应的 RPS 的指标，可以轻松地使用 Apache Bench 来测量该稳态。我们在第 2 章之前使用过 Apache Bench，但是如果需要的话，可以在命令提示符下运行 man ab 回顾一遍。

在测量基线时，控制所有参数非常重要，以后你可以进行比较，但是现在这些值本身是完全任意的。让我们从 1 个并发（-c 1）调用 ab 最长 30 秒（-t 30）开始，记住这里忽略响应的可变长度（-l）。你可以通过在命令提示符下运行以下命令来做到这一点。请小心添加斜杠，因为输错的话你可能会获得一个重定向的响应，而这并不是你要测试的内容！

```
ab -t 30 -c 1 -l http://localhost/blog/
```

你将看到类似于以下的输出（为清楚起见，省略了部分内容）。如果多次运行该命令，你将获得略微不同的值，但是它们应该比较相似。此示例会输出没有失败的请求，RPS 值为 86.33：

```
(...)
Concurrency Level:      1
Time taken for tests:   30.023 seconds
Complete requests:      2592
Failed requests:        0                        ◄──┤ 没有失败的请求
Total transferred:      28843776 bytes
HTML transferred:       28206144 bytes
Requests per second:    86.33 [#/sec] (mean)     ◄──┤ RPS 约为 86
Time per request:       11.583 [ms] (mean)
Time per request:       11.583 [ms] (mean, across all concurrent requests)
Transfer rate:          938.19 [Kbytes/sec] received
(...)
```

运行该命令数次后，都获得了类似的值。需要注意，输出完全取决于你的硬件以及 VM 的配置方式。在此示例的输出中，你可以将 RPS 的值 86 作为稳态。

现在，你该如何实现假设条件呢？在第 3 章中，你调查过一个称为 stress 的神秘进程。它是一个非常实用的程序，旨在对你的系统进行压力测试，能够为 CPU、RAM 和磁盘生成负载。你可以使用它来模拟磁盘 I/O 密集型的程序。通过配置项 --hdd n 可以创建 n 个 worker，每个 worker 在磁盘上写文件，然后将其删除。

在上面的假设中，我们任意选择了一个百分比值。要产生 95% 的负载，首先需要了解 100% 的负载到底是多少，因此，让我们来看看写入磁盘的速度是多少。在一个终端窗口中，通过运行以下命令来启动 iostat。使用它可以查看总吞吐量，每 3 秒更新一次。你将使用它来监视磁盘写入速度：

```
iostat 3
```

在第二个终端窗口中，让我们使用 --hdd 配置项运行 stress 命令来对磁盘进行基准测试，从一个写磁盘的 worker 开始。在第二个终端窗口中运行以下命令，该命令将按指定的方式运行 35 秒钟：

```
stress --timeout 35 --hdd 1
```

在第一个窗口中，你将看到类似如下内容的输出。根据你的 PC 配置，这些值会有所不同。在下面的输出中，我们可以看出它的最高速度约为 1 GB/s（以粗体显示），为简单起见，我们假定这实际上是 100% 的可用吞吐量：

Device	tps	kB_read/s	kB_wrtn/s	kB_read	kB_wrtn
loop0	0.00	0.00	0.00	0	0
sda	1005.00	0.00	**1017636.00**	0	2035272

根据设置，你可能需要使用额外的 worker 进行实验，才能看到 100% 的吞吐量是什么样的。不过，不要太担心确切的数字，所有这些都是在 VM 中运行的，所以会有多个级别的与缓存和平台相关的因素需要考虑，本章中不进行讨论。这里的目标是教你如何设计和实现自己的实验，但是需要逐个处理底层的细节。

为了再次检查吞吐量的值，你可以运行另一个测试。dd 是用于将数据从一个源复制到另一个地方的实用程序。如果你复制足够的数据来对系统进行压力测试，它会告诉你复制的速度有多快。要将数据从 /dev/zero 复制到一个临时文件中 15 次，并设置块大小为 512MB，在提示符下运行以下命令：

```
dd if=/dev/zero of=/tmp/file1 bs=512M count=15
```

你将看到类似如下内容的输出（平均写入速度以粗体显示）。在此示例中，速度约为 1 GB/s，和 stress 的结果差不多。为简单起见，我们再次以 1 GB/s 的写入速度作为吞吐量：

```
15+0 records in
15+0 records out
8053063680 bytes (8.1 GB, 7.9 GiB) copied, 8.06192 s, 998 MB/s
```

最后，将测试结果与理论极限值进行比较。虽然苹果公司没有公布其固态硬盘的官方数据，但互联网上的基准数据显示其速度约为 2.5 GB/s。因此，在使用默认配置运行的 VM 中，磁盘的 I/O 速度应该不到主机的一半，这个结果听起来还是合理的。到目前为止，一切顺利。

现在，在最初的假设中，你希望模拟 95% 的磁盘写利用率。正如你之前看到的，只运行一个参考 worker 的 stress 命令所占的磁盘负载比例接近 95% 这个数字。这就很方便了！就像是有人故意选择了这个值一样！因此，为了生成你想要的负载，你可以重用前面的 stress 命令。场景设定好了！

让我们运行实验。在一个终端窗口中，通过运行以下命令，运行一个 worker 的 stress 命令 35 秒钟（多出来的 5 秒钟时间用于在另一终端上运行 ab）：

```
stress --timeout 35 --hdd 1
```

在第二个终端窗口中，使用 Apache Bench 重新运行一开始的基准测试。运行以下命令：

```
ab -t 30 -c 10 -l http://localhost/blog/
```

当 ab 完成时，你应该看到类似如下的输出。仍然没有错误，此示例中的 RPS 降为 53.92（降低了 38%）：

```
(...)
Concurrency Level:      1
Time taken for tests:   30.009 seconds
Complete requests:      1618
Failed requests:        0               ◁──┐ 没有失败的请求
Total transferred:      18005104 bytes
HTML transferred:       17607076 bytes
Requests per second:    53.92 [#/sec] (mean)      ◁──┤ RPS 约为 54
Time per request:       18.547 [ms] (mean)
Time per request:       18.547 [ms] (mean, across all concurrent requests)
Transfer rate:          585.92 [Kbytes/sec] received
(...)
```

这个值非常接近初始假设中允许的 50% 的下降，并让你可以成功结束这个实验。是的，如果与你的数据库在同一主机上的其他进程突然开始向磁盘写入，且占用了 90% 或更多的带宽，而你的博客却仍可以继续工作，并降低不到 50% 的速度。从绝对意义上讲，每个请求的平均时间从 12 毫秒增加到 19 毫秒，这几乎不可能被任何人察觉到。

> **机械降神**[⊖]
>
> 在本例中，你不需要将 stress 命令的写入速度限制为另一个值（如吞吐量的 50%），这确实很方便。如果你确实用了另外一个值，达到预期的效果的一种方法是：首先测出总的吞吐量，然后根据你设定的百分比来计算最大的吞吐量（例如，1 GB/s 的 50% 是 512 MB/s），然后利用 cgroups v2（http://mng.bz/pVoz）来限制 stress 命令的 I/O 吞吐量。

恭喜你，又一个混沌实验完成了！但在沾沾自喜之前，让我们先讨论一下科学。

讨论

这种实现方式的一大缺陷是，涉及的所有进程——应用程序服务器、应用程序、数据库、stress 命令和 ab 命令，都在同一台主机（和同一台 VM）上运行。当我们试图模拟磁盘写入时，写入磁盘的动作需要占用 CPU 时间，这可能比写入本身对速度下降的影响更大。即使写磁盘是最主要的因素，它对哪个部分的影响最大？

这些内容在这里都被我们忽略了，但我希望你开始注意它们，因为它们会在更严肃的混沌工程应用中变得很重要。在编写本书的时候，我试着让每部分的例子都尽可能简单，这样你就可以自己看到这些问题。在这种情况下，我选择牺牲真实性，以便于你学习。请不要现在就申请把我踢出皇家学会（即使我还不是成员）！

另一件值得注意的事情是，平均 RPS 虽然是一个很好的起点，但并不是一个完美的度量标准，因为与任何平均值一样，它会丢失关于值分布的信息。例如，如果你平均两个请

⊖ 原文为拉丁语词组 Deux ex machina。

求，一个花了 1 毫秒，另一个花了 1 秒，平均值大约是 0.5 秒，但这并没有说明分布情况。一个更有用的指标应该是第 90、第 95 或第 99 百分位数。为了学习，我选择了这个简单的度量，在后面的章节中，我们将讨论百分位数。

此外，在本例中，我们选择通过写入来模拟磁盘吞吐量的耗尽。如果你使用大量读操作，会发生什么？文件系统缓存将如何发挥作用？应该使用什么文件系统来优化结果？如果使用 NVMe 磁盘而不是 SATA（SATA 可以并行执行一些读写操作），情况会是一样的吗？如果你通过先写后读的方式试图用完磁盘写带宽，会发生什么？

所有这些都是相关的问题，在执行一个严肃的混沌实验时，你需要考虑这些问题。就像在这个例子中一样，当你执行这个实验并意识到其他变量的重要性时，经常会发现新的层。你现在没有时间深入研究这些问题，但是我建议你试着研究其中一些作为练习。

最后，在所有情况下，你每次都只运行一个请求。这使得在小型 VM 中更易于管理，但是在现实世界中，这种情况不太可能发生。大多数流量将是突发性的。不同的使用模式可能会给磁盘带来更多压力，并产生不同的结果。

讨论了这些注意事项之后，让我们来看看第二个实验：当网络速度变慢时会发生什么？

4.2.2　实验 2：网络慢了

我们关于应用程序可能出问题的第二个想法是网络速度慢。这将如何影响用户访问博客的速度？为了将这个想法变成一个真正的混沌实验，你需要定义什么是慢，以及你希望它如何影响你的应用程序。从这开始，你可以按照四个步骤进行混沌实验。

慢的定义通常是和场景相关的。如果一个人花了 45 分钟在 Netflix 上选择要看的内容，他很可能会因为被指责速度慢而被冒犯，但如果是这个人花 45 分钟等待来自另一家医院的能救命的捐献器官的情况，对于同样长的时间就会有不同的感受（除非他处于麻醉状态）。时间确实是相对的。

同样，在计算机世界中，高频交易基金的用户会在乎每一毫秒的延迟，但老实说，YouTube 上最新的猫咪视频即使多花一秒钟才能加载，影响也不大。在我们的案例中，Meower 需要取得商业上的成功，所以你需要让网站重视用户体验。按照当前的最佳实践，网站需要在不到 3 秒的时间内为用户加载，否则用户流失的概率会显著增加（http://mng.bz/ZPAa）。你需要考虑用户下载网站内容所花费的实际时间，所以让我们从平均响应时间不超过 2.5 秒开始。

考虑到这一目标，让我们来设计该混沌实验的步骤：

1. 确保可观测性。

2. 定义稳态。

3. 形成假设。

4. 运行实验！

第一，可观测性。你关心的是响应时间，因此对于指标，你仍然可以使用每秒成功请求的数量——与前面的混沌实验中使用的指标相同。RPS 易于使用，并且你已经有了测量它的工具。我在 4.2.1 节中提到了使用平均值的缺点，但是对于本例而言，使用 RPS 作为指标也挺好。

第二，稳态。由于使用的是相同的指标，因此可以重复使用之前 ab 的测量结果作为基准。

第三，实际的假设。你在上一个实验中已经观察到，当并发率为 1 时，平均响应时间为数十毫秒。需要注意的是，所有组件都在同一主机上运行，因此，与通过实际网络进行通信相比，网络的开销要小得多。让我们看看如果在与数据库的通信中增加 2 秒的延迟会发生什么。因此，你的假设可能是："如果 WordPress 和 MySQL 之间的网络增加 2 秒延迟，则平均响应时间将保持在 2.5 秒以内。"同样，这些初始值是随意选择的，先选择一个目标来开始实验，然后再根据需要进行优化。好了，接下来我们可以动手干了！

引入延迟

如何在通信中引入延迟呢？幸运的是，你无须铺设额外的电缆（这也是可行的解决方案）。如果你还没看过 Michael Lewis 的《闪击者：华尔街的反抗》（由 W. W. 诺顿公司 2015 年出版），我建议你读一读，因为 Linux 自带的工具可以帮你做到这一点。其中一个工具是 tc。

tc 代表流量控制（Traffic Control），它是一种用于显示和操纵流量控制设置的工具，可有效地改变 Linux 内核调度数据包的方式。tc 功能强大，有很多优点，但很遗憾易用不是其中之一。如果在 VM 的终端提示符中输入 man tc，系统会显示如下（已省略部分内容）。需要注意的是，看起来很神秘的 qdisc 实际上是 queueing discipline 的简写，也就是排队规则（调度），它与 disk（磁盘）无关：

```
NAME
       tc - show / manipulate traffic control settings

SYNOPSIS
       tc  [ OPTIONS ] qdisc [ add | change | replace | link | delete ] dev
DEV [ parent qdisc-id | root ] [ handle qdisc-id ] [
       ingress_block BLOCK_INDEX ] [ egress_block BLOCK_INDEX ] qdisc [
qdisc specific parameters ]

(...)

       OPTIONS  := { [ -force ] -b[atch] [ filename ] | [ -n[etns] name ]
| [ -nm | -nam[es] ] | [ { -cf | -c[onf] } [ filename
       ] ] [ -t[imestamp] ] | [ -t[short] ] | [ -o[neline] ] }
       FORMAT := { -s[tatistics] | -d[etails] | -r[aw] | -i[ec] | -g[raph]
| -j[json] | -p[retty] | -col[or] }
```

让我们通过示例来学习如何使用 tc，并看看如何添加一些与系统无关的延迟。让我们看一下 ping 命令。ping 通常用于查看连接性（某个主机是否可达）和连接质量（速度）。它使用因特网控制消息协议（ICMP），工作方式是发送一个 ECHO_REQUEST 数据报，并期望收到来自主机或网关的一个 ECHO_RESPONSE 作为响应。它在每个 Linux 发行版以及其他操作系统中都得到了广泛应用。

让我们来看看 ping googlc.com 需要多长时间。在终端提示符下运行以下命令。它将尝试执行三次 ping，然后打印统计信息并退出：

```
ping -c 3 google.com
```

你将看到类似如下的输出（时间以粗体显示）。在本例中，对于三次 ping，它花费的时间介于最小的 4.28 ms 和最大的 28.263 ms 之间，平均时间为 14.292 ms。对于咖啡馆的免费 Wi-Fi 来说还算不错！

```
PING google.com (216.58.206.110) 56(84) bytes of data.
64 bytes from lhr25s14-in-f14.1e100.net (216.58.206.110):
icmp_seq=1 ttl=63 time=4.28 ms
64 bytes from lhr25s14-in-f14.1e100.net (216.58.206.110):
icmp_seq=2 ttl=63 time=28.3 ms
64 bytes from lhr25s14-in-f14.1e100.net (216.58.206.110):
icmp_seq=3 ttl=63 time=10.3 ms

--- google.com ping statistics ---
3 packets transmitted, 3 received, 0% packet loss, time 6ms
rtt min/avg/max/mdev = 4.281/14.292/28.263/10.183 ms
```

现在，让我们使用 tc 为所有连接增加 500 ms 的静态延迟。你可以通过在提示符下输入以下命令来执行此操作。该命令会将延迟添加到设备 eth0 中，该设备是 VM 中的主要网络接口：

```
sudo tc qdisc add dev eth0 root netem delay 500ms
```

为了确认它是否生效，让我们在提示符下重新运行 ping 命令：

```
ping -c 3 google.com
```

这次，输出看起来有所不同，类似如下内容。请注意，所有时间都大于 500 ms，从而确认 tc 命令确实起作用了。同样，时间以粗体显示：

```
PING google.com (216.58.206.110) 56(84) bytes of data.
64 bytes from lhr25s14-in-f14.1e100.net (216.58.206.110):
icmp_seq=1 ttl=63 time=512 ms
64 bytes from lhr25s14-in-f14.1e100.net (216.58.206.110):
icmp_seq=2 ttl=63 time=528 ms
64 bytes from lhr25s14-in-f14.1e100.net (216.58.206.110):
icmp_seq=3 ttl=63 time=523 ms

--- google.com ping statistics ---
3 packets transmitted, 3 received, 0% packet loss, time 4ms
rtt min/avg/max/mdev = 512.369/521.219/527.814/6.503 ms
```

最后，你可以通过在提示符下运行以下命令来消除延迟：

```
sudo tc qdisc del dev eth0 root
```

完成此操作后，重新运行 ping 命令并验证时间是否恢复正常，以确认它可以像以前一样工作，这是非常有必要的。很好，你的工具箱中又有了一个新工具。让我们用它来实现混沌实验！

> **突击测验：流量控制（tc）不能为你做什么？**
> 选择一个：
> 1. 为网络设备引入各种延迟。
> 2. 为网络设备引入各种故障。
> 3. 授予你降落飞机的许可。
> 答案见附录 B。

实施

你现在应该有足够的能力来实施混沌实验了。让我们从恢复稳态开始。与之前的实验一样，你可以使用 ab 命令来完成此操作。在提示符下运行以下命令：

```
ab -t 30 -c 1 -l http://localhost/blog/
```

你将看到类似如下的输出（同样为了清晰起见，省略了部分内容）。每个请求的平均时间为 11.583ms：

```
(...)
Time per request:        11.583 [ms] (mean, across all concurrent requests)
(...)
```

现在，我们使用 tc 引入 2000 ms 的延迟，其方式与前面的示例类似。但是这一次，你无须将延迟应用于整个接口，而只针对 MySQL 数据库一个程序。如何仅将延迟添加到数据库呢？ 在第 5 章介绍了 Docker 之后，这将变得更容易处理，但是现在你必须手动解决该问题。

tc 的语法初看起来晦涩难懂，我希望你能了解这些语法，作为对比，在以后的章节中使用高级工具时你才能体会到这些工具是多么易用。我们在这里不做详细介绍（在 https://lartc.org/howto/lartc.qdisc.classful.html 上了解更多信息），但是 tc 允许你构建树状层次结构，在其中使用各种排队规则对数据包进行匹配和路由。

要将延迟仅应用于你的数据库，其想法是通过匹配发送到指定目的端口的数据包，并保持其他数据包不变。图 4.3 描述了我们将要构建的结构。根（1：）使用一个 prio 排队规则替换，它具有三个频段（将其视为数据包可以从该处到达其他地方的三种可能方式）：1：1、1：2 和 1：3。对于 1：1 频段，仅与目标端口为 3306（MySQL）的 IP 流量匹配，并将附加 2000 ms 的延迟。对于频段 1：2，需要匹配其他数据包。最后，对于频段 1：3，可以完全忽略它。

要设置以上的配置，请在提示符下运行以下命令：

在根处增加 prio 排队规则，共创建三个频段：1：1、1：2 和 1：3

对于 1：1 频段，仅与目标端口为 3306（MySQL）的 IP 流量匹配

```
sudo tc qdisc add dev lo root handle 1: prio
sudo tc filter add dev lo \
  protocol ip parent 1: prio 1 u32 \
  match ip dport 3306 0xffff flowid 1:1
```

```
sudo tc filter add dev lo \
  protocol all parent 1: prio 2 u32 \
  match ip dst 0.0.0.0/0 flowid 1:2
sudo tc qdisc add dev lo parent 1:1 handle 10: netem delay 2000ms
sudo tc qdisc add dev lo parent 1:2 handle 20: sfq
```

对于频段 1:2，匹配
其他数据包

在频段 1:1 上
增加 2000ms
延迟

在频段 1:2 上添加随机公平排队（SFQ）排
队规则（这里没有做任何操作）

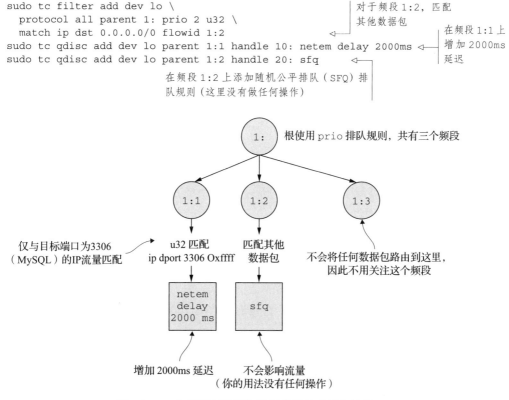

根使用 prio 排队规则，共有三个频段

仅与目标端口为 3306
（MySQL）的IP流量匹配

u32 匹配
ip dport 3306 0xffff

匹配其他
数据包

不会将任何数据包路由到这里，
因此不用关注这个频段

netem
delay
2000 ms

sfq

增加 2000ms 延迟

不会影响流量
（你的用法没有任何操作）

图 4.3 tc 中用于对数据包进行分类的高层次结构

这就是我们实验的重点。为了检查它是否工作，你现在可以使用 telnet 连接到本地
主机的端口 80 (Apache2)，在提示符下运行以下命令：

```
telnet 127.0.0.1 80
```

你会发现建立连接时几乎没有延迟。同样，在提示符下运行以下命令以测试与 MySQL
的连接性：

```
telnet 127.0.0.1 3306
```

你将注意到建立连接需要 2 秒。这是个好消息。你成功地将延迟有选择性地应用到了
数据库。但是如果试图重新运行基准测试，结果并不是你所期望的。在提示符下再次运行
ab 命令来重新开始基准测试：

```
ab -t 30 -c 1 -l http://localhost/blog/
```

你将看到类似以下的错误消息。在生成任何统计信息之前，程序超时了：

```
apr_pollset_poll: The timeout specified has expired (70007)
```

由于让 ab 进行 30 秒的测试，所以超时意味着花费了更长的时间来产生响应。让我们
继续并检查在增加延迟后产生响应实际需要多少时间。你可以使用 curl 发送一个请求，

并通过对其计时来实现此目的。在提示符下运行以下命令：

```
time curl localhost/blog/
```

你最终会获得响应，并在下面看到 time 命令的输出，类似于以下内容。耗时超过 54 秒才能产生响应，在没有延迟的情况下，该响应过去通常平均只花费 11 毫秒！

```
(...)
real    0m54.330s
user    0m0.012s
sys     0m0.000s
```

为了确认这一点，让我们消除延迟，然后通过在终端中运行以下命令来再次尝试 curl 命令：

```
sudo tc qdisc del dev lo root
time curl localhost/blog/
```

响应是非常及时的，类似于你之前看到的时间。这对我们的实验意味着什么？好吧，我们的假设被证明是错误的。在与数据库的通信中添加两秒钟的延迟会导致总响应时间超过 2.5 秒。这是因为 WordPress 会与数据库通信多次，并且每次通信都会增加延迟。如果你想自己确认一下，请重新运行 tc 命令，将延迟更改为 100 毫秒。你将看到总延迟是你添加的 100 毫秒的数倍。

不过不要担心，犯错是好事。这个实验表明，我们最初对延迟的看法是完全错误的。多亏了这个实验，你可以通过尝试使用不同的延迟找到可以承受的值，或者更改应用程序，以尽量减少应用与数据库之间往返的次数，使其在出现延迟的情况下不那么脆弱。

在继续进行之前，我想在你的脑海中再灌输一个想法：在生产环境中测试。

4.3 在生产环境中测试

我想当你看到混沌实验造成的 54 秒的延迟时，你会想："幸好没有在生产环境中发生这样的事。"这是一个正常的反应。在很多场景中，是在生产环境而非测试环境下进行这样的实验，因此会造成很大的痛苦。事实上，在生产环境中进行测试听起来是如此错误，以至于成为一种网络爆红。

但事实是，我们在生产环境之外所做的任何测试都是不完整的。尽管我们尽了最大的努力，但生产环境总是不同于测试环境的：

❑ 数据几乎总是不同的。

❑ 规模几乎总是不同的。

❑ 用户行为有所不同。

❑ 环境配置存在偏差。

因此，我们永远无法在生产环境之外进行 100% 充分的测试。我们如何能做得更好呢？在混沌工程实践中，在生产系统工作（测试）是一个完全可行的想法。实际上，我们也在努力做到这一点。毕竟，它是唯一具有真实数据和真实用户的真实系统的地方。当然，是否合适取决于你的用例，但是你应该认真考虑这一点。让我通过示例向你说明原因。

想象一下，你正在运行一家网上银行，并且你拥有一个由各种服务相互通信组成的架构。你的软件将经历一个简单的软件开发生命周期：

1. 编写单元测试。

2. 根据单元测试编写功能代码。

3. 运行集成测试。

4. 将代码部署到测试环境。

5. QA 团队进行更多的端到端测试。

6. 代码被提升为生产。

7. 流量在数天内以总流量的 5% 的增量逐步路由到新软件。

现在，假设一个新版本包含一个 bug，它贯穿所有这些阶段却没有被发现，但是它只会在罕见的网络延迟情况下才会出现。这听起来正像是发明混沌工程的目的，难道不是吗？是的，但如果你只在测试阶段这么做，潜在的问题可能在生产环境才会浮现：

❑ 测试阶段的硬件使用的是上一代服务器，并且具有不同的网络，因此，相同的混沌实验，在生产阶段能发现 bug，在测试阶段可能无法发现。

❑ 测试阶段的使用模式与实际用户流量不同，因此相同的混沌实验可能会在测试中通过，但却在生产中出现问题。

❑ 其他原因。

要 100% 确定某些东西能与生产流量一起工作，唯一的方法就是使用生产流量测试。你应该在生产中测试它吗？这一决定归结为你是愿意冒险损害现在部分的生产流量，还是愿意在以后遇到潜在的 bug。答案将取决于你如何看待风险。例如，即使以一定比例的用户遇到问题为代价，越早发现问题可能代价就越低。但同样，考虑到公众形象，故意引发故障也可能是不可接受的。对于任何足够复杂的问题，答案是"视情况而定"。

再次澄清一下：这并不是说你应该跳过代码测试，然后将其直接交付生产。但如果采取了正确的预防措施（限制爆炸半径），在生产中进行混沌实验是一个切实可行的选择，有时可能会带来极大的好处。从现在开始，每次设计混沌实验时，我都希望你可以问自己一个问题："我应该在生产环境中做实验吗？"

突击测验：什么时候才应该在生产环境中进行测试？

选择一个：

1. 当你赶时间的时候。

2. 当你想升职的时候。

3. 当你完成了"作业"，并在其他阶段进行了测试（都没问题）时，根据经验，预计在生产环境测试的收益会高于潜在的问题。

4. 因为它在测试阶段只是间歇性地失败，所以它可能会在生产环境中通过。

答案见附录 B。

突击测验：哪种说法是正确的？

选择一个：

1. 混沌工程使得其他测试方法失效。

2. 混沌工程只在生产中才有意义。

3. 混沌工程是随机破坏事物的。

4. 混沌工程是在现有测试方法之外来改进软件的方法。

答案见附录 B。

总结

❏ Linux 工具 tc 可以用来增加网络通信的延迟。

❏ 组件之间的网络延迟会使整个系统变得复杂和缓慢。

❏ 对系统的深入理解通常足以对有用的混沌实验做出有根据的猜测。

❏ 在生产中进行实验（测试）是混沌工程的重要组成部分。

❏ 混沌工程虽然会在生产中造成破坏，但它在任何环境中都是有益的。

第二部分 *Part 2*

混沌工程实战

- 第5章　剖析Docker
- 第6章　你要调用谁？系统调用破坏者
- 第7章　JVM故障注入
- 第8章　应用级故障注入
- 第9章　我的浏览器中有一只"猴子"

现在要吃正餐了，我们开始有一些真正的乐趣。本部分的每一章都聚焦于混沌工程实践者感兴趣的特定技术栈。这些章节是相当独立的，所以你可以随意跳转着看。

第 5 章从 Docker 是什么的模糊概念出发，深入介绍 Docker 的工作原理，并使用混沌工程来测试其局限性。如果你是 Linux 容器的新手，请冲泡双倍的咖啡（以打起精神），这里涵盖你需要知道的所有内容。这是本书中我最喜欢的章节之一。

第 6 章揭开系统调用的神秘面纱，包括：什么是系统调用，如何查看应用程序怎么使用它们，以及如何阻止系统调用以查看应用程序对故障的抵抗力。本章的内容比较偏底层，系统调用功能非常强大，它可以普遍应用于任何进程。

第 7 章介绍 Java VM。随着 Java 成为有史以来最流行的编程语言之一，对我来说，为你提供针对 JVM 的工具非常有必要。你将学习如何将代码动态地注入 JVM，以便测试复杂的应用程序如何处理你感兴趣的故障类型。它应该会是你的 JVM 测试工具包的有力扩充。

第 8 章讨论什么时候将故障直接带入应用程序是个比较好的选择。我们将通过将其应用于一个非常简单的 Python 应用程序来说明这一点。

第 9 章介绍使用 JavaScript 将相同的混沌工程原理应用在技术栈的顶端——浏览器。你将使用一个现有的开源应用程序（pgweb），并对其进行实验，以查看它如何处理故障。

第 5 章 *Chapter 5*

剖析 Docker

本章涵盖以下内容：
- ❑ Docker 是什么，它是如何工作的，以及它的由来
- ❑ 为 Docker 中运行的软件设计混沌实验
- ❑ 为 Docker 本身进行混沌实验
- ❑ 使用 Pumba 之类的工具在 Docker 中实施混沌实验

Docker 自 2013 年首次发布以来，凭借其朗朗上口的名字和可爱的鲸鱼标志，在短短几年内就成为 Linux 容器的公共形象。我现在经常听到这样的话："你对它进行 Docker 化了吗？""构建一个镜像吧，我不想安装依赖。"这是有原因的。Docker 利用 Linux 内核中的现有技术，提供了一个方便易用的工具，可供每个人使用。在容器技术从神秘走向主流方面，Docker 发挥了重要作用。

要想在容器化的世界中成为一名有用的混沌工程师，你需要了解什么是容器，如何窥探它的工作原理，以及它带来了哪些新的挑战（和胜利）。在本章中，我们将重点关注 Docker，因为它是最流行的容器技术。

定义 容器到底是什么？我将在不久之后定义这个术语，现在只需知道它是一种结构，旨在限制特定程序可以访问的资源。

在本章中，你将从查看在 Docker 上运行的应用程序的具体示例开始。之后，我将简单介绍一下 Docker 和 Linux 容器是什么，它们的由来，如何使用它们以及如何观察发生了什么。然后，我们开始动手实践，通过一系列实验来查看容器中真正包含的内容。最后，借助这些知识，你将对 Docker 中运行的应用程序执行混沌实验，以更好地了解它在恶劣条件下的承受能力。

我的目标是帮助你揭开 Docker 的神秘面纱，窥探它的底层，并知道它可能会如何崩溃。你甚至可以通过使用内核免费提供的功能从头开始重新实现容器解决方案，因为没有比实践更好的学习方法了。

这听起来让你很兴奋吧？我也一样！让我们看一个具体的例子，看看在 Docker 上运行的应用程序是什么样的。

5.1 我的（Docker 化的）应用程序运行缓慢

你还记得第 4 章中的 Meower 吗？就是那个用于运送猫的服务。事实证明，它非常成功，现在正扩展到美国，首站即硅谷。当地的工程团队已获准为美国客户重新设计产品。

团队成员决定不再和几十年前的 WordPress 和 PHP 扯上关系，而是走 Node.js 的时尚路线。他们选择 Ghost（https://ghost.org/）作为新的博客引擎，并且由于隔离性和易用性而使用 Docker。每个开发人员现在都可以在他们的笔记本电脑上运行一个迷你 Meower，而无须直接在主机上安装任何讨厌的依赖项（前提是不把 Docker 当成依赖项），甚至连运行 Linux VM 的 Mac 版本也是如此（https://docs.docker.com/docker for-mac/docker-toolbox/）！毕竟，这是你对一家资金雄厚的初创公司的最低期望，它现在配备了小憩舱，每天为其工程师提供免费的、有机的、无麸质的、个性化的藜麦沙拉。

只有一个问题：就像第 4 章中的第一个版本一样，偶尔会有客户抱怨这个新的、耀眼的系统速度有点慢，尽管从工程角度来看，一切似乎都运行良好！ 这是怎么回事？这急需解决，如果你去旧金山解决 Meower USA 的缓慢问题，你的经理会为你提供奖金和加薪，就像你在前一章中为 Meower Glanden 所做的那样。旧金山，我们来了！

抵达后，你收到了一份可靠的手工制作的藜麦寿司卷饼，你通过问两个紧迫的问题来开始与工程团队的对话。首先，它是如何运行的？

5.1.1 架构

Ghost 是一个被设计成现代博客引擎的 Node.js（https://nodejs.org/en/about/）应用程序。它通常以 Docker 镜像的形式发布，可以通过 Docker hub（https://hub.docker.com/_/ghost）访问。它支持 MySQL（www.mysql.com）和 SQLite3（www.sqlite.org）作为数据后端。

图 5.1 展示了 Meower USA 团队已经部署的简单架构。该团队正在使用第三方的、企业级的、云认证的负载均衡器，该负载均衡器配置为以轮询方式访问所有运行在 Docker 上的 Ghost 实例。MySQL 数据库也在 Docker 上运行，用作 Ghost 写入和读取的主要数据存储。如你所见，该架构类似于第 4 章中介绍的架构，并且在某些方面更简单，因为负载均衡器已外包给另一家公司。但是一个新元素正在引入其自身的复杂性，虽然本章刚开篇不久，但是已经多次提到它的名字：Docker。

这又引发了你的第二个紧迫的问题：Docker 又是什么？为了能够对系统的任何缓慢问

题进行调试和推理，你需要了解 Docker 是什么、它是如何工作的以及它利用了哪些底层技术。所以，深吸一口气，磨刀不误砍柴工，让我们现在就学习这些知识。你可能想先重新倒满咖啡，然后让我们看看 Docker 是从哪里来的。

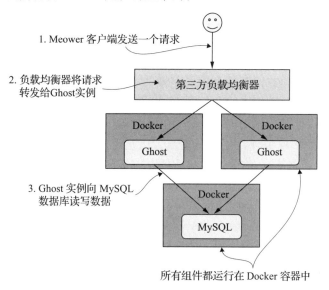

图 5.1　Meower USA 技术架构概览

5.2　Docker 简史

当谈到 Docker 和容器时，了解一堆相关的（令人兴奋的）概念是很有用的。当谈到它们时，很多信息可能会变得有点模糊，这取决于上下文，所以我想花点时间在你的大脑中按照逻辑顺序对这些概念进行分层。别被吓跑了，这将会很有趣。让我们从仿真、模拟和虚拟化开始。

5.2.1　仿真、模拟和虚拟化

仿真器是"使一个计算机系统（称为 host）的行为与另一个计算机系统（称为 guest）的行为相似的硬件或软件"（https://en.wikipedia.org/wiki/Emulator）。你为什么要这么做？事实证明，它非常便利。以下是一些例子：

❑ 测试为另一个平台设计的软件，而不必实际拥有该平台（可能是罕见的、脆弱的或昂贵的）。

❑ 利用为不同平台设计的现有软件，使产品向后兼容（想想利用现有固件的新打印机）。

❑ 在停产或不可用的平台上运行软件（游戏，有人没玩过吗？）。

我想，至少最后一点可能是很多读者的心声。像 PlayStation、Game Boy 这样的游戏机仿真器，或者像 DOS 这样的操作系统，有助于保存旧游戏，唤起美好的回忆。在推进时，仿真还允许更奇特的应用程序，如仿真 x86 架构并在其上运行 Linux，在 JavaScript 中，甚至在浏览器中运行（https://bellard.org/jslinux/）。仿真有广泛的含义，但是如果没有上下文，人们在使用这个术语时通常表示"完全在软件中完成的仿真"。现在，为了让事情更令人兴奋，"仿真"与"模拟"比较如何呢？

模拟是"一个过程或系统的操作的近似模仿，代表了它在一段时间内的操作"（https://en.wikipedia.org/wiki/Simulation）。这里的关键词是"模仿"。我们对正在模拟的系统的行为感兴趣，但不一定要像我们在仿真中经常做的那样，复制系统内部本身。模拟器通常也被设计用于研究和分析，而不是简单地复制被模拟系统的行为。典型的例子包括：飞行模拟器，通过它来模拟驾驶飞机的经验；一个物理模拟，其中物理定律近似地预测事物在现实世界中的行为方式。模拟现在是如此主流，以至于电影（《黑客帝国》，有人没看过吗）甚至卡通片（《瑞克和莫蒂》，第 4 季，参见 http://mng.bz/YqzA）都在谈论它。

最后，**虚拟化**被定义为"创建某物的虚拟（而不是实际）版本的行为，包括虚拟计算机硬件平台、存储设备和计算机网络资源"（https://en.wikipedia.org/wiki/Virtualization）。因此，从技术上讲，仿真和模拟都可以被认为是实现虚拟化的一种手段。在过去的几十年里，Intel、VMware、微软、谷歌、Sun Microsystems（现在的 Oracle）等公司在这个领域做了很多了不起的工作，这些都很容易写成另外一本书。

在提及 Docker 和容器时，我们最感兴趣的是硬件虚拟化（或平台虚拟化，通常可互换使用），也就是虚拟化整个硬件平台（例如 x86 架构的计算机）。我们特别感兴趣的是以下两种类型的硬件虚拟化：

❑ **完全虚拟化**（VM）——对底层硬件的完整模拟，从而创建一个 VM，其行为就像一台运行着操作系统的真实计算机。

❑ **操作系统级虚拟化**（容器）——操作系统从软件的角度确保了各种系统资源的隔离，但实际上它们共享同一个内核。

图 5.2 总结了这两种虚拟化技术。

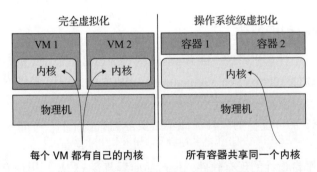

图 5.2 完全虚拟化与操作系统级虚拟化

有时，完全虚拟化也称为**强隔离**，操作系统级虚拟化则称为**轻量级隔离**。让我们对它们进行比较。

5.2.2 VM 和容器

业界将 VM 和容器用于不同的用例，这两种方法都有其优点和缺点。例如，VM 的优点包括：

❑ 完全隔离——比容器更安全。

❑ 可以运行与主机不同的操作系统。

❑ 可以更好地利用资源。（一个 VM 未使用的资源可以分配给另一个 VM。）

VM 的缺点包括：

❑ 比容器的开销更高，因为操作系统是在主机的系统之上运行的。

❑ 由于操作系统需要启动，启动时间较长。

❑ 通常情况下，为单个应用程序运行一个 VM 会导致资源的浪费。

容器的优点包括：

❑ 更低的开销，更好的性能——内核是共享的。

❑ 更快的启动时间。

容器的缺点包括：

❑ 由于共享内核，爆炸半径更大，会导致安全问题。

❑ 不能运行不同的操作系统甚至内核版本，它在所有容器之间是共享的。

❑ 通常并非操作系统的所有方面都被虚拟化了，这可能会导致奇怪的边缘问题。

通常，VM 用于将较大的物理机划分为较小的块，并提供 API 以自动创建 VM、调整 VM 大小和删除 VM。在实际物理主机上运行的负责管理 VM 的软件称为 hypervisor。流行的 VM 提供商包括：

❑ KVM（www.linux-kvm.org/page/Main_Page）

❑ Microsoft Hyper-V（http://mng.bz/DRD0）

❑ QEMU（www.qemu.org）

❑ VirtualBox（www.virtualbox.org）

❑ VMware vSphere（www.vmware.com/products/vsphere.html）

❑ Xen Project（www.xenproject.org）

容器由于其更小的开销和更快的启动时间，形成了一个更重要的优势：容器允许你以一种真正可移植的方式打包和发布软件。在容器内部（稍后我们将讨论细节），你可以添加所有必要的依赖项，以确保其良好运行。你可以这样做，而不必担心文件系统上的版本或路径冲突。因此，将容器当成一种具有额外好处的打包软件来使用，这种方式非常有用（下一节中将详细介绍）。流行的容器提供商包括：

❑ Docker（www.docker.com）

❑ LXC（https://linuxcontainers.org/lxc/）和 LXD（https://linuxcontainers.org/lxd/）

❑ Microsoft Windows 容器（http://mng.bz/l1Rz）

值得注意的是，VM 和容器不一定是互斥的，在 VM 中运行容器并不罕见。正如你将在

第 10 章中看到的，这是一个非常常见的场景。事实上，我们也会在本章的后面做这些事情！

突击测验：下面哪个使用了操作系统级虚拟化？

选择一个：

1. Docker 容器。

2. VMwareVM。

答案见附录 B。

突击测验：下面哪个说法是正确的？

选择一个：

1. 容器比 VM 更安全。

2. VM 通常比容器提供更好的安全性。

3. 容器与 VM 一样安全。

答案见附录 B。

最后，计算机硬件的虚拟化技术已经出现了一段时间，并进行了各种优化。人们现在希望能够使用硬件来辅助虚拟化：硬件专门为虚拟化而设计，软件的执行速度与直接在主机上运行的速度几乎一样。

VM、容器以及介于两者之间的一切

我一直试图对事物进行整齐的分类，但现实往往更加复杂。引用 Jeff Goldblum 在我最喜欢的一部电影中的话："生命自有出路。"以下是一些接近 VM 和容器的有趣项目：

❑ Amazon 使用的 Firecracker（https://firecracker-microvm.github.io/），提供快速启动和强隔离的 microVM，这意味着两全其美。

❑ Kata Containers（https://github.com/katacontainers/runtime）提供硬件虚拟化 Linux 容器，支持 VT-x（Intel）、HYP 模式（ARM）以及 Power Systems 和 Z 大型计算机（IBM）。

❑ UniK（https://github.com/solo-io/unik）将应用程序构建到 unikernels 中，用于构建 microVM，然后可以在传统的 hypervisor 上启动，但可以以低开销快速启动。

❑ gVisor（https://github.com/google/gvisor）提供了一个用户空间内核，它只实现了 Linux 系统接口的一个子集，以此在运行容器时提高安全级别。

感谢所有这些惊人的技术，我们现在生活在一个 Windows 附带 Linux 内核（http://mng.bz/BRZq）的世界里，没有人会感到惊讶。我必须承认，我很喜欢这种《盗梦空间》式的现实，我希望你也会感到兴奋！

现在，我相信你已经迫不及待想要深入了解本章的实际重点了。是时候深入了解 Docker 了。

5.3 Linux 容器和 Docker

Linux 容器看起来像一颗耀眼的新星，但它的星光大道并不平坦。我准备了一个表格，方便你追踪时间线上的重要事件（如表 5.1 所示）。你不必记住这些事件，这不影响你使用容器，但了解它们所处时代的里程碑会很有帮助，因为这些最终导致（或启发）了我们今天所说的 Linux 容器。

表 5.1 事件和思想的年表，它们成就了我们今天所知道的 Linux 容器

年	隔离性	事件
1979	文件系统	UNIX v7 引入了 chroot 系统调用，它允许将进程及其子进程的根目录更改为文件系统上的不同位置。通常被认为是迈向容器的第一步
2000	文件、进程、用户、网络	FreeBSD 4.0 引入了 jail 系统调用，它允许创建称为 jail 的微型系统，以防止进程与其所在的 jail 外的进程交互
2001	文件系统、网络、内存	Linux VServer 通过修补内核为 Linux 提供了一种类似 jail 的机制。一些系统调用与 /proc 和 /sys 文件系统的一部分不会被虚拟化
2002	命名空间	Linux 内核 2.4.19 引入了命名空间，用于控制每个进程可见的资源集。最初只是为了挂载，后来的版本中逐渐引入了其他命名空间（PID、网络、cgroups、时间……）
2004	沙盒	Solaris 发布了 Solaris Containers（也称为 Solaris Zones），为其中的进程提供隔离的环境
2006	CPU、内存、磁盘 I/O、网络……	谷歌使用进程容器来限制、解释和隔离 Linux 上进程组的资源使用。这些容器后来被重命名为控制组（control groups，简称为 cgroups），并于 2007 年合并到 Linux 内核 2.6.24 中
2008	容器	LXC（Linux 容器）为 Linux 提供了容器管理器的第一个实现，构建在 cgroups 和命名空间之上
2013	容器	谷歌共享了 lmctfy（Let Me Contain That For You 的缩写），它通过一个 API 来抽象容器。最终，它的一部分被贡献给了 libcontainer 项目
		Docker 的第一个版本发布，它构建在 LXC 之上，并提供用于构建、管理和分享容器的工具。后来，libcontainer 被实现以取代 LXC（使用 cgroups、命名空间和 Linux capabilities）。容器作为一种方便的软件分发方式开始流行起来，并具有额外的资源管理（和有限的安全性）优势

Docker 借助于库（以前是 LXC，现在是 libcontainer），使用 Linux 内核的特性来实现容器（还有一些附加功能，我们将在本章后面讨论）。这些特性如下：

❑ chroot——为指定进程更改文件系统的根目录。

❑ 命名空间——隔离容器可以"看到"的东西，包括 PID、挂载、网络等。

❑ cgroups——控制和限制对资源的访问，例如 CPU 和 RAM。

❑ capabilities——授予用户超级用户权限的子集，例如终止其他用户的进程。

❑ 网络——通过各种工具管理容器网络。

❑ 文件系统——使用 Unionfs 为容器创建文件系统以供使用。

❑ Security——使用 seccomp、SELinux 和 AppArmor 等机制进一步限制容器的功能。

图 5.3 展示了当用户在一个概念性的、简化的层级上与 Docker 交互时会发生什么。

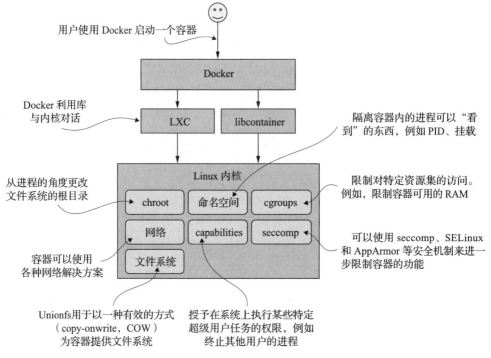

用户使用 Docker 启动一个容器

Docker

Docker 利用库
与内核对话

LXC   libcontainer

隔离容器内的进程可以"看
到"的东西,例如 PID、挂载

Linux 内核

从进程的角度更改
文件系统的根目录

chroot   命名空间   cgroups

限制对特定资源集的访问。
例如,限制容器可用的 RAM

网络   capabilities   seccomp

可以使用 seccomp、SELinux
和 AppArmor 等安全机制来进一
步限制容器的功能

容器可以使用
各种网络解决方案

文件系统

Unionfs用于以一种有效的方式
(copy-onwrite,COW)
为容器提供文件系统

授予在系统上执行某些特定
超级用户任务的权限,例如
终止其他用户的进程

图 5.3　Docker 与内核交互概览

因此,如果 Docker 依靠 Linux 内核功能来完成繁重的工作,那它实际上提供了什么?
总的来说就是易用性,如下所示:

❑ **容器运行时**——程序进行系统调用以实现、修改和删除容器,以及为容器创建文件
系统和实现网络。

❑ `dockerd`——守护进程,提供与容器运行时交互的 API。

❑ `docker`——终端用户使用的 `dockerd` API 的命令行客户端。

❑ **Dockerfile**——描述如何构建容器的格式。

❑ **容器镜像格式**——描述一个包含所有文件和元数据的归档文件,这些文件和元数据
是基于该镜像启动容器所必需的。

❑ **Docker Registry**——镜像托管解决方案。

❑ **协议**——用于导出(打包成归档文件)、导入(拉取)和共享(推送)镜像到 Registry。

❑ **Docker Hub**——公共注册中心,你可以在其中免费共享你的镜像。

基本上,从用户的角度来看,Docker 通过将所有复杂的部分抽象出来,平滑粗糙的
边缘,并提供构建、导入和导出容器镜像的标准化方法,将 Linux 容器的使用方式变得很
容易。

有许多 Docker 术语,所以我准备了图 5.4 来表示这个过程。让我们重复一遍,以便大
家理解:

❑ 通过 Dockerfile（稍后你就可以看到）描述如何构建一个容器。

❑ 然后可以将容器（它的所有内容和元数据存储在一个归档文件中）导出到一个镜像，
并推送到 Docker Registry，例如，Docker Hub (https://hub.docker.com/)，其他人可以
从这里拉取该镜像。

❑ 在拉取了一个镜像之后，就可以使用 docker 命令行运行它。

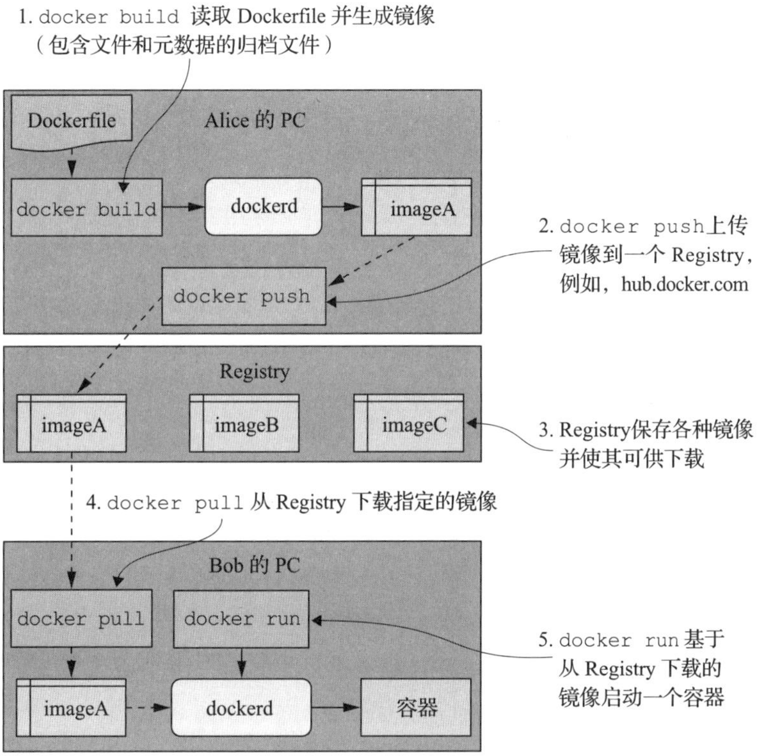

图 5.4　构建、推送和拉取 Docker 镜像

如果你以前没有使用过 Docker，请不要担心。我们将研究所有这些是如何工作的，还
将介绍如何使用它，然后破坏它。准备好一探究竟了吗？

突击测验：下面哪个说法是正确的？

选择一个：

1. Docker 为 Linux 发明了容器。

2. Docker 建立在现有的 Linux 技术之上，提供了一种使用容器的可访问方式，使
其更受欢迎。

3. Docker 是《黑客帝国》三部曲中被选中的角色。

答案见附录 B。

5.4 Docker 原理

是时候开始动手实践了。在本节中，你将启动一个容器，并了解 Docker 如何为其运行的容器实现隔离和资源限制。使用 Docker 很简单，但了解它的工作原理对于设计和实施有意义的混沌工程实验至关重要。

让我们从启动一个 Docker 容器开始！你可以通过在 VM 内的终端中运行以下命令来实现。如果你想在其他系统上运行它，很可能需要在命令前加上 sudo，因为与 Docker 守护进程交互需要管理员权限。在我们的 VM 里增加了特定的设置，因此不需要加 sudo，以节省一些输入。为了让事情更有趣，让我们使用一个不同的 Linux 发行版——Alpine Linux。

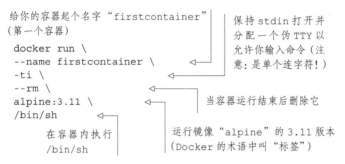

你应该会看到新容器正在运行的简单的命令提示符。恭喜你！当你想要停止容器时，需要做的就是退出 shell 会话。你可以在此终端中键入 exit 或按 <Ctrl+D>。--rm 标志将负责在退出后删除容器，因此你可以稍后使用完全相同的命令启动另一个具有相同名称的容器。

对于本节的其余部分，我将本次在该容器内运行命令的终端称为"第一个终端"。到目前为止一切顺利，来看看里面的东西吧！

5.4.1 使用 chroot 变更进程的路径

Alpine 是什么呢？Alpine Linux（https://alpinelinux.org/）是一个极简的 Linux 发行版，它以最少的资源使用为目标，在容器世界中非常流行。我说它极简可不是开玩笑。

打开第二个终端窗口并保持打开一段时间，你将使用它从容器的角度（第一个终端）和主机的角度（第二个终端）来查看事物的不同之处。在第二个终端中，运行以下命令以列出 Docker 可用的所有镜像：

```
docker images
```

你将看到类似如下的输出（粗体显示了 alpine 镜像的大小）：

```
REPOSITORY       TAG          IMAGE ID        CREATED         SIZE
alpine           3.11         f70734b6a266    36 hours ago    5.61MB
(...)
```

如你所见，alpine 的镜像非常小，只有 5.6 MB。现在，不要相信我的话。让我们通过检查发行版如何识别自己来确认我们正在运行的是什么。你可以通过在第一个终端中运行以下命令来查看：

```
head -n1 /etc/issue
```

你将看到如下的输出：

```
Welcome to Alpine Linux 3.11
```

在第二个终端中，运行相同的命令：

```
head -n1 /etc/issue
```

这次你会看到不同的输出：

```
Ubuntu 20.04.1 LTS \n \l
```

两个终端（容器内部和外部）中相同路径上文件的内容是不同的。这是怎么回事？实际上，容器内的整个文件系统都被更改根目录了，这意味着容器内的斜杠（/）在主机系统上是不同的位置。

我来解释一下。图 5.5 展示了一个 chroot 文件系统的例子。左侧是主机文件系统，其中包含一个名为 /fake-root-dir 的文件夹。右侧是一个示例，从更改根目录后的进程使用 /fake-root-dir 作为其文件系统的根目录的角度，来看文件系统可能是什么样子。这正是你在刚刚启动的容器中看到的情况！

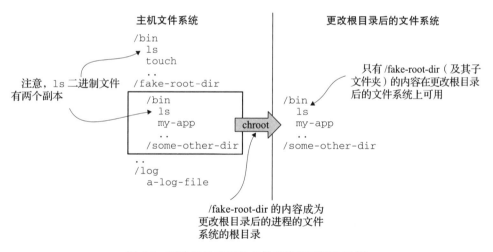

图 5.5　更改根目录后的文件系统的可视化示例

联合文件系统、overlay2、layer 和 Docker

实现容器解决方案的一个重要部分是提供一个健壮的机制来管理容器开始时文件系统的内容。Docker 使用的是联合文件系统这样的机制。

在联合文件系统中，主机上的两个或多个文件夹可以透明地呈现为用户的单个合并文件夹（称为联合挂载）。这些按特定顺序排列的文件夹称为 layer。上层 layer 可以通过在同一路径提供另一个文件来"隐藏"低层 layer 的文件。

在 Docker 容器中，通过指定基础镜像，你可以告诉 Docker 下载构成镜像的所有 layer，将它们合并，并在所有层之上启动一个带有新 layer 的容器。layer 对应的一个文件可以被使用该 layer 的所有容器读取，这样就能以高效的方式重用这些只读 layer。最后，如果容器中的进程需要修改存在于较低层 layer 之一的文件，则首先将其全部复制到当前 layer（通过写时复制，COW）。

overlay2 是实现此行为的现代驱动程序。在 http://mng.bz/rynE 上有其工作原理的更多信息。

那么容器在哪里呢？根据 Docker 的存储设置，它可能最终位于主机文件系统的不同位置。你可以使用一个新命令 `docker inspect` 找出它的位置。它为你提供 Docker 守护进程有关特定容器的所有信息。在第二个终端中运行以下命令：

```
docker inspect firstcontainer
```

你将看到很长的输出，但现在我们只需要关注它的 `GraphDriver` 部分。下面的简短输出仅显示了该部分信息。在你的输出中，ID 会有所不同，但输出的结构和 `Name` 项（`overlay2`，VM 中安装的 Ubuntu 的默认值）是相同的。特别注意以粗体显示的 `LowerDir`、`UpperDir` 和 `MergedDir`，它们分别是容器所基于的镜像的顶层 layer、容器的读写 layer 以及两者的合并（联合）视图：

```
...
        "GraphDriver": {
            "Data": {
                "LowerDir": "/var/lib/docker/overlay2/dc2…-
init/diff:/var/lib/docker/overlay2/caf…/diff",
                "MergedDir": "/var/lib/docker/overlay2/dc2…9/merged",
                "UpperDir": "/var/lib/docker/overlay2/…/diff",
                "WorkDir": "/var/lib/docker/overlay2/dc2…/work"
            },
            "Name": "overlay2"
        },
...
```

特别是，我们对 `.GraphDriver.Data.MergedDir` 这个路径感兴趣，它为你提供容器的合并文件系统的位置。为了确认你正在查看相同的实际文件，让我们从外部读取文件的 inode。

为此，仍然在第二个终端中运行以下命令。它使用 Docker 支持的 `-f` 标志来访问输出中的特定路径，以及 `ls` 中的 `-i` 标志来打印 inode 编号：

```
export CONTAINER_ROOT=$(docker inspect -f '{{ .GraphDriver.Data.MergedDir }}'
    firstcontainer)
sudo ls -i $CONTAINER_ROOT/etc/issue
```

你将看到类似于如下的输出（粗体显示的是 inode 编号）：

```
800436 /var/lib/docker/overlay2/dc2…/merged/etc/issue
```

现在，回到第一个终端，让我们从容器的角度来看文件的 inode。在第一个终端中运行以下命令：

```
ls -i /etc/issue
```

输出如下所示（也以粗体显示 inode 编号）：

```
800436 /etc/issue
```

如你所见，容器内部和外部的 inode 是相同的，只是在两个场景中文件显示的位置不同。这说明了容器的总体体验——隔离真的很弱。稍后你将从混沌工程师的角度看到这是多么重要，但是，首先让我们通过实现一个简单版本的容器来巩固你关于 chroot 的新知识。

突击测验：chroot 有什么作用？

选择一个：

1. 更改机器的 root 用户。

2. 更改机器上根文件系统的访问权限。

3. 从进程的角度更改文件系统的根目录。

答案见附录 B。

5.4.2　实现一个简单的容器（-ish）第 1 部分：使用 chroot

我相信要真正学习一些东西，没有比尝试自己构建更好的方法了。让我们利用你对 chroot 的了解，迈出构建一个简单 DIY 容器的第一步。图 5.6 展示了我们将要使用的 Docker 底层技术的各个部分。

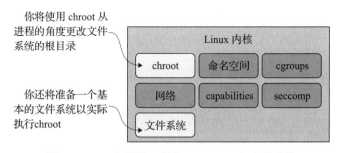

图 5.6　DIY 容器第 1 部分——chroot 和文件系统

事实证明，为新进程更改文件系统的根目录相当简单。事实上，你可以使用一个命令来完成此操作，你猜对了，正是 `chroot`。

我准备了一个简单的脚本来演示如何启动一个进程，使其文件系统的根指向你所选择的位置。在 VM 中，打开终端，输入以下命令查看脚本：

```
cat ~/src/examples/poking-docker/new-filesystem.sh
```

你将看到以下输出。该命令创建一个新文件夹，并复制一些工具及其依赖项，以便你可以将其用作根文件系统，这样就可以准备文件系统结构以供更改根目录后的进程使用。这种方法很粗糙，却是必要的，这样你就可以从新文件系统内部执行某些操作。这里你可能唯一不熟悉的是 `ldd` 命令的使用，该命令打印 Linux 中二进制文件的共享对象依赖项。有了这些共享对象，你复制的命令才能启动。

```bash
#! /bin/bash

export NEW_FILESYSTEM_ROOT=${1:-~/new_filesystem}
export TOOLS="bash ls pwd mkdir ps touch rm cat vim mount"

echo "Step 1. Create a new folder for our new root"
mkdir $NEW_FILESYSTEM_ROOT

echo "Step 2. Copy some (very) minimal binaries"
for tool in $TOOLS; do
    cp -v --parents `which $tool` $NEW_FILESYSTEM_ROOT;
done

echo "Step 3. Copy over their libs"
# use ldd to find the dependencies of the tools we've just copied
echo -n > ~/.deps
for tool in $TOOLS; do
    ldd `which $tool` | egrep -o '(/usr)?/lib.*\.[0-9][0-9]?' >> ~/.deps
done
# copy them over to our new filesystem
cp -v --parents `cat ~/.deps | sort | uniq | xargs` $NEW_FILESYSTEM_ROOT

echo "Step 4. Home, sweet home"
NEW_HOME=$NEW_FILESYSTEM_ROOT/home/chaos
mkdir -p $NEW_HOME && echo $NEW_HOME created!
cat <<EOF > $NEW_HOME/.bashrc
echo "Welcome to the kind-of-container!"
EOF

echo "Done."
echo "To start, run: sudo chroot" $NEW_FILESYSTEM_ROOT
```

- 使用 `ldd` 列出需要的共享库并将它们的位置提取到 .deps
- 列出你将复制到新根目录中的一些二进制文件
- 复制二进制文件，使用 --parents 保持它们的相对路径
- 复制库，保持其结构
- 打印使用说明

让我们继续运行此脚本，将在当前工作目录中要创建的新文件夹的名称作为参数传递。在终端中运行以下命令：

```
bash ~/src/examples/poking-docker/new-filesystem.sh not-quite-docker
```

完成后，你将看到一个新文件夹 not-quite-docker，里面有微小的文件结构。你现在可以通过在终端中运行以下命令来启动 chroot 的 bash 会话（chroot 需要 sudo 权限）：

```
sudo chroot not-quite-docker
```

你将看到一条简短的欢迎消息，并且进入一个新的 bash 会话。让我们继续探索，你会

发现可以创建文件夹和文件（你复制了 vim 命令），但是如果你尝试运行 ps，它会报错"缺少 /proc"。报错是对的，因为它确实不存在！这里的目的是向你展示 chroot 的工作原理，并使你能够轻松地设计混沌实验。对于这个问题，你可以通过在终端中（在 chroot 的终端之外）运行以下命令，在更改根目录后的进程中挂载 /proc：

```
mkdir not-quite-docker/proc
sudo mount -t proc /proc/ not-quite-docker/proc
```

在隔离进程的上下文中，这是你可能想做也可能不想做的事情。现在，将其视为锻炼或派对技巧，以最适合你的为准！

现在，有了这一新知识，Docker 看起来不再那么神秘，你可能很想尝试一下。如果容器都共享同一个主机文件系统，并且只是挂载在不同的位置，这应该意味着一个容器可以填充磁盘并阻止另一个容器写入，对吗？让我们设计一个实验来找出答案！

5.4.3　实验 1：一个容器可以阻止另一个容器写磁盘吗

直觉暗示我们，如果所有容器的文件系统都只是主机文件系统上的更改根目录后的位置，那么一个繁忙的容器填满主机的存储之后，可以阻止所有其他容器写入磁盘。但是人类的直觉是不可靠的，所以是时候设计一个混沌实验了。

第一，你需要能够观察量化"能够写入磁盘"的指标。为简单起见，我建议你创建一个简单的容器，尝试写入文件、擦除文件并每隔几秒重试一次。你将能够看到它是否仍然可以写入。我们称之为 control 容器。

第二，定义你的稳态。使用 control 容器，首先验证它是否可以写入磁盘。

第三，形成你的假设。如果另一个容器（我们称之为 failure）消耗了所有可用的磁盘空间，直到没有剩余空间，那么 control 容器将开始无法写入。

回顾一下，以下是混沌实验的四个步骤：

1. 可观测性：control 容器每隔几秒打印一次是否可以写入。

2. 稳态：control 容器可以写入磁盘。

3. 假设：如果另一个 failure 容器写入磁盘直到写满为止，则 control 容器将无法再写入磁盘。

4. 运行实验！

现在是动手时间！让我们从 control 容器开始。我准备了一个小脚本，连续在磁盘上创建一个 50 MB 的文件，休眠一会儿，然后不断地重新创建它。在 VM 终端中运行以下命令查看这个脚本：

```
cat ~/src/examples/poking-docker/experiment1/control/run.sh
```

你将看到以下内容，一个简单的 bash 脚本调用 fallocate 创建文件：

```
#! /bin/bash
FILESIZE=$((50*1024*1024))
```
◁── 设置文件的大小为 50MB（以字节为单位）

```
FILENAME=testfile
echo "Press [CTRL+C] to stop.."          ←──── 给你将要写的文件起一个名
while :
do
    fallocate -l $FILESIZE $FILENAME \
      && echo "OK wrote the file" `ls -alhi $FILENAME` \
      || echo "Couldn't write the file"
    sleep 2                                        使用 fallocate 创建
    rm $FILENAME || echo "Couldn't delete the file"   所需大小的新文件，并
done                                               打印成功或失败消息
```

我还准备了一个示例 Dockerfile 来将该脚本构建到容器中。你可以通过在终端中运行以下命令来查看它：

```
cat ~/src/examples/poking-docker/experiment1/control/Dockerfile
```

你将看到以下内容。这个镜像非常简单，以 Ubuntu Focal 镜像为基础，复制你刚刚看到的脚本，并将该脚本设置为容器的入口点，这样当你稍后启动它时，该脚本就会运行：

```
从基础镜像 ubuntu:focal-20200423
开始
FROM ubuntu:focal-20200423           将脚本 run.sh 从当前
COPY run.sh /run.sh          ←────   工作目录复制到容器中
ENTRYPOINT ["/run.sh"]       ←────   将新复制的脚本设置为
                                     容器的入口点
```

Dockerfile 是构建容器的配方。仅使用这两个文件，你现在就可以通过运行以下命令来构建第一个镜像。Docker 使用当前工作目录来查找你在 Dockerfile 中指向的文件，因此首先进入该目录：

```
cd ~/src/examples/poking-docker/experiment1/control/
docker build \
-t experiment1-control \            给你正在构建的容器加一个标签
.                                   "experiment1-control"
          使用当前工作目录下的
          Dockerfile
```

当你运行这个命令时，会看到来自 Docker 的特征日志，它会在其中从 Docker Hub 拉取所需的基础镜像（按照 layer 分层，正如我们之前讨论过的），然后从 Dockerfile 运行每个命令。每个命令（或 Dockerfile 中的行）都会生成一个新容器。最后，它将用你指定的标签标记最后一个容器。你将看到类似如下的输出：

```
Sending build context to Docker daemon  4.608kB
Step 1/3 : FROM ubuntu:focal-20200423          拉取你作为基础的指定
focal-20200423: Pulling from library/ubuntu    版本（标签）的镜像
d51af753c3d3: Pull complete
fc878cd0a91c: Pull complete
6154df8ff988: Pull complete
fee5db0ff82f: Pull complete
Digest:
      sha256:238e696992ba9913d24cfc3727034985abd136e08ee3067982401acdc30cbf3f
Status: Downloaded newer image for ubuntu:focal-20200423
```

```
  ---> 1d622ef86b13
Step 2/3 : COPY run.sh /run.sh                            将脚本 run.sh 复制到
  ---> 67549ea9de18                                       容器的文件系统中
Step 3/3 : ENTRYPOINT ["/run.sh"]                         将新复制的脚本设置为
  ---> Running in e9b0ac1e77b4                            容器的入口点
Removing intermediate container e9b0ac1e77b4
  ---> c2829a258a07
Successfully built c2829a258a07                           给构建的容器打上标签
Successfully tagged experiment1-control:latest
```

完成后，列出 Docker 可用的镜像，其中将包括我们新建的镜像。你可以通过在终端中运行以下命令来列出所有打了标签的 Docker 镜像：

```
docker images
```

这将打印类似于如下的输出（省略了部分信息，仅显示了你的新镜像及其基础镜像）：

```
REPOSITORY              TAG             IMAGE ID        CREATED         SIZE
(...)
experiment1-control     latest          c2829a258a07    6 seconds ago   73.9MB
ubuntu                  focal-20200423  1d622ef86b13    4 days ago      73.9MB
```

如果这是你自己构建的第一个 Docker 镜像，那么恭喜你！现在，轮到我们的 failure 容器上场了。以类似的方式，我准备了另一个脚本，它尝试创建尽可能多的 50 MB 大小的文件。你可以通过在终端中运行以下命令来查看它：

```
cat ~/src/examples/poking-docker/experiment1/failure/consume.sh
```

你将看到以下内容，与我们之前的脚本非常相似：

```
#! /bin/bash
FILESIZE=$((50*1024*1024))
FILENAME=testfile
echo "Press [CTRL+C] to stop.."
count=0
while :
do                                            尝试使用新名称
    new_name=$FILENAME.$count                 命名新的文件        成功时会打印一
    fallocate -l $FILESIZE $new_name \                           条消息，显示新
        && echo "OK wrote the file" `ls -alhi $new_name` \       文件
        || (echo "Couldn't write " $new_name "Sleeping"; sleep 5)
    (( count++ ))                                                失败时打印失败
done                                                             消息并休眠几秒
```

同样，我也在同一个文件夹（~/src/examples/poking-docker/experiment1/failure/）中准备了一个用于构建 failure 容器的 Dockerfile，内容如下：

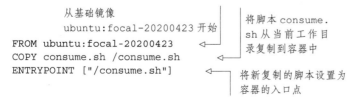

```
                  从基础镜像                    将脚本 consume.
                  ubuntu:focal-20200423 开始    sh 从当前工作目
                                                录复制到容器中
FROM ubuntu:focal-20200423
COPY consume.sh /consume.sh
ENTRYPOINT ["/consume.sh"]                      将新复制的脚本设置为
                                                容器的入口点
```

有了它，你可以通过在终端窗口中运行以下命令来继续构建 failure 容器：

```
cd ~/src/examples/poking-docker/experiment1/failure/
docker build \
-t experiment1-failure \                    ← 给你正在构建的容器加一个标签
.                                              "experiment1-failure"
        ← 使用当前工作目录下的
          Dockerfile
```

完成后，让我们通过在终端中再次运行以下命令来列出可用的镜像：

```
docker images
```

你将看到类似如下的输出，再次省略了部分信息，仅显示当前相关的镜像。我们的 control 容器和 failure 容器都可以看到：

```
REPOSITORY            TAG             IMAGE ID        CREATED          SIZE
(...)
experiment1-failure   latest          001d2f541fb5    5 seconds ago    73.9MB
experiment1-control   latest          c2829a258a07    28 minutes ago   73.9MB
ubuntu                focal-20200423  1d622ef86b13    4 days ago       73.9MB
```

这就是你进行实验所需的全部内容。现在，让我们准备两个终端窗口，最好是并排的，以便你可以同时看到每个窗口中发生的事情。在第一个窗口中，通过发出以下命令来运行 control 容器：

```
docker run --rm -ti experiment1-control
```

你应该看到容器启动时打印一条消息，确认它能够每隔几秒写入一次，如下所示：

```
Press [CTRL+C] to stop..
OK wrote the file 919053 -rw-r--r-- 1 root root 50M Apr 28 09:13 testfile
OK wrote the file 919053 -rw-r--r-- 1 root root 50M Apr 28 09:13 testfile
OK wrote the file 919053 -rw-r--r-- 1 root root 50M Apr 28 09:13 testfile
(...)
```

这证实了我们的稳态：你可以连续将 50 MB 的文件写入磁盘。现在，在第二个窗口中，通过运行以下命令来启动 failure 容器：

```
docker run --rm -ti experiment1-failure
```

你将看到类似如下的输出。容器将成功写入文件，持续数秒，直到空间用完并开始报错：

```
Press [CTRL+C] to stop..
OK wrote the file 919078 -rw-r--r-- 1 root root 50M Apr 28 09:21 testfile.0
OK wrote the file 919079 -rw-r--r-- 1 root root 50M Apr 28 09:21 testfile.1
(...)
OK wrote the file 919553 -rw-r--r-- 1 root root 50M Apr 28 09:21 testfile.475
fallocate: fallocate failed: No space left on device
Couldn't write the file testfile.476 Sleeping a bit
```

同时，在第一个窗口中，你将开始看到 control 容器失败，并显示类似如下的消息：

```
(...)
OK wrote the file 919053 -rw-r--r-- 1 root root 50M Apr 28 09:21 testfile
OK wrote the file 919053 -rw-r--r-- 1 root root 50M Apr 28 09:21 testfile
fallocate: fallocate failed: No space left on device
```

```
Couldn't write the file
```

这证实了我们的假设：一个容器可以用完另一个容器想要在我们的环境中使用的空间。事实上，如果你在两个容器仍在运行时查看 VM 中的磁盘使用情况，将看到主磁盘现在已满，达到了 100%。你可以通过在另一个终端中运行以下命令来查看：

```
df -h
```

你将看到类似如下的输出（以粗体显示了主磁盘的使用情况）：

```
Filesystem      Size   Used Avail Use% Mounted on
udev            2.0G      0  2.0G   0% /dev
tmpfs           395M   7.8M  387M   2% /run
/dev/sda1        32G    32G     0 100% /
(...)
```

如果你现在通过在其窗口中按 <Ctrl+C> 来停止 failure 容器，将看到其存储被删除（感谢 --rm 选项），并且在第一个窗口中，control 容器将愉快地继续写它的文件。

这里的要点是在容器中运行程序不会自动阻止一个进程从另一个进程窃取磁盘空间。幸运的是，Docker 的创造者想到了这一点，并公开了一个名为 --storage-opt size=X 的标志。不幸的是，当使用 overlay2 存储驱动程序时，此选项需要使用带有 pquota 选项的 xfs 文件系统作为主机文件系统（至少对于 Docker 存储其容器数据的位置需要这样的文件系统，默认为 /var/lib/docker），我们的 VM 是在默认设置下运行的，因此无法做到这一点。

因此，允许 Docker 容器限制存储需要付出额外的努力，这意味着很多系统很可能根本不会限制它。存储驱动程序的设置需要仔细考虑，并且对系统的整体运行状况很重要。

牢记这一点，让我们来看看构建 Docker 容器的下一个组件：Linux 命名空间。

5.4.4　使用 Linux 命名空间隔离进程

命名空间是 Linux 内核的一项功能，它控制某些进程可以看到哪些资源子集。你可以将命名空间视为过滤器，它控制进程可以看到的内容。例如，如图 5.7 所示，一个资源可以对零个或多个命名空间可见。但是如果它对某个命名空间不可见，内核将使它从该命名空间中的进程的角度来看不存在。

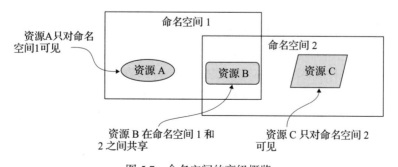

图 5.7　命名空间的高级概览

命名空间是包括 Docker 在内的 Linux 容器解决方案的重要组成部分。针对不同的资源有不同类型的命名空间。在编写本书时，可用的命名空间包括：

❑ 挂载（mnt）——控制哪些挂载可以在命名空间中访问。

❑ 进程 ID（pid）——为命名空间内的进程创建一组独立的 PID。

❑ 网络（net）——虚拟化网络堆栈，允许网络接口（物理的或虚拟的）附加到网络命名空间。

❑ 进程间通信（ipc）——隔离用于进程间通信、System V IPC 和 POSIX 消息队列的对象（http://mng.bz/GxBO）。

❑ UTS（uts）——允许在不同的命名空间中使用不同的主机名和域名。

❑ 用户 ID（user）——每个命名空间的用户标识和权限隔离。

❑ 控制组（cname）——隐藏进程所属的控制组的真实身份。

❑ 时间（time）——不同的命名空间可以显示不同的时间。

注意 time 命名空间在 2020 年 3 月发布的 Linux 内核 5.6 版本中引入。我们的 VM 中运行的内核版本是 4.18，还不支持 time 命名空间。

默认情况下，Linux 开始运行时每种类型的命名空间只有一个，并且可以动态创建新的命名空间。你可以通过在终端窗口中键入命令 lsns 来列出现有命名空间：

```
lsns
```

你将看到的输出如下所示。PID 列的值为该命名空间中启动的最小的 PID，COMMAND 列为该 PID 对应的命令。NPROCS 显示当前在命名空间中运行的进程数（从当前用户的角度来看）。

```
        NS TYPE    NPROCS   PID USER   COMMAND
4026531835 cgroup      69  2217 chaos  /lib/systemd/systemd --user
4026531836 pid         69  2217 chaos  /lib/systemd/systemd --user
4026531837 user        69  2217 chaos  /lib/systemd/systemd --user
4026531838 uts         69  2217 chaos  /lib/systemd/systemd --user
4026531839 ipc         69  2217 chaos  /lib/systemd/systemd --user
4026531840 mnt         69  2217 chaos  /lib/systemd/systemd --user
4026531993 net         69  2217 chaos  /lib/systemd/systemd --user
```

如果你以 root 用户身份重新运行相同的命令，将看到一组更大范围的命名空间，它们由系统的各个组件创建。在终端窗口中运行以下命令：

```
sudo lsns
```

你将看到类似于下面的输出。需要注意的重要一点是，可以看到存在很多其他的命名空间，前面看到的命名空间也在其中（NS 列的编号和前面看到的一样），尽管它们的进程的数量和最小 PID 是不同的。实际上，你可以看到它们的 PID 为 1，这是主机上启动的第一个进程。默认情况下，所有用户共享相同的命名空间。我用粗体指出重复的部分。

```
        NS TYPE    NPROCS   PID USER        COMMAND
4026531835 cgroup     211     1 root        /sbin/init
```

```
4026531836 pid      210       1 root         /sbin/init
4026531837 user     211       1 root         /sbin/init
4026531838 uts      210       1 root         /sbin/init
4026531839 ipc      210       1 root         /sbin/init
4026531840 mnt      200       1 root         /sbin/init
4026531861 mnt        1      19 root         kdevtmpfs
4026531993 net      209       1 root         /sbin/init
4026532148 mnt        1     253 root         /lib/systemd/systemd-udevd
4026532158 mnt        1     343 systemd-resolve /lib/systemd/systemd-resolved
4026532170 mnt        1     461 root         /usr/sbin/ModemManager…
4026532171 mnt        2     534 root         /usr/sbin/…
4026532238 net        1    1936 rtkit        /usr/lib/rtkit/rtkit-daemon
4026532292 mnt        1    1936 rtkit        /usr/lib/rtkit/rtkit-daemon
4026532349 mnt        1    2043 root         /usr/lib/x86_64-linux…
4026532350 mnt        1    2148 colord       /usr/lib/colord/colord
4026532351 mnt        1    3061 root         /usr/lib/fwupd/fwupd
```

lsns 非常简洁。它还可以做其他一些事情，比如以 JSON 格式输出（--JSON 标志，适合脚本使用），只查看特定类型的命名空间（--type 标志），或者查看特定 PID 所属的命名空间（--task 标志）。它的工作原理很简单，它从 Linux 内核公开的文件系统中读取 /proc——特别是从 /proc/<pid>/ns 读取数据，这是一个了解你的进程的好方法。

只需要知道指定进程的 PID，就可以查看它所在的命名空间。对于当前的 bash 会话，你可以通过 $$ 获得 PID。你可以通过在终端窗口中运行以下命令来查看我们的 bash 会话所在的命名空间：

```
ls -l /proc/$$/ns
```

你将看到类似如下的输出。对于我们刚刚介绍的每种命名空间，你将看到一个符号链接：

```
total 0
lrwxrwxrwx 1 chaos chaos 0 May  1 09:38 cgroup -> 'cgroup:[4026531835]'
lrwxrwxrwx 1 chaos chaos 0 May  1 09:38 ipc -> 'ipc:[4026531839]'
lrwxrwxrwx 1 chaos chaos 0 May  1 09:38 mnt -> 'mnt:[4026531840]'
lrwxrwxrwx 1 chaos chaos 0 May  1 09:38 net -> 'net:[4026531993]'
lrwxrwxrwx 1 chaos chaos 0 May  1 09:38 pid -> 'pid:[4026531836]'
lrwxrwxrwx 1 chaos chaos 0 May  1 10:11 pid_for_children -> 'pid:[…]'
lrwxrwxrwx 1 chaos chaos 0 May  1 09:38 user -> 'user:[4026531837]'
lrwxrwxrwx 1 chaos chaos 0 May  1 09:38 uts -> 'uts:[4026531838]'
```

这些符号链接是特殊的。通过在终端中运行以下命令，尝试使用 file 工具探测它们：

```
file /proc/$$/ns/pid
```

你将看到类似如下的输出，它会报错"符号链接已损坏"：

```
/proc/3391/ns/pid: broken symbolic link to pid:[4026531836]
```

这是因为链接具有特殊的格式：<命名空间类型>:[<命名空间编号>]。你可以通过在终端中运行 readlink 命令来读取链接的值：

```
readlink /proc/$$/ns/pid
```

你将看到类似如下的输出。它是一个 pid 类型的命名空间，编号为 4026531836。它与你之前在 lsns 的输出中看到的一样：

```
pid:[4026531836]
```

现在你知道了什么是命名空间、可用的命名空间种类，以及如何查看指定的进程属于哪些命名空间。让我们来看看 Docker 是如何使用它们的。

> **突击测验：命名空间有什么作用？**
> 选择一个：
> 1. 限制进程对特定类型资源的查看和访问。
> 2. 限制进程可以消耗的资源（CPU、内存等）。
> 3. 强制命名约定以避免命名冲突。
> 答案见附录 B。

5.4.5　Docker 和命名空间

要了解 Docker 如何管理容器命名空间，让我们在终端中运行以下命令来启动一个新容器。请注意，我再次使用了指定标签的 Ubuntu Focal 镜像，以便和上一节使用完全相同的环境：

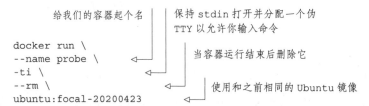

你将会进入新容器的交互式 bash 会话。和本章前面内容提到的一样，你可以通过检查 /etc/issue 的内容来进行确认。

现在，让我们看看 Docker 为你创建了哪些命名空间。打开第二个终端窗口并检查 Docker 容器。首先，让我们通过在第二个终端中执行以下命令来查看正在运行的容器列表：

```
docker ps
```

你将看到类似于如下的输出。你对刚启动的容器（你将其命名为 probe）的容器 ID（以粗体显示）感兴趣：

```
CONTAINER ID  IMAGE                  COMMAND

91d17914dd23  ubuntu:focal-20200423  "/bin/bash"
CREATED          STATUS          PORTS      NAMES
48 seconds ago   Up 47 seconds              probe
```

知道了它的 ID，让我们检查这个容器。仍然在第二个终端窗口中运行以下命令，别忘了用你看到的 ID 替换命令中的 ID：

```
docker inspect 91d17914dd23
```

你看到的输出会很长，但现在我希望你只关注 State 部分，它看起来类似于以下输出。需要特别关注 Pid（以粗体显示）：

```
(...)
        "State": {
            "Status": "running",
            "Running": true,
            "Paused": false,
            "Restarting": false,
            "OOMKilled": false,
            "Dead": false,
            "Pid": 3603,
            "ExitCode": 0,
            "Error": "",
            "StartedAt": "2020-05-01T09:38:03.245673144Z",
            "FinishedAt": "0001-01-01T00:00:00Z"
        },
(...)
```

使用该 PID 在第二个终端中运行以下命令，从而列出容器所在的命名空间，注意将 PID 替换为你系统中真实的值（以粗体显示）。因为当前用户没有容器的进程所在命名空间的权限，你将需要使用 sudo 来访问它的命名空间数据：

```
sudo ls -l /proc/3603/ns
```

在以下输出中，你将看到一些新的命名空间，但并非全部都是新的：

```
total 0
lrwxrwxrwx 1 root root 0 May  1 09:38 cgroup -> 'cgroup:[4026531835]'
lrwxrwxrwx 1 root root 0 May  1 09:38 ipc -> 'ipc:[4026532357]'
lrwxrwxrwx 1 root root 0 May  1 09:38 mnt -> 'mnt:[4026532355]'
lrwxrwxrwx 1 root root 0 May  1 09:38 net -> 'net:[4026532360]'
lrwxrwxrwx 1 root root 0 May  1 09:38 pid -> 'pid:[4026532358]'
lrwxrwxrwx 1 root root 0 May  1 10:04 pid_for_children -> 'pid:[4026532358]'
lrwxrwxrwx 1 root root 0 May  1 09:38 user -> 'user:[4026531837]'
lrwxrwxrwx 1 root root 0 May  1 09:38 uts -> 'uts:[4026532356]'
```

你可以将此输出与前一个输出进行匹配，以查看为该进程创建了哪些命名空间，但这对我来说很费力。或者，你也可以利用 lsns 命令为你提供更易于阅读的输出。在同一终端窗口中运行以下命令（别忘了更改 PID 的值）：

```
sudo lsns --task 3603
```

你可以在输出中清楚地看到新的命名空间，以粗体显示（最下面的 PID 就是你要找的）：

```
        NS TYPE   NPROCS   PID USER COMMAND
4026531835 cgroup    210     1 root /sbin/init
4026531837 user      210     1 root /sbin/init
4026532355 mnt         1  3603 root /bin/bash
4026532356 uts         1  3603 root /bin/bash
4026532357 ipc         1  3603 root /bin/bash
4026532358 pid         1  3603 root /bin/bash
4026532360 net         1  3603 root /bin/bash
```

现在不需要这个容器了，可以通过在第一个窗口中按 <Ctrl+D> 来终止该容器。

除了 cgroups（我们将在本章后面讨论）和 user，我们可以看到 Docker 为每一种类型都创建了一个新的命名空间。因此，从理论上讲，在容器内部，你应该在新命名空间涵盖的所有方面与主机系统隔离。然而，理论和实践往往是不同的，所以我们来实验一下，看看我们隔离的效果如何。让我们选择 pid 命名空间来进行实验。

5.5 实验 2：终止其他 PID 命名空间中的进程

要确认 pid 命名空间是否正常工作（并且让你了解它是如何工作的），一个有趣的实验是启动一个容器并试图终止一个其命名空间外部的 PID。观察的方法很简单（进程要么被终止，要么没有），我们的期望是它没有成功终止进程。整个实验可以概括为以下四个步骤：

1. 可观测性：检查进程是否仍在运行。

2. 稳态：进程正在运行。

3. 假设：如果我们从容器内部发出终止命令，用于终止容器外部的进程，则命令应该会失败。

4. 运行实验！

实验比较简单。为了实现这一点，你需要一个目标来终止。我为你准备了一份，你可以通过在 VM 的终端窗口中运行以下命令来查看它：

```
cat ~/src/examples/poking-docker/experiment2/pid-printer.sh
```

你将看到以下输出，没有比这更基础的脚本了：

```
#! /bin/bash
echo "Press [CTRL+C] to stop.."
while :
do
    echo `date` "Hi, I'm PID $$ and I'm feeling sleeeeeepy..." && sleep 2    ◄─┐
done
```

打印一条消息，包括其 PID 号，然后休眠一段时间

要运行我们的实验，你将使用两个终端窗口。在第一个终端窗口中，你将运行你尝试终止的目标，在第二个终端窗口中，你将运行一个容器，并从中发出终止命令。让我们通过在第一个终端窗口中运行以下命令来启动此脚本：

```
bash ~/src/examples/poking-docker/experiment2/pid-printer.sh
```

你将看到类似如下的输出，该进程每隔几秒打印一次其 PID。PID 使用了粗体显示，复制它：

```
Press [CTRL+C] to stop..
Fri May 1 06:15:22 UTC 2020 Hi, I'm PID 9000 and I'm feeling sleeeeeepy...
Fri May 1 06:15:24 UTC 2020 Hi, I'm PID 9000 and I'm feeling sleeeeeepy...
Fri May 1 06:15:26 UTC 2020 Hi, I'm PID 9000 and I'm feeling sleeeeeepy...
```

现在，让我们在第二个终端窗口中启动一个容器。启动一个新窗口并运行以下命令：

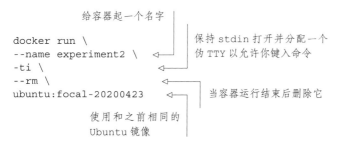

看起来我们都准备好了！我们尝试从容器内部（第二个终端窗口）终止目标：不断输出日志的 PID。运行以下命令（别忘了用你的 PID 值替换）：

```
kill -9 9000
```

你将在输出中看到该命令没有找到这样的进程：

```
bash: kill: (9000) - No such process
```

你可以在第一个窗口中确认，目标进程仍在运行，这意味着实验证实了我们的假设：试图终止在容器命名空间之外运行的进程 PID 没有奏效。但是你看到的错误消息表明，从容器内部来看，没有这样的 PID 进程。通过从第二个终端窗口运行以下命令，我们看看从容器内部的角度来看有哪些进程：

```
ps a
```

你将看到如下输出，只列出两个进程：

```
PID TTY      STAT   TIME COMMAND
  1 pts/0    Ss     0:00 /bin/bash
 10 pts/0    R+     0:00 ps a
```

因此，就容器内的进程而言，没有 9000 这个 PID，也没有任何大于 9000 的 PID。你已经完成了这个实验，但是我相信你应该会感到好奇：是否可以以某种方式进入容器的命名空间，并在其中启动一个进程？答案是肯定的。

要在现有容器的命名空间内启动一个新进程，你可以使用 nsenter 命令。它允许你在主机上的任何命名空间内启动一个新进程。让我们用它来附加到容器的 PID 命名空间。我为你准备了一个小脚本。你可以通过在新的终端窗口（第三个）中运行以下命令来查看它：

```
cat ~/src/examples/poking-docker/experiment2/attach-pid-namespace.sh
```

你将看到以下输出，展示了如何使用 nsenter 命令：

```
#! /bin/bash
CONTAINER_PID=$(docker inspect -f '{{ .State.Pid }}' experiment2)   ← 使用 docker inspect 获取容器的 PID
sudo nsenter \
进入 pid      --pid \                                                ← 指定 PID 对应的进程
命名空间      --target $CONTAINER_PID \
      /bin/bash /home/chaos/src/examples/poking-docker/experiment2/pid-
       printer.sh   ← 运行你之前在公共命名空间运行的相同的 bash 脚本
```

使用以下命令运行脚本：

```
bash ~/src/examples/poking-docker/experiment2/attach-pid-namespace.sh
```

你将看到熟悉的输出，如下所示：

```
Press [CTRL+C] to stop..
Fri May 1 12:02:04 UTC 2020 Hi, I'm PID 15 and I'm feeling sleeeeeepy...
```

在容器内部（第二个终端窗口）再次运行 ps，确认是在同一个命名空间中：

```
ps a
```

你现在将看到类似如下的输出，包括你新启动的脚本：

```
PID TTY      STAT    TIME COMMAND
1   pts/0    Ss      0:00 /bin/bash
15  ?        S+      0:00 /bin/bash /…/poking-docker/experiment2/pid-printer.sh
165 ?        S+      0:00 sleep 2
166 pts/0    R+      0:00 ps a
```

最后，要知道 ps 命令也支持打印命名空间，这很有帮助。你可以通过在 -o 标志中列出所需的命名空间来显示它们。例如，要显示主机上进程的 PID 命名空间，在第一个终端窗口（主机，而不是容器）运行以下命令：

```
ps ao pid,pidns,command
```

你将看到 PID 和命令及其对应的 PID 命名空间，如下所示：

```
PID    PIDNS       COMMAND
(...)
3505   4026531836  docker run --name experiment2 -ti --rm ubuntu:focal-20200423
4012   4026531836  bash /…/poking-docker/experiment2/attach-pid-namespace.sh
4039   4026531836  bash
4087   4026531836  ps o pid,pidns,command
```

注意　如果你想了解如何查看进程所属的其他命名空间，请运行命令 man ps。对于那些不熟悉 Linux 的人，我需要说明一下，man 代表 manual（手册），是一个 Linux 命令，显示命令和系统组件的使用帮助。只需键入 man 后加上你感兴趣的项目的名称（如 man ps），就可以直接在终端显示帮助信息。你可以从 www.kernel.org/doc/man-pages/ 上了解更多信息。

如你所见，PID 命名空间是一种高效且易于使用的方法，可以诱使应用程序认为它是主机上运行的唯一进程，并将它与其他进程隔离开来。你现在可能很想玩玩它，因为我坚信玩是最好的学习方式，所以让我们将命名空间添加到 5.4.2 节开始的简单容器（-ish）中。

5.5.1　实现一个简单的容器（-ish）第 2 部分：命名空间

是时候利用你刚刚学到的东西——Linux 内核命名空间来升级 DIY 容器了。请查看图 5.8，重新回顾一下命名空间。我们将选择一个单独的命名空间 PID，从而使演示保持简单并制作精良。

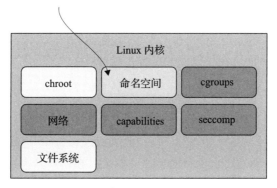

图5.8　DIY容器第2部分——命名空间

在5.4.2节中，从进程的角度，你使用chroot将根挂载更改为你准备好的包含Linux系统基本结构的子文件夹。现在让我们使用该脚本，并添加一个独立的PID命名空间。要创建新的命名空间并在其中启动进程，你可以使用命令unshare。

unshare的语法很简单：unshare [options] [program [arguments]]。它甚至在其手册页中提供了一个有用的示例（在终端中运行man unshare以显示），向你展示了如何在新的PID命名空间中启动进程。例如，可以在新的终端窗口中运行以下命令，从而启动新的bash会话：

```
sudo unshare --fork --pid --mount-proc /bin/bash
```

你将在新的PID命名空间中看到一个新的bash会话。要查看你的bash具有什么PID，在新bash会话中运行以下命令：

```
ps
```

你将看到类似如下的输出，bash命令显示的PID为1：

```
PID TTY          TIME CMD
  1 pts/3    00:00:00 bash
 18 pts/3    00:00:00 ps
```

现在，你可以同时使用unshare和chroot（见5.4.2节），这样就更接近真正的Linux容器了。为了方便，我准备了一个脚本。你可以在VM的终端窗口中执行以下命令：

```
cat ~/src/examples/poking-docker/container-ish.sh
```

你将看到以下输出。这是一个非常简单的脚本，基本上包含两个重要步骤。

1. 调用之前的new-filesystem.sh脚本来创建你的目录结构并将一些工具复制到里面。

2. 使用--pid标志调用unshare命令，该命令调用chroot，chroot又调用bash。bash程序从容器内部挂载/proc开始，然后启动一个交互式会话。

```
#! /bin/bash
CURRENT_DIRECTORY="$(dirname "${0}")"
FILESYSTEM_NAME=${1:-container-attempt-2}

# Step 1: execute our familiar new-filesystem script
bash $CURRENT_DIRECTORY/new-filesystem.sh $FILESYSTEM_NAME
cd $FILESYSTEM_NAME

# Step 2: create a new pid namespace, and start a chrooted bash session
sudo unshare \
    --fork \
    --pid \
    chroot . \
    /bin/bash -c "mkdir -p /proc && /bin/mount -t proc proc /proc &&
    exec /bin/bash"
```

unshare 命令在不同的命名空间中启动进程

pid 命名空间更改需要 fork 才能工作

为新进程创建一个新的 pid 命名空间

运行 new-filesystem.sh 脚本，复制一些基本的二进制文件及其库

调用 chroot 为你启动的新进程更改文件系统的根目录

从容器内部挂载 /proc（例如，使 ps 可以工作）并运行 bash

让我们通过在新的终端窗口中运行以下命令来使用该脚本。该命令将在当前目录中为容器（-ish）创建一个文件夹：

```
bash ~/src/examples/poking-docker/container-ish.sh a-bit-closer-to-docker
```

你将看到问候语和新的 bash 会话。为了确认你成功创建了一个新的命名空间，让我们看看 ps 的输出。从新的 bash 会话中运行以下命令：

```
ps aux
```

它将打印以下列表。请注意，你的 bash 的 PID 为 1（以粗体显示）。

```
USER      PID %CPU %MEM    VSZ    RSS TTY      STAT START   TIME COMMAND
0           1  0.0  0.0  10052   3272 ?        S    11:54   0:00 /bin/bash
0           4  0.0  0.0  25948   2568 ?        R+   11:55   0:00 ps aux
```

最后，在你的"疑似"容器运行时，打开另一个终端窗口，并通过运行以下命令确认你可以看到新的 PID 类型的命名空间：

```
sudo lsns -t pid
```

你将看到类似如下的输出（新命名空间以粗体显示）：

```
        NS TYPE NPROCS    PID USER COMMAND
4026531836 pid     211      1 root /sbin/init
4026532173 pid       1  24935 root /bin/bash
```

正如你之前所见，Docker 为其容器创建了其他类型的命名空间，而不仅仅是 PID。在此示例中，我们专注于 PID，因为它易于演示且有助于学习。对于为该容器实现其他类型的命名空间，我不会介绍，作为你的练习。

揭开命名空间的神秘面纱后，现在让我们继续下一个难题。我们来看看 Docker 是如何通过 cgroups 来限制容器可以使用的资源数量的。

5.5.2　使用 cgroups 限制进程的资源使用

cgroups（控制组）是 Linux 内核的一项功能，通过它可以将进程组织成组，然后限制

和监控它们对各种类型资源（例如 CPU 和 RAM）的使用。 例如，使用 cgroups 告诉 Linux 内核仅将特定百分比的 CPU 分配给特定进程。

图 5.9 直观地展现了将进程限制为 CPU 核的 50% 的表现。在图的左侧，系统允许进程使用尽可能多的 CPU。在右侧，系统强制执行 50% 的限制，如果进程尝试使用超过 50%，则会受到限制。

那么如何与 cgroups 交互呢？内核公开了一个名为 cgroupfs 的伪文件系统，用于管理 cgroups 层次结构，通常挂载在 /sys/fs/cgroup 下。

注意 有 v1 和 v2 两个版本的 cgroups 可用。多年来，v1 以一种几乎不协调、有机的方式发展，因此引入了 v2 以重组、简化和消除 v1 中的一些不一致之处。在编写本书时，大多数生态系统仍然使用 v1，或者至少默认使用 v1，同时正在研究对 v2 的支持（例如，通过 runc 对 Docker 进行支持的工作可以查看 https://github.com/opencontainers/runc/issues/2315）。你可以在 http://mng.bz/zxeQ 上阅读有关两个版本之间差异的更多信息。我们暂时坚持使用 v1。

cgroups 对每种支持的资源都有一个控制器的概念。要检查当前安装的和可用的控制器类型，请在 VM 内的终端中运行以下命令：

```
ls -al /sys/fs/cgroup/
```

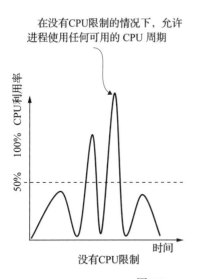
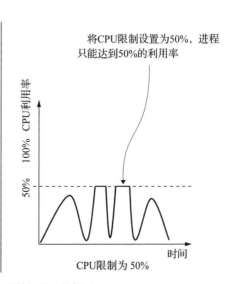

图 5.9 cgroups 限制 CPU 的例子

你将看到类似如下的输出。我们将介绍两个控制器：`cpu` 和 `memory`（以粗体显示）。请注意，`cpu` 实际上是指向 `cpu,cpuacct` 的链接，是负责限制和计算 CPU 利用率的控制器。此外，`unified` 是 cgroups v2 的挂载位置，如果你好奇的话，可以将其作为练习。

```
total 0
drwxr-xr-x 15 root root 380 May  2 14:23 .
```

```
drwxr-xr-x  9 root root   0 May  3 12:26 ..
dr-xr-xr-x  5 root root   0 May  3 12:26 blkio
lrwxrwxrwx  1 root root  11 May  2 14:23 cpu -> cpu,cpuacct
lrwxrwxrwx  1 root root  11 May  2 14:23 cpuacct -> cpu,cpuacct
dr-xr-xr-x  5 root root   0 May  3 12:26 cpu,cpuacct
dr-xr-xr-x  3 root root   0 May  3 12:26 cpuset
dr-xr-xr-x  5 root root   0 May  3 12:26 devices
dr-xr-xr-x  3 root root   0 May  3 12:26 freezer
dr-xr-xr-x  3 root root   0 May  3 12:26 hugetlb
dr-xr-xr-x  5 root root   0 May  3 12:26 memory
lrwxrwxrwx  1 root root  16 May  2 14:23 net_cls -> net_cls,net_prio
dr-xr-xr-x  3 root root   0 May  3 12:26 net_cls,net_prio
lrwxrwxrwx  1 root root  16 May  2 14:23 net_prio -> net_cls,net_prio
dr-xr-xr-x  3 root root   0 May  3 12:26 perf_event
dr-xr-xr-x  5 root root   0 May  3 12:26 pids
dr-xr-xr-x  2 root root   0 May  3 12:26 rdma
dr-xr-xr-x  6 root root   0 May  3 12:26 systemd
dr-xr-xr-x  5 root root   0 May  3 12:26 unified
```

你可能还记得第 3 章中的两个可用于创建 cgroups 并在其中运行程序的工具：cgcreate 和 cgexec。这些工具使用起来很方便，但我想向你展示如何直接与 cgroupfs 交互。在利用 Docker 的系统上实践混沌工程时，你必须了解并能够观察到你的应用程序运行的限制。

创建特定类型的新 cgroups 会在 /sys/fs/cgroup/< 资源类型 >/ 下创建文件夹（或嵌套 cgroups 的子文件夹）。例如，Docker 创建其父 cgroups，然后在其下嵌套容器。你可以通过在终端窗口中运行以下命令来看看 CPU cgroups 的内容：

```
ls -l /sys/fs/cgroup/cpu/docker
```

你将看到与以下列表类似的列表。我们需要做的是，关注 cpu.cfs_period_us、cpu.cfs_quota_us 和 cpu.shares，它们代表了 cgroups 提供的两种限制进程 CPU 利用率的方式：

```
-rw-r--r-- 1 root root 0 May  3 12:44 cgroup.clone_children
-rw-r--r-- 1 root root 0 May  3 12:44 cgroup.procs
-r--r--r-- 1 root root 0 May  3 12:44 cpuacct.stat
-rw-r--r-- 1 root root 0 May  3 12:44 cpuacct.usage
-r--r--r-- 1 root root 0 May  3 12:44 cpuacct.usage_all
-r--r--r-- 1 root root 0 May  3 12:44 cpuacct.usage_percpu
-r--r--r-- 1 root root 0 May  3 12:44 cpuacct.usage_percpu_sys
-r--r--r-- 1 root root 0 May  3 12:44 cpuacct.usage_percpu_user
-r--r--r-- 1 root root 0 May  3 12:44 cpuacct.usage_sys
-r--r--r-- 1 root root 0 May  3 12:44 cpuacct.usage_user
-rw-r--r-- 1 root root 0 May  3 12:44 cpu.cfs_period_us
-rw-r--r-- 1 root root 0 May  3 12:44 cpu.cfs_quota_us
-rw-r--r-- 1 root root 0 May  3 12:44 cpu.shares
-r--r--r-- 1 root root 0 May  3 12:44 cpu.stat
-rw-r--r-- 1 root root 0 May  3 12:44 notify_on_release
-rw-r--r-- 1 root root 0 May  3 12:44 tasks
```

第一种方法是精确设置特定进程在特定时间段内可以获得的 CPU 时间（以微秒为单位）的上限。这是通过指定 cpu.cfs_period_us（以微秒为单位的周期）和 cpu.cfs_ quota_us（该周期内进程可以消耗的微秒数）的值来完成的。例如，要允许特定进程消耗50% 的 CPU，你可以将 cpu.cfs_period_us 的值设置为 1000，将 cpu.cfs_quota_us 的值设置为 500。默认值为 -1，表示没有限制。这是一个硬限制。

第二种方法是通过 CPU 共享（cpu.shares）。shares 是代表进程相对权重的任意值。因此，相同的值意味着每个进程拥有相同的 CPU 份额，较高的值将增加允许进程使用的可用时间百分比，较低的值将减少该百分比。该值默认为"整数"1024。值得注意的是，该设置仅在每个进程都没有足够的 CPU 时间时强制执行，否则，没有任何效果。它本质上是一个软限制。

现在，让我们看看 Docker 是如何为新容器设置的。通过在终端窗口中运行以下命令来启动容器：

```
docker run -ti --rm ubuntu:focal-20200423
```

进入容器后，启动一个长时间运行的进程，以便你以后可以轻松识别它。从容器内部运行以下命令以启动 sleep 进程（什么都不做，只是为了有个进程）3600 秒：

```
sleep 3600
```

当该容器正在运行时，在另一个终端窗口再次检查 Docker 维护的 cgroupfs 文件夹。在第二个终端窗口中运行以下命令：

```
ls -l /sys/fs/cgroup/cpu/docker
```

你将看到熟悉的输出，如下所示。请注意，有一个名称与容器 ID 对应的新文件夹（以粗体显示）。

```
total 0
drwxr-xr-x 2 root root 0 May  3 22:21
    87a692e9f2b3bac1514428954fd2b8b80c681012d92d5ae095a10f81fb010450
-rw-r--r-- 1 root root 0 May  3 12:44 cgroup.clone_children
-rw-r--r-- 1 root root 0 May  3 12:44 cgroup.procs
-r--r--r-- 1 root root 0 May  3 12:44 cpuacct.stat
-rw-r--r-- 1 root root 0 May  3 12:44 cpuacct.usage
-r--r--r-- 1 root root 0 May  3 12:44 cpuacct.usage_all
-r--r--r-- 1 root root 0 May  3 12:44 cpuacct.usage_percpu
-r--r--r-- 1 root root 0 May  3 12:44 cpuacct.usage_percpu_sys
-r--r--r-- 1 root root 0 May  3 12:44 cpuacct.usage_percpu_user
-r--r--r-- 1 root root 0 May  3 12:44 cpuacct.usage_sys
-r--r--r-- 1 root root 0 May  3 12:44 cpuacct.usage_user
-rw-r--r-- 1 root root 0 May  3 12:44 cpu.cfs_period_us
-rw-r--r-- 1 root root 0 May  3 12:44 cpu.cfs_quota_us
-rw-r--r-- 1 root root 0 May  3 12:44 cpu.shares
-r--r--r-- 1 root root 0 May  3 12:44 cpu.stat
-rw-r--r-- 1 root root 0 May  3 12:44 notify_on_release
-rw-r--r-- 1 root root 0 May  3 12:44 tasks
```

为方便起见，我们将容器的长 ID 存储在环境变量中。运行以下命令：

```
export
CONTAINER_ID=87a692e9f2b3bac1514428954fd2b8b80c681012d92d5ae095a10f81fb010450
```

现在，通过运行以下命令列出该新文件夹的内容：

```
ls -l /sys/fs/cgroup/cpu/docker/$CONTAINER_ID
```

你将看到类似如下的输出，我们对这个结构已经比较熟悉了。这一次，我希望你能注意 cgroup.procs（以粗体显示），其中包含此 cgroups 中进程的 PID 列表。

```
total 0
-rw-r--r-- 1 root root 0 May  3 22:43 cgroup.clone_children
-rw-r--r-- 1 root root 0 May  3 22:21 cgroup.procs
-r--r--r-- 1 root root 0 May  3 22:43 cpuacct.stat
-rw-r--r-- 1 root root 0 May  3 22:43 cpuacct.usage
-r--r--r-- 1 root root 0 May  3 22:43 cpuacct.usage_all
-r--r--r-- 1 root root 0 May  3 22:43 cpuacct.usage_percpu
-r--r--r-- 1 root root 0 May  3 22:43 cpuacct.usage_percpu_sys
-r--r--r-- 1 root root 0 May  3 22:43 cpuacct.usage_percpu_user
-r--r--r-- 1 root root 0 May  3 22:43 cpuacct.usage_sys
-r--r--r-- 1 root root 0 May  3 22:43 cpuacct.usage_user
-rw-r--r-- 1 root root 0 May  3 22:43 cpu.cfs_period_us
-rw-r--r-- 1 root root 0 May  3 22:43 cpu.cfs_quota_us
-rw-r--r-- 1 root root 0 May  3 22:43 cpu.shares
-r--r--r-- 1 root root 0 May  3 22:43 cpu.stat
-rw-r--r-- 1 root root 0 May  3 22:43 notify_on_release
-rw-r--r-- 1 root root 0 May  3 22:43 tasks
```

让我们研究一下 cgroup.procs 文件中包含的进程。在终端窗口中运行以下命令：

```
ps -p $(cat /sys/fs/cgroup/cpu/docker/$CONTAINER_ID/cgroup.procs)
```

你将看到容器的 bash 会话，以及你之前启动的 sleep 进程，如下所示：

```
  PID TTY      STAT    TIME COMMAND
28960 pts/0    Ss      0:00 /bin/bash
29199 pts/0    S+      0:00 sleep 3600
```

让我们也检查一下我们的容器启动的默认值。在同一个子目录中，你将看到以下默认值。可以看出没有硬限制，使用的是默认权重：

❑ cpu.cfs_period_us——设置为 100000。

❑ cpu.cfs_quota_us——设置为 -1。

❑ cpu.shares——设置为 1024。

类似地，你可以查看为内存使用设置的默认值。让我们运行以下命令来探索树的内存部分：

```
ls -l /sys/fs/cgroup/memory/docker/$CONTAINER_ID/
```

这将打印一个类似如下的列表。请注意 memory.limit_in_bytes（设置进程可访问 RAM 的硬限制）和 memory.usage_in_bytes（显示当前 RAM 利用率）：

```
total 0
-rw-r--r-- 1 root root 0 May  3 23:04 cgroup.clone_children
--w--w--w- 1 root root 0 May  3 23:04 cgroup.event_control
```

```
-rw-r--r-- 1 root root 0 May  3 22:21 cgroup.procs
-rw-r--r-- 1 root root 0 May  3 23:04 memory.failcnt
--w------- 1 root root 0 May  3 23:04 memory.force_empty
-rw-r--r-- 1 root root 0 May  3 23:04 memory.kmem.failcnt
-rw-r--r-- 1 root root 0 May  3 23:04 memory.kmem.limit_in_bytes
-rw-r--r-- 1 root root 0 May  3 23:04 memory.kmem.max_usage_in_bytes
-r--r--r-- 1 root root 0 May  3 23:04 memory.kmem.slabinfo
-rw-r--r-- 1 root root 0 May  3 23:04 memory.kmem.tcp.failcnt
-rw-r--r-- 1 root root 0 May  3 23:04 memory.kmem.tcp.limit_in_bytes
-rw-r--r-- 1 root root 0 May  3 23:04 memory.kmem.tcp.max_usage_in_bytes
-r--r--r-- 1 root root 0 May  3 23:04 memory.kmem.tcp.usage_in_bytes
-r--r--r-- 1 root root 0 May  3 23:04 memory.kmem.usage_in_bytes
-rw-r--r-- 1 root root 0 May  3 23:04 memory.limit_in_bytes
-rw-r--r-- 1 root root 0 May  3 23:04 memory.max_usage_in_bytes
-rw-r--r-- 1 root root 0 May  3 23:04 memory.move_charge_at_immigrate
-r--r--r-- 1 root root 0 May  3 23:04 memory.numa_stat
-rw-r--r-- 1 root root 0 May  3 23:04 memory.oom_control
---------- 1 root root 0 May  3 23:04 memory.pressure_level
-rw-r--r-- 1 root root 0 May  3 23:04 memory.soft_limit_in_bytes
-r--r--r-- 1 root root 0 May  3 23:04 memory.stat
-rw-r--r-- 1 root root 0 May  3 23:04 memory.swappiness
-r--r--r-- 1 root root 0 May  3 23:04 memory.usage_in_bytes
-rw-r--r-- 1 root root 0 May  3 23:04 memory.use_hierarchy
-rw-r--r-- 1 root root 0 May  3 23:04 notify_on_release
-rw-r--r-- 1 root root 0 May  3 23:04 tasks
```

如果查看这两个文件的内容，你将看到以下值：

❑ memory.limit_in_bytes 设置为 9223372036854771712，这似乎是 64 位整数的最大值减去页面大小的结果，或者可以说它实际上表示无穷大。

❑ memory.usage_in_bytes，在我的环境中为 1445888（约 1.4 MB）。

尽管 memory.usage_in_bytes 是只读的，但你可以通过简单地写入来修改 memory.limit_in_bytes 的值。例如，运行以下命令对容器施加 20 MB 内存限制：

```
echo 20971520 | sudo tee
/sys/fs/cgroup/memory/docker/$CONTAINER_ID/memory.limit_in_bytes
```

这涵盖了你现在需要了解的有关 cgroups 的所有知识了。你可以按 < Ctrl+D> 退出正在运行的容器。有关 cgroups 的更多详细信息，你可以运行 man cgroups 来查看。让我们使用这些新知识来做一些实验！

突击测验：cgroups 有什么作用？

选择一个：

1. 赋予用户组额外的控制权。
2. 对于特定类型的资源，限制进程是否可以看到和访问。
3. 限制进程可以消耗的资源（CPU、内存等）。

答案见附录 B。

5.6 实验 3：使用你能找到的所有 CPU

Docker 提供了两种方法来控制容器使用的 CPU 份额，类似于上一节中介绍的方法。第一种方法是，使用 --cpus 标志控制硬限制。例如，设置 --cpus=1.5 相当于将周期设置为 100 000，将配额设置为 150 000。第二种方法是，通过设置 --cpu-shares，可以给我们的进程一个相对权重。

让我们用以下实验测试第一种控制方法：

1. 可观测性：观察 stress 命令使用的 CPU 量，使用 top 或 mpstat 来观测。

2. 稳态：CPU 利用率接近 0。

3. 假设：如果在一个以 --cpus=0.5 启动的容器中，我们在 CPU 模式下运行 stress 命令，平均下来它不会使用超过 0.5 个处理器。

4. 运行实验!

让我们从构建一个包含 stress 命令的容器开始。我为你准备了一个简单的 Dockerfile，你可以通过在终端窗口中运行以下命令来查看它：

```
cat ~/src/examples/poking-docker/experiment3/Dockerfile
```

你将看到以下输出，一个非常基本的 Dockerfile，只包含单个命令：

```
FROM ubuntu:focal-20200423

RUN apt-get update && apt-get install -y stress
```

让我们使用该 Dockerfile 构建一个名为 stressful 的新镜像。在终端窗口中运行以下命令：

```
cd ~/src/examples/poking-docker/experiment3/
docker build -t stressful .
```

数秒钟后，你应该能够在 Docker 镜像列表中看到这个新镜像。你可以通过运行以下命令来查看它：

```
docker images
```

你将在输出中看到新镜像（以粗体显示），如下所示：

```
REPOSITORY    AG       IMAGE ID        CREATED         SIZE
stressful     latest   9853a9f38f1c    5 seconds ago   95.9MB
(...)
```

现在，让我们准备我们的工作空间。为方便起见，请尝试并排打开两个终端窗口。在第一个终端窗口中，启动将要使用 stress 命令的容器，如下所示：

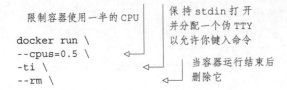

```
--name experiment3 \
stressful
```
命名容器为 experiment3,
以便之后更容易找到它

运行你刚才构建的包含
stress 命令的新镜像

在第二个终端窗口中,让我们开始监控系统的 CPU 利用率。在第二个窗口中运行以下
命令:

```
mpstat -u -P ALL 2
```

你应该开始看到类似如下的输出,每 2 秒一次。我的 VM 使用两个 CPU 运行,如果你
的 VM 运行时使用的是默认值,那么也应该如此。此外,%idle 大约为 99.75%:

```
Linux 4.15.0-99-generic (linux)   05/04/2020   _x86_64_  (2 CPU)

12:22:22 AM CPU %usr  %nice %sys  %iowait %irq  %soft %steal %guest %gnice %idle
12:22:24 AM all 0.25  0.00  0.00  0.00    0.00  0.00  0.00   0.00   0.00   99.75
12:22:24 AM 0   0.50  0.00  0.00  0.00    0.00  0.00  0.00   0.00   0.00   99.50
12:22:24 AM 1   0.00  0.00  0.00  0.00    0.00  0.00  0.00   0.00   0.00   100.00
```

好戏开始了!在第一个终端中,启动 stress 命令:

```
stress --cpu 1 --timeout 30
```

在运行 mpstat 的第二个窗口中,你应该开始看到一个 CPU 的利用率约为 50%,而另
一个接近 0,因此总利用率约为 24.5%,如下所示:

```
12:27:21 AM  CPU  %usr  %nice %sys  %iowait %irq  %soft %steal %guest %gnice %idle
12:27:23 AM  all  24.56 0.00  0.00  0.00    0.00  0.00  0.00   0.00   0.00   75.44
12:27:23 AM  0    0.00  0.00  0.00  0.00    0.00  0.00  0.00   0.00   0.00   100.00
12:27:23 AM  1    48.98 0.00  0.00  0.00    0.00  0.00  0.00   0.00   0.00   51.02
```

也可以使用另一种方式来确认,检查 cgroupfs 中该容器的 cpu.stat 文件的内容:

```
CONTAINER_ID=$(docker inspect -f '{{ .Id }}' experiment3)
cat /sys/fs/cgroup/cpu/docker/$CONTAINER_ID/cpu.stat
```

你将看到类似如下的输出。特别有趣的是,你将看到持续增长的 throttled_time
(cgroups 中进程被限制的纳秒数[⊖]) 和 nr_throttled (发生限制的周期数):

CPU 运行时间周期数

发生限制的周期数 (使用 cpu.
cfs_period_us 设置的周期
大小)

```
nr_periods 311
nr_throttled 304
throttled_time 15096182921
```

CPU 被限制的总纳秒数

这是验证我们的设置是否有效的另一种方法。它确实生效了,恭喜!实验成功了,
Docker 完成了它的工作。如果你对 stress 命令的 --cpu 标志使用更高的值,你会看到
负载分布在两个 CPU 上,总体平均结果仍然和 --cpu 设置的值相符。如果你检查 cgroupfs
元数据,你会看到 Docker 将 cpu.cfs_period_us 设置为 100000,cpu.cfs_quota_

⊖ 原书这里为微秒,是错误的,应该为纳秒。——译者注

us 设置为 50000，cpu.shares 设置为 1024。完成后，你可以按 <Ctrl+D> 退出容器。
我想知道限制 RAM 是否会顺利进行。我们要开始另一个实验吗？

5.7　实验 4：使用过多内存

你可以使用 Docker 的 --memory 标志来限制允许容器使用的 RAM 大小。它接受 b
（字节）、k（千字节）、m（兆字节）和 g（千兆字节）作为单位。作为一名合格的混沌工程实践
者，你想知道当进程达到该限制时会发生什么。

让我们用下面的实验来测试一下：

1. 可观测性：使用 top 观察 stress 命令使用的 RAM 大小，监视 dmesg 中的 OOM
Killer 日志。

2. 稳态：dmesg 中没有终止日志。

3. 假设：在以 --memory=128m 启动的容器中，如果我们在 RAM 模式下运行 stress 尝
试消耗 512 MB RAM，那么它使用的 RAM 不会超过 128 MB。

4. 运行实验！

让我们再次准备我们的工作空间，并排打开两个终端窗口。在第一个终端窗口中，使
用与前一个实验相同的镜像启动一个容器，但这次限制的是内存，而不是 CPU。命令如下：

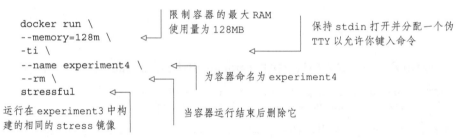

在第二个终端窗口中，我们首先查看 dmesg 日志，看看有没有关于 OOM Killer 的内
容（如果你已经忘记了 OOM Killer，简单来说它是 Linux 内核中的终止进程以恢复 RAM 的
功能，在第 2 章中介绍过，你可以复习一下），在第二个终端窗口中运行以下命令：

```
dmesg | egrep "Kill|oom"
```

根据 VM 机器的状态，你可能不会得到任何结果，但如果这样做，请记住时间戳，以
便你可以将它们与较新的日志区分开来。现在，让我们开始监控系统的 RAM 使用情况。
在第二个窗口中运行以下命令：

```
top
```

你将开始看到 top 命令输出一直在更新。观察并注意 RAM 利用率在稳态下的水平。

这样，场景就设定好了！让我们回到第一个终端窗口，从容器内部运行以下命令开始

实验。它将运行 RAM worker，每个分配 512 MB 内存（以粗体显示）：

```
stress \                    运行一个 worker
--vm 1 \                    占用内存
--vm-bytes 512M \           占用 512MB
--timeout 30               运行 30 秒
```

当它运行时，你会从 top 命令中看到一些有趣的东西，类似于下面的输出。请注意，容器使用了 528 152 KB 的虚拟内存和 127 400 KB 的保留内存，刚好低于你为容器设置的 128 MB 限制：

```
Tasks: 211 total,   1 running, 173 sleeping,   0 stopped,   0 zombie
%Cpu(s): 0.2 us, 0.1 sy, 0.0 ni, 99.6 id, 0.1 wa, 0.0 hi, 0.0 si, 0.0 st
KiB Mem :  4039228 total,  1235760 free,  1216416 used,  1587052 buff/cache
KiB Swap:  1539924 total,  1014380 free,   525544 used.  2526044 avail Mem

  PID USER      PR  NI    VIRT    RES    SHR S  %CPU %MEM     TIME+ COMMAND
32012 root      20   0  528152 127400    336 D  25.0  3.2   0:05.28 stress
(...)
```

30 秒后，stress 命令将完成并打印以下输出。它愉快地结束了它的运行：

```
stress: info: [537] dispatching hogs: 0 cpu, 0 io, 1 vm, 0 hdd
stress: info: [537] successful run completed in 30s
```

好吧，这对我们的实验来说是失败的——也是一个学习机会！如果你重新运行 stress 命令，使用 --vm 3 运行三个 worker，每个 worker 尝试占用 512MB，事情会变得更加奇怪。在 top 的输出（第二个窗口）中，你会注意到所有三个 worker 都分配了 512 MB 的虚拟内存，但它们的总保留内存加起来约为 115 MB，低于我们的限制：

```
Tasks: 211 total,   1 running, 175 sleeping,   0 stopped,   0 zombie
%Cpu(s): 0.2 us, 0.1 sy, 0.0 ni, 99.6 id, 0.1 wa, 0.0 hi, 0.0 si, 0.0 st
KiB Mem :  4039228 total,  1224208 free,  1227832 used,  1587188 buff/cache
KiB Swap:  1539924 total,    80468 free,  1459456 used.  2514632 avail Mem

  PID USER      PR  NI    VIRT    RES    SHR S  %CPU %MEM     TIME+ COMMAND
32040 root      20   0  528152  32432    336 D   6.2  0.8   0:02.22 stress
32041 root      20   0  528152  23556    336 D   6.2  0.6   0:02.40 stress
32042 root      20   0  528152  59480    336 D   6.2  1.5   0:02.25 stress
```

看起来内核非常聪明，因为 stress 实际上并没有对分配的内存做任何事情，所以我们最初的实验想法行不通。我们怎么查看内核限制容器可以使用的内存量？好吧，我们的老伙计 fork 炸弹总可以派上用场。这是为了科学！

让我们监控容器的内存使用情况。为此，需要再次利用 cgroupfs。在第三个终端窗口中运行以下命令来读取已用内存的字节数：

```
export CONTAINER_ID=$(docker inspect -f '{{ .Id }}' experiment4)
watch -n 1 sudo cat
        /sys/fs/cgroup/memory/docker/$CONTAINER_ID/memory.usage_in_bytes
```

在第一个终端（在你的容器内），让我们通过运行以下命令来投放 fork 炸弹。它所做的只是递归调用自己以耗尽可用资源：

```
boom () {
  boom | boom &
}; boom
```

现在，在第三个终端中，你将看到所使用的字节数在 128 MB 以上的某个地方波动，略高于你为容器设置的限制。在第二个窗口中，运行 top，你可能会看到类似于以下输出的内容。请注意 CPU 系统时间百分比（以粗体显示）非常高。

```
Tasks: 1173 total, 131 running, 746 sleeping,    0 stopped, 260 zombie
%Cpu(s):  6.3 us, 89.3 sy,  0.0 ni,  0.0 id,  0.8 wa,  0.0 hi,  3.6 si,  0.0 st
```

在容器内部的第一个窗口中，你将看到 bash 无法分配内存：

```
bash: fork: Cannot allocate memory
```

如果容器没有被 OOM Killer 终止，你可以通过在终端窗口中运行以下命令来停止它：

```
docker stop experiment4
```

最后，让我们通过运行以下命令来检查 dmesg 中的 OOM 日志：

```
dmesg | grep Kill
```

你将看到类似如下的输出。内核注意到 cgroups 内存不足，并开始终止其中的一些进程。但是因为我们的 fork 炸弹设法启动了几千个进程，所以 OOM Killer 实际上需要占用不可忽视的 CPU 资源来完成它的工作：

```
[133039.835606] Memory cgroup out of memory: Kill process 1929 (bash) score 2
    or sacrifice child
[133039.835700] Killed process 10298 (bash) total-vm:4244kB, anon-rss:0kB,
    file-rss:1596kB, shmem-rss:0kB
```

一次失败的实验比一次成功的实验可以让我们学到更多东西。你学到了什么？下面是一些有趣的信息：

❑ 仅仅分配内存不会触发 OOM Killer，并且你可以成功分配比 cgroups 允许的更多的内存。

❑ 当使用 fork 炸弹时，fork 使用的内存总量略高于分配给容器的限制，这在进行容量规划时很有用。

❑ 运行 OOM Killer 的成本，在处理 fork 炸弹时是不可忽略的，实际上成本是相当高的。如果你已经在分配资源时进行了计算，那么可能值得考虑通过 --oom-kill-disable 标志禁用容器的 OOM Killer。

现在，有了这些新知识，让我们重新审视我们的基本容器（-ish）实现。这是第三次了，也是最后一次。

5.7.1 实现一个简单的容器（-ish）第 3 部分：cgroups

在关于 DIY 迷你容器系列的第 2 部分中，你重用了准备文件系统的脚本，并从新的命名空间中运行 chroot。现在，为了限制你的容器可以使用的资源量，可以利用你刚刚学习的 cgroups。

为简单起见，让我们只关注两种 cgroups 类型：内存和 CPU。为了防止你忘了，请查看图 5.10。它展示了 cgroups 在 Docker 利用的 Linux 内核底层技术中的位置。

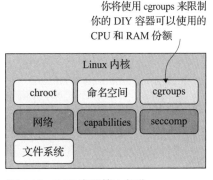

你将使用 cgroups 来限制你的 DIY 容器可以使用的 CPU 和 RAM 份额

图 5.10　DIY 容器第 3 部分——cgroups

现在，让我们使用你在上一节中学到的所有内容。要创建一个新的 cgroups，你需要做的就是在相应的 cgroupfs 文件系统中创建一个新文件夹。要配置 cgroups，你需要将所需的值放入你在上一节中查看的文件中。你将通过写入任务文件将 bash 进程添加到该文件系统中，从而向该文件系统添加新进程。然后该进程的所有子进程将自动包含在其中。就是这样！

我已经准备了一个脚本实现了该功能。你可以通过在 VM 内的终端窗口中运行以下命令来查看它：

```
cat ~/src/examples/poking-docker/container-ish-2.sh
```

你将看到以下输出。你再次重用 5.4.2 节中所准备的文件系统脚本，并创建和配置 cpu 和 memory 两个类型的新 cgroups。最后，我们使用 unshare 和 chroot 启动新进程，方法与第 2 部分完全相同：

```
#! /bin/bash
set +x

CURRENT_DIRECTORY="$(dirname "${0}")"
CPU_LIMIT=${1:-50000}
RAM_LIMIT=${2:-5242880}

echo "Step A: generate a unique ID (uuid)"
UUID=$(date | sha256sum | cut -f1 -d" ")

echo "Step B: create cpu and memory cgroups"
sudo mkdir /sys/fs/cgroup/{cpu,memory}/$UUID
echo $RAM_LIMIT | sudo tee /sys/fs/cgroup/memory/$UUID/memory.limit_in_bytes
echo 100000 | sudo tee /sys/fs/cgroup/cpu/$UUID/cpu.cfs_period_us
echo $CPU_LIMIT | sudo tee /sys/fs/cgroup/cpu/$UUID/cpu.cfs_quota_us

echo "Step C: prepare the folder structure to be our chroot"
bash $CURRENT_DIRECTORY/new-filesystem.sh $UUID > /dev/null && cd $UUID

echo "Step D: put the current process (PID $$) into the cgroups"
echo $$ | sudo tee /sys/fs/cgroup/{cpu,memory}/$UUID/tasks
echo "Step E: start our namespaced chroot container-ish: $UUID"
sudo unshare \
    --fork \
    --pid \
```

生成一个漂亮的 UUID

写入你要限制 RAM 和 CPU 使用的值

使用 UUID 作为名称创建 cpu 和 memory cgroups

准备一个文件系统以更改根目录

将当前进程添加到 cgroups

使用新的 pid 命名空间和 chroot 启动 bash 会话

```
chroot . \
/bin/bash -c "mkdir -p /proc && /bin/mount -t proc proc /proc && exec
    /bin/bash"
```

你现在可以通过在终端窗口中运行以下命令来启动容器（-ish）：

~/src/examples/poking-docker/container-ish-2.sh

你将看到以下输出，并将显示一个交互式 bash 会话。注意容器的 UUID（以粗体显示）：

```
Step A: generate a unique ID (uuid)
Step B: create cpu and memory cgroups
5242880
100000
50000
Step C: prepare the folder structure to be our chroot
Step D: put the current process (PID 10568) into the cgroups
10568
Step E: start our namespaced chroot container-ish:
169f4eb0dbd1c45fb2d353122431823f5b7b82795d06db0acf51ec476ff8b52d
Welcome to the kind-of-container!
bash-4.4#
```

保持此会话运行并打开另一个终端窗口。在该窗口中，让我们查看我们的进程正在运行的 cgroups：

ps -ao pid,command -f

你将看到类似如下的输出（省略了部分内容，仅显示我们感兴趣的部分）。请注意容器内部的 bash 会话的 PID（-ish）：

```
  PID COMMAND
(...)
 4628 bash
10568  \_ /bin/bash /home/chaos/src/examples/poking-docker/container-ish-2.sh
10709       \_ sudo unshare --fork --pid chroot . /bin/bash -c mkdir -p /proc
    && /bin/mount -t
10717          \_ unshare --fork --pid chroot . /bin/bash -c mkdir -p /proc
    && /bin/mount -t
10718             \_ /bin/bash
```

有了这个 PID，你可以确认进程最终所在的 cgroups。在第二个终端窗口中运行 ps 命令：

```
ps \
-p 10718 \        ◄─────┤ 显示指定 PID 对应的进程
-o pid,cgroup \       ◄──┤ 打印 pid 和 cgroups
-ww       ◄─────┤
                         不要为了适应终端的宽度而缩
                         短输出，打印所有内容
```

你将看到如下所示的输出。请注意 cpu,cpuacct 和 memory 的 cgroups（以粗体显示），它们应该与你在容器（-ish）启动时在输出中看到的 UUID 一致。在其他方面，它使用默认的 cgroups：

```
  PID CGROUP
```

```
PID CGROUP
10718 12:pids:/user.slice/user-
1000.slice/user@1000.service,10:blkio:/user.slice,9:memory:/169f4eb0dbd1c45fb
2d353122431823f5b7b82795d06db0acf51ec476ff8b52d,6:devices:/user.slice,4:cpu,c
puacct:/169f4eb0dbd1c45fb2d353122431823f5b7b82795d06db0acf51ec476ff8b52d,1:na
me=systemd:/user.slice/user-1000.slice/user@1000.service/gnome-terminal-
server.service,0:::/user.slice/user-1000.slice/user@1000.service/gnome-
terminal-server.service
```

我希望你能亲手试试这个容器，亲眼看看这个进程是如何被容器化的。这个简短的脚本在本章的 3 个部分中逐步构建，你已经在几个重要方面容器化了该进程：

❑ 文件系统访问。

❑ PID 命名空间隔离。

❑ 限制 CPU 和 RAM。

请看图 5.11，来帮助你回顾。它展示了我们已经覆盖的方面（chroot、文件系统、命名空间、cgroups），并强调了有待实现的方面（网络、capabilities 和 seccomp）。

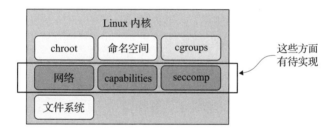

图 5.11　DIY 容器第 3 部分之后的覆盖情况

它开始看起来更像一个真正的容器，但必须申明：该容器的网络访问仍然与主机上运行的其他任何进程完全相同，我们根本没有涉及任何安全功能。接下来让我们看看 Docker 是如何进行网络连接的。

5.8　Docker 和网络

Docker 允许你通过使用 docker network 子命令显式管理网络。默认情况下，Docker 提供了三个网络选项，你可以在启动容器时选择。在终端窗口中运行以下命令来列出现有网络选项：

```
docker network ls
```

如你所见，输出列出了三个选项：bridge、host 和 none（以粗体显示）。现在，你可以忽略 SCOPE 列：

```
NETWORK ID          NAME                DRIVER              SCOPE
130e904f5364        bridge              bridge              local
2ac4140a7b9d        host                host                local
278d7624eb4b        none                null                local
```

让我们从最简单的 none 开始。如果使用 --network none 启动容器，则不会设置任何网络。如果你想将容器与网络隔离并确保无法连接到它，这将非常有用。这是一个运行时选项，它不会影响镜像的构建方式。你可以通过从 Internet 下载软件包来构建镜像，然后在不访问任何网络的情况下运行它。它使用 null 驱动程序。

第二个选项 host 也很简单。如果使用 --network host 启动容器，容器将直接使用主机的网络设置，无须任何特殊处理或隔离。你从容器内部使用的端口将与你从容器外部使用的端口相同。此模式的驱动程序也称为 host。

最后，bridge（网桥）是最有趣的模式。在网络中，网桥是连接多个网络并在其连接的接口之间转发流量的接口。你可以将其视为网络交换机。Docker 利用网桥接口，通过使用虚拟接口提供到容器的网络连接。它是这样工作的：

1. Docker 创建一个名为 docker0 的桥接接口，并将其连接到主机的逻辑接口。

2. 对于每个容器，Docker 都创建一个 net 命名空间，这样它就可以创建一个网络接口，只有在该命名空间中的进程可以访问。

3. 在这个命名空间中，Docker 创建了以下内容：

——连接到 docker0 网桥的虚拟接口

——本地环回设备

当容器内的进程尝试连接到外部世界时，数据包通过其虚拟网络接口，然后通过网桥，将其路由到它应该去的地方。图 5.12 总结了这种架构。

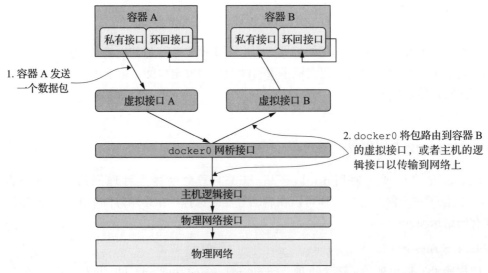

图 5.12　Docker 以网桥模式运行两个容器

你可以通过在终端窗口中运行以下命令来查看 VM 中的默认 Docker 网桥设备：

```
ip addr
```

你将看到类似如下的输出（为清楚起见，省略了部分内容）。重点关注本地环回设备

（lo）、以太网设备（eth0）和Docker网桥（docker0）：

```
1: lo: <LOOPBACK,UP,LOWER_UP> mtu 65536 qdisc noqueue state UNKNOWN group
default qlen 1000
(...)
2: eth0: <BROADCAST,MULTICAST,UP,LOWER_UP> mtu 1500 qdisc fq_codel state UP
group default qlen 1000
    link/ether 08:00:27:bd:ac:bf brd ff:ff:ff:ff:ff:ff
    inet 10.0.2.15/24 brd 10.0.2.255 scope global dynamic noprefixroute eth0
       valid_lft 84320sec preferred_lft 84320sec
(...)
3: docker0: <NO-CARRIER,BROADCAST,MULTICAST,UP> mtu 1500 qdisc noqueue state
DOWN group default
    link/ether 02:42:cd:4c:98:33 brd ff:ff:ff:ff:ff:ff
    inet 172.17.0.1/16 brd 172.17.255.255 scope global docker0
       valid_lft forever preferred_lft forever
```

到目前为止，你启动的所有容器都使用默认网络设置运行。现在让我们继续创建一个新网络并检查会发生什么。创建一个新的Docker网络很简单。要创建一个新网络，请在终端窗口中运行以下命令：

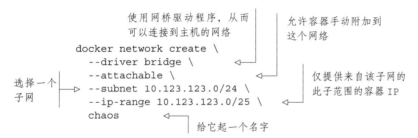

在完成之后，你可以通过再次运行以下命令来确认新的网络是否存在：

```
docker network ls
```

你将看到如下输出，包括名为chaos（以粗体显示）的新网络：

```
NETWORK ID          NAME                 DRIVER              SCOPE
130e904f5364        bridge               bridge              local
b1ac9b3f5294        chaos                bridge              local
2ac4140a7b9d        host                 host                local
278d7624eb4b        none                 null                local
```

现在让我们重新运行ip命令以列出所有可用的网络接口：

```
ip addr
```

在以下省略了部分内容的输出中，你会注意到新接口br-b1ac9b3f5294（以粗体显示），其中配置了你的IP范围：

```
(...)
4: br-b1ac9b3f5294: <NO-CARRIER,BROADCAST,MULTICAST,UP> mtu 1500 qdisc
noqueue state DOWN group default
    link/ether 02:42:d8:f2:62:fb brd ff:ff:ff:ff:ff:ff
    inet 10.123.123.1/24 brd 10.123.123.255 scope global br-b1ac9b3f5294
       valid_lft forever preferred_lft forever
```

现在让我们使用该网络启动一个容器，在终端窗口中运行以下命令：

```
docker run \
    --name explorer \
    -ti \
    --rm \                        使用你的新网络
    --network chaos \        ◄
    ubuntu:focal-20200423
```

你运行的镜像非常小，因此为了查看内部结构，你需要安装 ip 命令。在该容器内运行以下命令：

```
apt-get update
apt install -y iproute2
```

现在，让我们一探究竟！在容器内部，运行以下 ip 命令以查看可用的接口：

```
ip addr
```

你将看到如下所示的输出。注意带有新网络中所设置 IP 范围的接口（以粗体显示）：

```
1: lo: <LOOPBACK,UP,LOWER_UP> mtu 65536 qdisc noqueue state UNKNOWN group
default qlen 1000
    link/loopback 00:00:00:00:00:00 brd 00:00:00:00:00:00
    inet 127.0.0.1/8 scope host lo
      valid_lft forever preferred_lft forever
5: eth0@if6: <BROADCAST,MULTICAST,UP,LOWER_UP> mtu 1500 qdisc noqueue state
UP group default
    link/ether 02:42:0a:7b:7b:02 brd ff:ff:ff:ff:ff:ff link-netnsid 0
    inet 10.123.123.2/24 brd 10.123.123.255 scope global eth0
      valid_lft forever preferred_lft forever
```

你可以确认容器已经从这个 IP 范围内获得了一个 IP 地址，在容器内运行以下命令：

```
hostname -I
```

果然，这就是你所期望的，IP 地址如下所示：

```
10.123.123.2
```

现在，让我们看看它是如何处理 net 命名空间的。你会记得在前面的章节中，你可以使用 lsns 列出命名空间。让我们通过在主机上的第二个终端窗口（而不是你正在运行的容器中）运行以下命令来列出 net 命名空间：

```
sudo lsns -t net
```

你将看到以下输出，我这里运行了三个 net 命名空间：

```
        NS TYPE NPROCS    PID USER   COMMAND
4026531993 net     208      1 root   /sbin/init
4026532172 net       1  12543 rtkit  /usr/lib/rtkit/rtkit-daemon
4026532245 net       1  20829 root   /bin/bash
```

但是你的容器对应的是哪一个？利用你对命名空间的了解，通过其 PID 跟踪容器的网络命名空间。在第二个终端窗口（而不在容器内）运行以下命令：

```
CONTAINER_PID=$(docker inspect -f '{{ .State.Pid }}' explorer)
sudo readlink /proc/$CONTAINER_PID/ns/net
```

你将看到类似如下的输出。在这个例子中，命名空间是 4026532245：

```
net:[4026532245]
```

现在，对于大结局，让我们进入该命名空间。在 5.5 节中，你使用 nsenter 并设置 --target 标志为进程的 PID，从而进入命名空间。你可以在这里这样做，但我想向你展示另一种进入命名空间的方法——直接使用命名空间文件，在第二个终端窗口（也就是容器外）中运行以下命令：

```
CONTAINER_PID=$(docker inspect -f '{{ .State.Pid }}' explorer)
sudo nsenter --net=/proc/$CONTAINER_PID/ns/net
```

你会注意到命令提示符已经变了，你现在以 root 进入到 net 命名空间 4026532245。让我们确认你看到的网络设备和在容器内部看到的是同一组。在这个新提示符下运行以下命令：

```
ip addr
```

你将看到与容器内部看到的相同的输出，如下所示：

```
1: lo: <LOOPBACK,UP,LOWER_UP> mtu 65536 qdisc noqueue state UNKNOWN group
default qlen 1000
    link/loopback 00:00:00:00:00:00 brd 00:00:00:00:00:00
    inet 127.0.0.1/8 scope host lo
       valid_lft forever preferred_lft forever
5: eth0@if6: <BROADCAST,MULTICAST,UP,LOWER_UP> mtu 1500 qdisc noqueue state
UP group default
    link/ether 02:42:0a:7b:7b:02 brd ff:ff:ff:ff:ff:ff link-netnsid 0
    inet 10.123.123.2/24 brd 10.123.123.255 scope global eth0
       valid_lft forever preferred_lft forever
```

体验结束后，你可以键入 exit 或按 <Ctrl+D> 退出 shell 会话，从而退出命名空间。干得漂亮！我们刚刚介绍了你需要了解的有关网络的基础知识——Docker 如何实现容器的第四个支柱。接下来是此旅程的最后一站：capabilities 和其他安全机制。

5.8.1 capabilities 和 seccomp

Docker 的最后一个支柱是 capabilities 和 seccomp 的使用。最后一次，让我帮你回忆一下它们在图 5.13 中的位置。

我们将简要地介绍 capabilities 和 seccomp，它们对于完整地了解 Docker 如何实现 Linux 容器是必要的，但是我不能通过一个章节来介绍它们在底层是如何工作的。我把这部分留给你作为练习。

capabilities

让我们从 capabilities 开始。这个 Linux 内核功能将超级用户权限（跳过所有权限检查）拆分为更小、更细粒度的权限单元，你猜对了，每个单元都称为 capability。因此，你可以授予用户执行特定任务的权限，而不是只能从"all"或"nothing"两个中选择一个。例如，任何具有 CAP_KILL 能力的用户都可以绕过向进程发送信号的权限检查。同样，任何拥有 CAP_SYS_TIME 能力的用户都可以更改系统时钟。

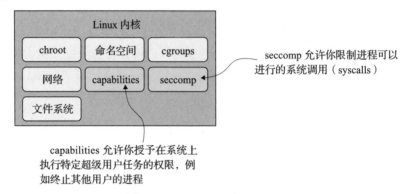

图 5.13 capabilities 和 seccomp

默认情况下，Docker 为每个容器授予一组默认的 capabilities。要知道包含哪些 capability，让我们启动一个容器并使用 getpcaps 命令列出来。在终端窗口中运行以下命令，使用所有默认设置启动一个新容器：

```
docker run \
    --name cap_explorer \
    -ti --rm \
    ubuntu:focal-20200423
```

当该容器正在运行时，你可以在一个终端窗口中查找它的 PID，并使用 getpcaps 命令检查它的 capabilities：

```
CONTAINER_PID=$(docker inspect -f '{{ .State.Pid }}' cap_explorer)
getpcaps $CONTAINER_PID
```

你将看到类似如下的输出，其中列出了 Docker 容器默认获得的所有 capability。请注意 cap_sys_chroot（以粗体显示）：

```
Capabilities for `4380': =
cap_chown,cap_dac_override,cap_fowner,cap_fsetid,cap_kill,cap_setgid,
cap_setuid,cap_setpcap,cap_net_bind_service,cap_net_raw,cap_sys_chroot,
cap_mknod,cap_audit_write,cap_setfcap+eip
```

为了验证它是否工作，让我们通过在容器的 chroot 中进行更改根目录操作来获得一些"盗梦空间"式的乐趣。在容器内运行以下命令：

```
NEW_FS_FOLDER=new_fs                                      将 bash 二进制文件          找出 bash 需要
mkdir $NEW_FS_FOLDER                                      复制到子文件夹            的所有库
cp -v --parents `which bash` $NEW_FS_FOLDER
ldd `which bash` | egrep -o '(/usr)?/lib.*\.[0-9][0-9]?' \
| xargs -I {} cp -v --parents {} $NEW_FS_FOLDER                                    将库复制到
chroot $NEW_FS_FOLDER `which bash`                                                对应的位置
                                                         从新的子文件夹运行 chroot
                                                         并启动 bash
```

你将进入一个新的 bash 会话（没什么可做的，因为你只复制了 bash 二进制文件本身）。现在，让我们来看看问题：在使用 docker　run 启动一个新容器时，你可以分别使用 --cap-add 和 --cap-drop 标志来添加或删除任何特定的 capability。可以通过特殊关键字 ALL 添加或删除所有可用的权限。

现在让我们终止容器（按 <Ctrl+D>），并使用 --cap-drop　ALL 标志重新启动它，使用以下命令：

```
docker run \
    --name cap_explorer \
    -ti --rm \
    --cap-drop ALL \
    ubuntu:focal-20200423
```

当该容器正在运行时，你可以在另一个终端窗口中查找其 PID，并使用 getpcaps 命令检查它具有哪些 capability。运行以下命令：

```
CONTAINER_PID=$(docker inspect -f '{{ .State.Pid }}' cap_explorer)
getpcaps $CONTAINER_PID
```

你将看到类似如下的输出，这次没有列出任何 capability：

```
Capabilities for `4813': =
```

在新容器的内部重新运行之前的 chroot 脚本，运行命令如下：

```
NEW_FS_FOLDER=new_fs
mkdir $NEW_FS_FOLDER
cp -v --parents `which bash` $NEW_FS_FOLDER
ldd `which bash` | egrep -o '(/usr)?/lib.*\.[0-9][0-9]?' | xargs -I {} cp -v
    --parents {} $NEW_FS_FOLDER
chroot $NEW_FS_FOLDER `which bash`
```

这次你会看到以下错误信息：

```
chroot: cannot change root directory to 'new_fs': Operation not permitted
```

Docker 利用 capabilities（你也应该这么做）来限制容器可以执行的操作。只向容器提供它真正需要的功能总是一个好主意。你得承认 Docker 让它变得非常简单。现在，让我们看看 seccomp。

seccomp

seccomp 是一个 Linux 内核功能，允许你过滤进程可以进行哪些系统调用。有趣的是，在幕后，seccomp 使用的是 Berkeley Packet Filter（BPF，参阅第 3 章了解更多信息）来实现过滤。Docker 利用 seccomp 来限制容器允许的默认系统调用集（有关调用集的更多详细信息，请参阅 https://docs.docker.com/engine/security/seccomp/）。

Docker 的 seccomp 配置文件存储在 JSON 文件中，这些文件描述了一系列规则，用于评估允许执行哪些系统调用。你可以在 http://mng.bz/0mO6 上看到 Docker 的默认配置文件。下面摘取了 Docker 默认配置的一部分，预览一下配置文件是什么样子：

```
{
    "defaultAction": "SCMP_ACT_ERRNO",     ◁── 默认情况下，阻止
...                                             所有调用
    "syscalls": [
            {
                        "names": [          ◁── 对于具有以下名称列表
                            "accept",           的系统调用
                            "accept4",
...
                            "write",
                            "writev"
                        ],
                        "action": "SCMP_ACT_ALLOW",  ◁── 允许它们执行
...
            },
...
    ]
}
```

要使用与默认配置不同的配置文件，在启动新容器时使用 `--security-opt seccomp=/my/profile.json` 标志来指定。这就是我们在介绍 Docker 的有关 seccomp 的全部内容。现在，你只需要知道有这么个东西存在，它限制了系统调用的使用，并且你可以在不使用 Docker 的情况下使用它，因为它是一个 Linux 内核特性。让我们继续回顾一下你在深入研究 Docker 后看到的东西。

5.9 Docker 揭秘

到目前为止，你已经了解了容器是通过一组松散但有关联的技术实现的，正如为了知道一道菜是如何做的，你需要知道它的配料。我们已经介绍了 chroot、命名空间、cgroups、网络，还简单介绍了 capabilities、seccomp 和文件系统。图 5.14 再次展示了这些技术的作用。

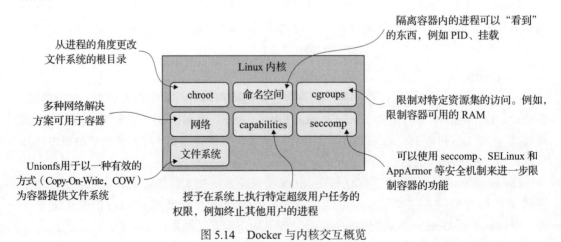

图 5.14 Docker 与内核交互概览

本节向你展示了 Docker 以及其背后所使用的 Linux 功能，一旦你了解了它的基本原理，就不会那么可怕了。这些技术都很有用，使用起来也很有趣！理解它们对于在任何涉及 Linux 容器的系统中设计混沌工程实验都至关重要。

考虑到当前生态系统的状态，容器似乎会繁荣很久。要了解有关这些技术的更多信息，我建议从手册页开始。man namespaces 和 man cgroups 都编得很好，也很容易查到。Docker 的在线文档（https://docs.docker.com/）也提供了许多关于 Docker 以及底层内核特性的有用信息。

我相信在实践混沌工程时，现在的你已经有足够的能力面对生活给你带来的任何容器相关的挑战。现在我们已准备好修复运行缓慢的 Docker 化的 Meower USA 应用程序。

5.10　修复我的（Docker 化的）应用程序运行缓慢的问题

让我们重新回忆应用程序是如何部署的。图 5.15 展示了简化的应用程序架构概览，我从中删除了第三方负载均衡器，只展示了一个 Ghost 实例，连接到 MySQL 数据库。

这是一个简单的架构，这样更有目的性，以便你可以专注于新的元素：Docker。让我们在 VM 中启动它。

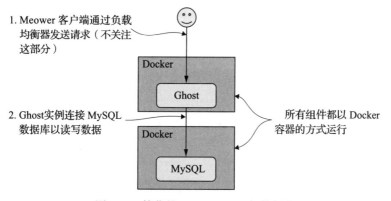

图 5.15　简化的 Meower USA 架构概览

5.10.1　启动 Meower

现在你已经习惯了运行 Docker 命令，让我们在 VM 中启动 Meower。你将使用 Docker 的一种功能来描述一组需要一起部署的容器：docker stack deploy（更多信息请参阅 http://mng.bz/Vdyr）。这个命令使用简单易懂的 YAML 文件来描述一组容器。这使得可以对应用程序进行灵活的描述。你可以通过在 VM 的终端中运行以下命令查看 Meower stack 的描述：

```
cat ~/src/examples/poking-docker/meower-stack.yml
```

你将看到以下输出。它描述了两个容器，一个是 MySQL，另一个是 Ghost。它还为 Ghost 配置了 MySQL 数据库相关的设置，包括密码（这样非常不安全）：

```
version: '3.1'
services:
  ghost:
    image: ghost:3.14.0-alpine          ←── 运行指定版本的 ghost 容器
    ports:
      - 8368:2368                        ←── 暴露主机上的 8368
    environment:                              端口，路由到 ghost
      database__client: mysql                 容器中的 2368 端口
      database__connection__host: db
      database__connection__user: root
      database__connection__password: notverysafe  ←── 指定 ghost 使用
      database__connection__database: ghost            的数据库密码
      server__host: "0.0.0.0"
      server__port: "2368"
  db:
    image: mysql:5.7                     ←── 运行 mysql 容器
    environment:
      MYSQL_ROOT_PASSWORD: notverysafe   ←── 为 mysql 容器指定相同的密码
```

让我们开始吧！在终端窗口中运行以下命令：

```
docker swarm init                        ←── 你需要初始化主机才能运行
docker stack deploy \                         docker stack 命令
-c ~/src/examples/poking-docker/meower-stack.yml \   ←── 使用你之前看到的
meower                                                     stack 文件
                 ←── 给这个 stack 起一个名字
```

完成后，你可以通过在终端窗口中运行以下命令来确认 stack 已创建：

```
docker stack ls
```

你将看到如下输出，只有一个 stack meower，其中包含两个服务：

```
NAME            SERVICES            ORCHESTRATOR
meower          2                   Swarm
```

在终端窗口中运行以下命令，确认它启动了哪些 Docker 容器：

```
docker ps
```

你将看到类似如下的输出。正如预期的那样，你可以看到两个容器，一个是 MySQL，一个是 Ghost 应用程序。如果你没有看到容器启动，你可能需要等一下。mysql 容器需要较长的时间才能启动，在 mysql 容器准备就绪前，ghost 容器将崩溃并重新启动：

```
CONTAINER ID    IMAGE               COMMAND              CREATED
STATUS          PORTS               NAMES
72535692a9d7    ghost:3.14.0-alpine "docker-entrypoint.s…"  39 seconds ago
Up 32 seconds   2368/tcp            meower_ghost.1.4me3qjpcks6o8hvc19yp26svi
7d32d97aad37    mysql:5.7           "docker-entrypoint.s…"  51 seconds ago
Up 48 seconds   3306/tcp, 33060/tcp meower_db.1.ol7vjhnnwhdx34ihpx54sfuia
```

浏览 http://127.0.0.1:8080/ 确认它工作了。如果你想配置 Ghost 实例，请随时访问

http://127.0.0.1:8080/ghost/ 来设置，但这里我们可以不配置它。

部署完成后，我们现在可以专注于原先将我们引导到这儿的问题：为什么应用程序运行缓慢？

5.10.2 为什么应用程序运行缓慢

那么为什么应用程序会变慢呢？鉴于你在本章中到目前为止所学到的知识，对于 Meower 应用程序变慢的问题，至少有两种合理的解释。

其中一个原因可能是该进程需要大量的 CPU 时间。这听起来很明显，但我经常看到这种情况，当某人输入的 0 不是太多就是太少。幸运的是，你现在知道检查底层 cgroups 的 cpu.stat 以查看是否有瓶颈，这很容易做到。

另一个原因可能是：应用程序在数据库网络速度慢的情况下比我们预期的更脆弱（我们在第 4 章的 WordPress 讨论过）。根据来自测试环境和本地数据库的信息做出假设是很常见的，然而当现实世界中的网络变慢时我们仍然会大吃一惊。

我相信你可以轻松应对第一种可能原因。那么，我建议我们现在在 Docker 的环境中探索第二种可能原因，并使用比第 4 章更现代化的技术栈。Hakuna Matata[⊖]！

5.11 实验 5：使用 Pumba 让容器的网络变慢

让我们进行一个实验，在实验中为 Ghost 和 MySQL 之间的通信添加一定的网络延迟，看看这如何影响网站的响应时间。为此，你可以再次使用 ab 来生成流量并生成有关网站响应时间和错误率的指标。下面是进行这样一个实验的四个步骤：

1. 可观测性：使用 ab 产生一定量的负载，监控平均响应时间和错误率。
2. 稳态：没有出现错误，每个请求平均 X 毫秒。
3. 假设：如果在 Ghost 和 MySQL 之间的网络连接中引入 100 毫秒的延迟，你应该看到网站的平均访问时间增加了 100 毫秒。
4. 运行实验！

所以现在剩下的唯一问题是：将网络延迟注入 Docker 容器的最简单方法是什么？

5.11.1 Pumba：Docker 混沌工程工具

Pumba（https://github.com/alexei-led/pumba）是一个非常简洁的工具，可以用于在 Docker 容器中进行混沌实验。它可以终止容器，模拟网络故障（原理是使用 tc），并在特定容器的 cgroups 内运行压力测试（使用 Stress-ng，https://kernel.ubuntu.com/~cking/stress-ng/）。

注意 Pumba 已预装在 VM 中。要在你的主机上安装，请参见附录 A。

⊖ 源于斯瓦希里语，意思是"不用担心"或"没有问题"。——译者注

Pumba 使用起来真的很方便，因为它对容器名称进行操作并节省了大量的输入，语法也很简单。在终端窗口中运行 pumba help，下面是其中的一部分摘录：

```
USAGE:
    pumba [global options] command [command options] containers (name, list
of names, RE2 regex)

COMMANDS:
    kill     kill specified containers
    netem    emulate the properties of wide area networks
    pause    pause all processes
    stop     stop containers
    rm       remove containers
    help, h  Shows a list of commands or help for one command
```

为了引入容器出口的延迟，你需要使用 netem 子命令。原理也很简单，它使用了与 4.2.2 节中相同的 tc 命令，但是 netem 命令更容易使用。但有一个问题：默认情况下，它的工作方式是从容器内部执行 tc 命令。这意味着容器内部需要有 tc，而我们的测试容器不太可能具备这个条件。

幸运的是，有一个方便的解决方法。Docker 允许你以这样一种方式启动容器，即与另一个预先存在的容器共享网络配置。要使用这种方法，可以启动一个包含 tc 命令的容器，在这个容器中运行 tc，从而影响两个容器的网络。Pumba 通过 --tc-image 标志方便地实现了这一点，它允许你指定用于创建新容器的镜像（你可以使用 gaiadocker/iproute2 作为安装了 tc 的示例容器）。总而言之，你可以通过在终端中运行以下命令来为名为 my_container 的特定容器添加延迟：

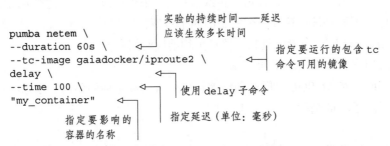

有了这些，你就可以开始运行实验了！

5.11.2 运行混沌实验

首先要做的事情是：建立稳态。为此，我们运行 ab。稍后你需要注意使用相同的设置运行 ab，以进行比较。我们运行 30 秒，这个时间足够让命令产生有意义的响应数量，也不至于浪费时间。我们从并发数 1 开始，因为稍后你会使用相同的 CPU 来生成和提供流量，因此我们将变量数量保持在最低限度比较好。在终端中运行以下命令：

```
ab -t 30 -c 1 -l http://127.0.0.1:8080/
```

你将看到类似如下的输出。为清楚起见，我省略了部分内容。请注意每个请求的时间大约为 26 毫秒（以粗体显示），失败的请求为 0（也以粗体显示）：

```
(...)
Complete requests:      1140
Failed requests:        0
(...)
Time per request:       26.328 [ms] (mean)
(...)
```

现在，让我们运行实际的实验。打开另一个终端窗口，在该窗口中运行以下命令来查找运行 MySQL 的 Docker 容器的名称：

```
docker ps
```

你将看到类似如下的输出。注意 MySQL 容器的名称（以粗体显示）：

```
docker ps
CONTAINER ID   IMAGE                COMMAND                CREATED       STATUS
PORTS                   NAMES
394666793a39   ghost:3.14.0-alpine  "docker-entrypoint.s…"  2 hours ago   Up 2
hours          2368/tcp          meower_ghost.1.svumole20gz4bkt7iccnbj8hn
a0b83af5b4f5   mysql:5.7            "docker-entrypoint.s…"  2 hours ago   Up 2
hours          3306/tcp, 33060/tcp  meower_db.1.v3jamilxm6wmptphbgqb8bung
```

方便的是，Pumba 允许你通过在表达式前面加上 re2: 来使用正则表达式。因此，为了给 MySQL 容器增加持续 60 秒的 100 毫秒延迟，让我们在第二个终端窗口中运行以下命令（正则表达式前缀以粗体显示）。请注意，为了简化分析，这里禁用随机抖动（jitter）和事件之间的相关性（correlation），以便为每个调用添加相同的延迟：

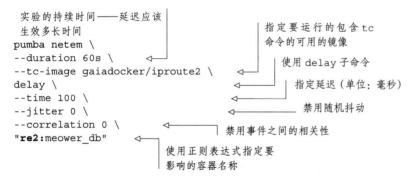

现在，当延迟生效时（你有 60 秒的操作时间！）切换回第一个终端窗口，并重新运行与之前相同的 ab 命令：

```
ab -t 30 -c 1 -l http://127.0.0.1:8080/
```

你将看到的输出将与之前的输出大不相同，类似于以下输出（为简洁起见，失败的请求和每个请求的时间以粗体显示）：

```
(...)
Complete requests:      62
```

```
Failed requests:         0
(...)
Time per request:        490.128 [ms] (mean)
(...)
```

哎哟！对 MySQL 数据库"仅仅"增加 100 毫秒的延迟会将 Meower USA 的平均响应时间从 26 毫秒更改为 490 毫秒，或者可以说超过了 18 倍。如果这对你来说听起来很可疑，这就是我希望的反应！为了证实我们的发现，让我们重新运行相同的实验，但这次我们使用 1 毫秒作为延迟，这也是该工具允许的最低值。在第二个终端窗口中运行以下命令添加延迟：

```
pumba netem \
--duration 60s \
--tc-image gaiadocker/iproute2 \
delay \
--time 1 \            ←——┐  这次只使用 1 毫秒
--jitter 0 \             │  的延迟
--correlation 0 \
"re2:meower_db"
```

当它正在运行时，在第一个终端中，再次使用以下命令重新运行 ab 命令：

```
ab -t 30 -c 1 -l http://127.0.0.1:8080/
```

它将打印你现在非常熟悉的输出，如下所示（再次省略了部分内容）。请注意，结果比我们的稳态大几毫秒：

```
(...)
Complete requests:       830
Failed requests:         0
(...)
Time per request:        36.212 [ms] (mean)
(...)
```

简单的数学警告：这个结果有效地给延迟注入器添加了一个平均开销的上限（每个请求 36ms−26ms = 10ms）。假设在最坏的情况下，数据库发送一个延迟 1 毫秒的包，理论上平均开销为 9 毫秒。在实验期间，每个请求的平均时间是 490 毫秒，或比稳态大 464 毫秒（490ms−26ms）。即使假设最坏的情况，9 毫秒的开销，结果也不会有显著的不同（9 / 490 ≈ 2%）。

长话短说：这些结果是合理的，这说明我们的混沌实验失败了，最初的假设大错特错。现在，有了这些数据，你就可以更好地了解运行缓慢可能来自何处，也可以进一步调试这个问题，并且有希望能够修复这个问题。

在我们离开之前，只有最后一个提示。在终端窗口中运行以下命令，列出所有容器，包括运行完的容器：

```
docker ps --all
```

你将看到类似如下的输出。请注意你之前使用 --tc-image 标志指定的镜像 gaiadocker/

iproute2 启动的两个容器：

```
CONTAINER ID  IMAGE                 COMMAND                CREATED
STATUS                        PORTS                NAMES
9544354cdf9c  gaiadocker/iproute2   "tc qdisc del dev et…"  26 minutes ago
Exited (0) 26 minutes ago                          stoic_wozniak
8c975f610a29  gaiadocker/iproute2   "tc qdisc add dev et…"  27 minutes ago
Exited (0) 27 minutes ago                          quirky_shtern
(...)
```

这些是短期存在的容器，它们在与目标容器相同的网络配置中执行 `tc` 命令。你可以通过运行如下命令来检查其中一个：

```
docker inspect 9544354cdf9c
```

你将看到一个长 JSON 文件，类似于以下输出（已省略部分内容）。在这个文件中，注意两项：`Entrypoint` 和 `Cmd`。它们分别列出了入口二进制文件及其参数：

```
(...)
            "Cmd": [
                "qdisc",
                "del",
                "dev",
                "eth0",
                "root",
                "netem"
            ],
(...)
            "Entrypoint": [
                "tc"
            ],
(...)
```

好了，我们又完成一个混沌实验，工具箱里又多了一个工具。最后，让我们再了解一下与 Docker 相关、但我们还没有涉及的其他混沌工程方面的有价值的东西。

突击测验：Pumba 是什么？

选择一个：

1. 一个非常讨人喜欢的电影角色。
2. 一个方便的命名空间包装器，有助于使用 Docker 容器。
3. 一个方便的 cgroups 包装器，有助于使用 Docker 容器。
4. 一个方便的 tc 包装器，有助于使用 Docker 容器，也可以让你终止容器。

答案见附录 B。

5.12　其他主题

我想提一下本章中没有详细介绍的其他主题，这些主题在设计你自己的混沌实验时值得考虑。这样的主题非常多，可能无法全部列出，这里我仅介绍几个常见问题。

5.12.1　Docker daemon 重启

在其当前模型中，Docker daemon 的重启意味着在该主机上的 Docker 上运行的所有应用程序的重启。这可能听起来是显而易见的，但它可能是一个非常现实的问题。想象一下主机上运行了几百个容器，然后 Docker 崩溃了：

❑ 所有应用程序重新启动需要多长时间？

❑ 某些容器是否依赖于其他容器，所以它们的启动顺序很重要？

❑ 资源被用于启动其他容器（惊群问题⊖），容器如何应对这种情况？

❑ 你是否在 Docker 上运行基础设施进程（例如覆盖网络）？如果那个容器没有在其他容器之前启动会发生什么？

❑ 如果 Docker 在错误的时刻崩溃，它能否从任何不一致的状态中恢复？是否有任何状态被破坏？

❑ 你的负载均衡器是否知道服务何时真正准备就绪，而不是刚刚开始启动，以知道何时为其提供流量？

一个简单的混沌实验是：在 Docker 运行时重新启动它，这可能会帮助你回答所有这些问题以及更多的问题。

5.12.2　镜像 layer 的存储

同样，存储问题的故障范围比我们前面提到的要大得多。你在前面看到的一个简单的实验表明，Ubuntu 18.04 上的默认 Docker 安装无法限制容器可以使用的存储大小。

但在现实生活中，出错的可能远不止单个容器无法写入磁盘。例如，考虑以下情况：

❑ 如果应用程序因为没有处理空间不足的问题而崩溃，并且 Docker 由于空间不足而无法重新启动它，会发生什么？

❑ 当你启动新容器时，Docker 是否有足够的存储空间来下载容器所需的 layer？（很难预测解压后所需的存储总量。）

❑ 当磁盘满时，Docker 本身启动需要多少存储？

同样，这听起来可能很基本，但是一个错误循环地向磁盘写入过多的数据可能会造成很多损害，并且在容器中运行进程可能会给人一种错误的安全感。

5.12.3　高级网络

我们介绍了 Docker 网络的基础知识，以及使用 Pumba 发出 `tc` 命令以向容器内的接口添加延迟，但这只是可能出错的冰山一角。尽管默认值不难理解，但复杂性会迅速增加。

Docker 经常与其他网络元素一起使用，如覆盖网络（如 Flannel，https://github.com/

⊖ 惊群问题：计算机科学中，当许多进程等待一个事件时，事件发生后这些进程被唤醒，但只有一个进程能获得 CPU 执行权，其他进程又会被阻塞，这造成了严重的系统上下文切换代价。——译者注

coreos/flannel）、云感知网络解决方案（如 Calico, www.projectcalico.org）和服务网格（如 Istio, https://istio.io/docs/concepts/what-is-istio/），再加上一些标准工具（如 iptables，https://en.wikipedia.org/wiki/Iptables 和 IP 虚拟服务器，简称 IPVS, https://en.wikipedia.org/wiki/IP_Virtual_Server），进一步增加了复杂性。

我们将在第 12 章介绍 Kubernetes 的文中讨论其中的一些内容，但了解网络如何工作（以及如何破坏）对于任何实践混沌工程的人来说总是很重要的。

5.12.4 安全

最后，让我们考虑安全方面的东西。虽然安全通常是一个专门团队的工作，但使用混沌工程技术来探索安全问题是值得的。我简要提到了 seccomp、SELinux 和 AppArmor。每个都提供了安全功能，可以通过实验进行测试。

不幸的是，这些超出了本章的范围，但仍有许多低垂的果实可以轻易采摘。例如，以下所有情况都可能（并且确实会）导致安全问题，并且通常可以轻松修复：

❏ 通常没有充分的理由使用 --privileged 标志运行容器。
❏ 在容器内以 root 身份运行（几乎所有地方都是默认的）。
❏ 赋予容器未使用的 capabilities。
❏ 在不了解内部工作原理的情况下，随意使用来自互联网上的 Docker 镜像。
❏ 运行包含已知安全漏洞的旧版 Docker 镜像。
❏ 运行包含已知安全漏洞的旧版 Docker。

混沌工程可以帮助设计和运行实验，揭示你对外界众多威胁的暴露程度。如果你关注这方面的信息，你会注意到漏洞确实或多或少地经常出现（例如，请参阅位于 http://mng.bz/xmMq 的 Trail of Bits 博客中的 "Understanding Docker Container Escapes"）。

总结

❏ Docker 建立在几十年的技术基础上，并利用各种 Linux 内核功能（如 chroot、命名空间、cgroups 等）使用户体验更简单。
❏ 用于操作命名空间和 cgroups 的工具同样适用于 Docker 容器。
❏ 为了在容器化世界中进行有效的混沌工程，你需要了解它们的工作原理（在你近距离观察后，它们并没有那么可怕）。
❏ Pumba 是一个方便的工具，用于注入网络问题、在 cgroups 内运行压力测试，以及终止容器。
❏ 混沌工程可以应用于在 Docker 上运行的应用程序以及 Docker 本身，以提高两者应对故障的弹性。

第 6 章

你要调用谁？系统调用破坏者

本章涵盖以下内容：

❑ 使用 strace 和 BPF 观察正在运行的进程的系统调用

❑ 用黑盒软件工作

❑ 在系统调用级别设计混沌实验

❑ 使用 strace 和 seccomp 阻塞系统调用

现在是深入研究的时候了，我们将深入 OS，学习如何在系统调用级别上进行混沌工程。我想向你们展示的是，即使是像主机上运行的单个进程这样一个简单的系统，你也可以通过应用混沌工程，学习系统应对故障的弹性来创造大量的价值。而且，这也很有趣！

本章首先简要回顾系统调用。然后，你将看到如何执行以下操作：

❑ 无须查看源代码即可了解进程做了什么。

❑ 列出并阻止进程可以进行的系统调用。

❑ 实验性地测试进程如何处理失败的假设。

如果我做得足够好，你会在本章结束时意识到，很难找到一款不能从混沌工程中受益的软件，即使它是闭源的。咦，我刚才是说闭源吗？那个总是谈论开源软件有多棒并且自己维护一些开源软件的人？你为什么要做闭源？好吧，有时这一切都始于升职。

6.1 场景：恭喜你升职了

你还记得上次升职吗？也许是几句好听的话，几次握手，或是老板发来的一些自我感觉良好的邮件。然后当你同意接受这个新机会的时候，毫无疑问，你会有很多意想不到的惊喜。在这些对话中总会出现某种东西，但只有在晋升完成后才会出现：遗留系统⊖的维护。

遗留系统就像土豆一样，有各种各样的形状和大小，你通常不会意识到它们的形状有多复杂，直到你把它们从地里挖出来。如果你不知道自己在做什么，事情可能会变得一团糟！在一家公司被视为遗产的东西，在不同的场景下可能会被认为是相当先进的。

有时有很好的理由长时间保持相同的代码库（例如，需求没有改变，它在现代硬件上运行良好，并且有人维护），而有些软件出于一些错误的原因，保持在过时的状态（沉没成本谬误、供应商锁定、老的糟糕的计划等）。即使是现代代码，如果没有得到很好的维护，也可以被认为是遗留的。

在本章中，我希望你了解一种特定类型的遗留系统——那种可以工作，但没有人真正知道它如何工作的系统。让我们看一个这样的系统的例子。

6.1.1 System X：如果大家都在用，但没人维护，是不是废弃软件

如果你工作有一段时间了，你可能会说出一些只有某些人真正理解，但很多人都在使用的遗留系统。好吧，让我们假设最后一个了解这个系统的人辞职了，你的晋升包括弄清楚如何维护该系统。现在这个问题正式归你管了。我们称这个问题为 System X。

首先要做的事情是检查文档。哎呀，没有文档！通过对组织中更资深人员的一系列咨询，你找到了可执行的二进制文件和源代码。多亏了部落知识，你知道二进制文件提供了每个人都在使用的 HTTP 接口。图 6.1 总结了这个相当神秘的系统的描述。

让我们看一下源代码结构。如果你打开了本书附带的 VM，你可以在终端窗口的以下文件夹中找到源代码：

```
cd ~/src/examples/who-you-gonna-call/src/
```

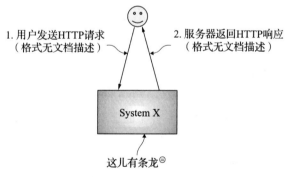

图 6.1 遗留的 System X 的（已知部分的）架构

⊖ 遗留系统是指某家公司经过很长一段时间使用，并具有多年软件开发和数据积累的大型计算机系统。一般是多年以前使用早期的编程语言和技术开发的。——译者注

⊖ 意为危险或未开发的领土，模仿中世纪的做法，在地图上的未知区域画上龙、海怪和其他神话生物，这些区域被认为存在潜在的危险。——译者注

（或者，你可以在 GitHub 上在线浏览代码，网址为 http://mng.bz/A0VE。）这是一个模拟的遗留应用程序，用 C 语言编写。为了使这尽可能真实，不要深入研究应用程序的具体实现方式（在你看来，它的功能应该非常复杂）。如果你真的很好奇，这个源代码是通过同一文件夹中的 generate_legacy.py 脚本生成的，我建议你在完成本章之后再阅读它。

我不会引导你了解代码做了些什么，但让我们粗略了解最终产品中有多少行代码。在终端窗口中运行以下命令，以查找所有文件并计算代码总行数：

```
find ~/src/examples/who-you-gonna-call/src/ \
  -name "*.c" -o -name "*.h" \
  | sort | xargs wc -l
```

你将看到类似如下的输出（省略了部分内容）。注意总共 3128 行代码（以粗体显示）：

```
  26 ./legacy/abandonware_0.c
(...)
  26 ./legacy/web_scale_0.c
(...)
  79 ./main.c
3128 total
```

幸运的是，源代码还附带了一个 Makefile，通过它可以构建二进制文件。在终端窗口中的同一目录中运行以下命令，以构建名为 legacy_server 的二进制文件，它将为你编译应用程序：

```
make
```

编译完成后，你会得到一个新的可执行文件 legacy_server（如果你使用的是 VM，应用程序已经被预编译了，所以它不会做任何事情）。你现在可以通过在终端窗口中运行以下命令来启动文件：

```
./legacy_server
```

它将打印一行信息，通知你它开始侦听端口 8080：

```
Listening on port 8080, PID: 1649
```

现在可以通过打开浏览器并访问 http://127.0.0.1:8080/，确认服务器是否正常工作。你会看到遗留系统 System X 的 Web 界面。它并不能让世界保持运转，但它绝对是公司文化的一个重要方面。一定要彻底了解它。

现在有个大问题：鉴于遗留系统 System X 是一个大黑盒，你不知道它什么情况下会出故障，你晚上能睡个好觉吗？好吧，本书的标题已经泄漏了解决方案，混沌工程可以提供帮助！

本章的目的是向你展示如何在应用程序和系统之间的边界上注入故障（即使是最基本的程序也需要这样做），并了解应用程序在收到系统错误时如何应对。该边界由一组系统调用定义。为了确保我们都在同一频道上，让我们从回顾系统调用开始。

6.2 简单回顾系统调用

系统调用（system calls，通常缩写为 syscalls）是 UNIX、Linux 或 Windows 等操作系统的 API。对于在操作系统上运行的程序，系统调用是程序与该操作系统内核通信的方式。如果你曾经编写过 Hello World 程序，那么该程序正在使用系统调用将消息打印到你的控制台。

系统调用有什么作用？它们使程序可以访问由内核管理的资源。以下是一些基本示例：

❑ open——打开一个文件

❑ read——从文件（或类似文件的东西，例如套接字）读取数据

❑ write——写入文件（或类似文件的东西）

❑ exec——用另一个进程替换当前运行的进程，从一个可执行文件中读取

❑ kill——向正在运行的进程发送信号

在典型的现代操作系统（如 Linux）中，在机器上执行的任何代码都以以下一种方式运行：

❑ 内核空间

❑ 用户空间（user space，也称为 userland）

顾名思义，在内核空间内只允许执行内核代码（及其子系统和大多数驱动程序），并允许访问底层硬件。其他任何东西都在用户空间内运行，无须直接访问硬件。

因此，如果你以用户身份运行程序，它将在用户空间内执行。当它需要访问硬件时，它会进行系统调用，由内核解释、验证和执行。实际的硬件访问将由内核完成，并将结果提供给用户空间中的程序。图 6.2 总结了这个过程。

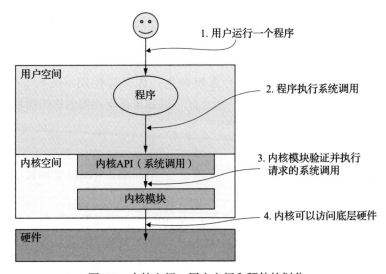

图 6.2 内核空间、用户空间和硬件的划分

为什么程序不能直接使用硬件？好吧，没有什么能阻止你直接为特定硬件编写代

码，但在当今时代，这是不切实际的。除了嵌入式系统或 unikernel 等特殊用例（https://en.wikipedia.org/wiki/Unikernel，我们在第 5 章中曾涉及）之外，针对定义明确且文档化的 API 进行编程更有意义，就像 Linux 系统调用一样。这个观点对于其他定义明确的 API 也同样适用。以下是这么做的一些优点：

- ❏ **可移植性**——针对 Linux 内核 API 编写的应用程序在 Linux 支持的任何硬件架构上都能运行。
- ❏ **安全性**——内核将验证系统调用是否合法，并防止对硬件造成意外破坏。
- ❏ **不重新发明轮子**——许多常见问题的解决方案（例如，虚拟内存和文件系统）已经应用并经过彻底的测试。
- ❏ **丰富的功能**——Linux 自带大量高级功能，让应用程序开发人员可以专注于应用程序本身，而不必担心偏底层、琐碎的东西。这些功能包括用户管理和权限，以及许多常见硬件或高级内存管理的驱动程序。
- ❏ **速度和可靠性**——Linux 内核实现的特定功能每天都有可能在全球数百万台机器上进行测试，其质量比你为自己的程序编写的代码质量更好。

注意 Linux 是 POSIX 兼容的（可移植操作系统接口，https://en.wikipedia.org/wiki/POSIX）。因此，它的很多 API 都是标准化的，因此你会在其他类 UNIX 操作系统（例如，BSD 家族）中找到相同（或相似）的系统调用。本章重点介绍这个群体中最受欢迎的代表 Linux。

与直接访问硬件相比，系统调用的缺点是需要更多的开销，但是在大多数场景下这很容易被它的优点所抵消。现在你对系统调用的用途有了一个高级的了解，让我们找出哪些对你是可用的！

6.2.1 了解系统调用

要了解 Linux 发行版中可用的所有系统调用，你可以使用 man 命令。该命令具有 section 的概念，编号从 1 到 9；不同的 section 可以涵盖具有相同名称的项目。要查看这些 section，请在终端窗口中运行以下命令：

```
man man
```

你将看到类似如下的输出（已省略部分内容）。请注意，section 2 涵盖了系统调用（以粗体显示）：

```
(...) A section, if provided, will direct man to look only in that section
of the manual. The default action is to search in all of the available
sections following a pre-defined order ("1 n  l  8  3  2 3posix 3pm 3perl
3am  5 4 9 6 7" by default, unless overridden by the SECTION directive in
/etc/manpath.config), and to show only the first page found, even if page
exists in several sections.

    The table below shows the section numbers of the manual followed by
```

the types of pages they contain.

```
1 Executable programs or shell commands
2 System calls (functions provided by the kernel)
3 Library calls (functions within program libraries)
4 Special files (usually found in /dev)
5 File formats and conventions eg /etc/passwd
6 Games
7 Miscellaneous (including macro packages and conventions)
8 System administration commands (usually only for root)
9 Kernel routines [Non standard]
```

因此，要列出可用的系统调用，请运行以下命令：

man 2 syscalls

你将看到一个系统调用列表，以及引入它们的内核版本和说明，如下所示（已省略部分内容）。括号中的数字是你与 man 命令一起使用的 section 编号：

System call	Kernel	Notes
(...)		
chroot(2)	1.0	
(...)		
read(2)	1.0	
(...)		
write(2)	1.0	

我们以 read 系统调用为例。要获取有关该系统调用的更多信息，请使用 section 2（按照括号中的数字指示）在终端窗口中运行 man 命令：

man 2 read

你将看到以下输出（为简洁起见已省略部分内容）。概要包含 C 语言（以粗体显示）的代码示例，以及对参数和返回值含义的描述。此代码示例（C 语言）描述了相关系统调用的签名，稍后你将了解更多信息：

```
READ(2)                     Linux Programmer's Manual                     READ(2)

NAME
       read - read from a file descriptor

SYNOPSIS
       #include <unistd.h>

       ssize_t read(int fd, void *buf, size_t count);

DESCRIPTION
       read() attempts to read up to count bytes from file descriptor fd
into the buffer starting at buf.
```

使用 section 2 中的 man 命令，你可以了解机器上可用的任何系统调用。它将显示签名、描述、可能的错误值和任何有趣的警告。

从混沌工程的角度来看，如果你想将故障注入程序正在进行的系统调用中，你首先需要对其服务的目的有一个合理的理解。现在你知道如何查系统调用了，但是你如何实际进行系统调用呢？这个问题的答案是使用最常见的 glibc（www.gnu.org/software/libc/libc.html），并使用它为几乎每个系统调用提供的函数包装器之一。让我们仔细看看它是如何工作的。

6.2.2　使用标准 C 库和 glibc

在手册页 section2 中看到的所有函数签名，标准 C 库都提供了它们的实现（以及其他功能）。这些函数签名存储在 unistd.h 中，你在之前见过。通过运行以下命令，让我们再次查看 read(2) 的手册页：

```
man 2 read
```

你将在概要部分看到以下输出。请注意，概要中的示例代码包括一个名为 unistd.h 的头文件，如下所示（以粗体显示）：

```
#include <unistd.h>

ssize_t read(int fd, void *buf, size_t count);
```

你如何更深入地了解它？再一次需要手册页来帮忙。在终端窗口中运行以下语句：

```
man unistd.h
```

在该命令的输出中，你将了解 C 标准库应该实现的所有函数。注意 read 函数的签名（以粗体显示）：

```
(...)
NAME
       unistd.h — standard symbolic constants and types
(...)
   Declarations
       The following shall be declared as functions and may also be defined
as macros. Function prototypes shall be provided.
(...)
       ssize_t        read(int, void *, size_t);
(...)
```

这是 read 的系统调用包装器的签名应该是什么样的 POSIX 标准。这就引出了一个问题：当你编写 C 程序并使用其中一个包装器时，实现来自哪里？ glibc（www.gnu.org/software/libc/libc.html）代表 GNU C 库，是 Linux 最常用的 C 库实现。它已经存在了三十多年，尽管有人批评它过于臃肿（http://mng.bz/ZPpj），但很多软件都依赖它。值得注意的替代方案包括 musl libc（https://musl.libc.org/）和 diet libc（www.fefe.de/dietlibc/），它们都专注于减少内存占用量。要了解更多信息，请查看 libc(7) 手册页。

理论上，glibc 提供的这些包装器会调用内核中的相关系统调用，然后就结束了。在实践中，相当大一部分包装器添加了代码以使系统调用更易于使用。事实上，这很容易确认。glibc 源代码包括一个传递系统调用列表，C 代码是使用脚本自动生成的。例如，对于 2.23 版本，你可以在 http://mng.bz/RXvn 上查看列表。这个列表只包含了总共 380 个系统调用中的 100 个，这意味着其中几乎四分之三包含辅助代码。

一个常见的例子是 exit(3) glibc 系统调用，它增加了在执行实际的 _exit(2) 系统调用以终止进程之前，调用使用 atexit(3) 预注册的任何函数的可能性。因此，值得记住的是，在 C 库中的函数和它们实现的系统调用之间并不一定存在一对一的映射。

最后，请注意，glibc 的文档和 section 2 中的手册页之间的参数名称可能不同。在 C 语言中这没关系，你可以使用手册页的 section 3（例如，man 3 read）来显示来自 C 库的签名，而不是 unistd.h。

有了这些新信息，是时候更新图 6.2 了。图 6.3 包含更新版本，添加了 libc 以获得更完整的映像。用户运行一个程序，该程序执行一个 libc 系统调用包装器，它依次进行系统调用。然后内核执行请求的系统调用并访问硬件。

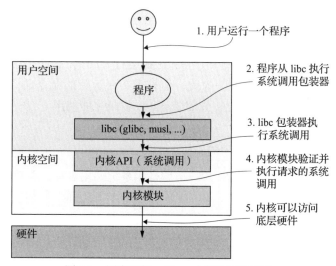

图 6.3　用户空间、libc、内核空间和硬件

我想在你的大脑中植入的最后一个想法是，libc 不仅在用 C 语言编写软件时才相关。事实上，无论你使用哪种编程语言，它都可能与你相关，这就是为什么使用依赖 musl libc 的 Linux（如 Alpine Linux）发行版有时可能会在你最不期望的时候咬住你的脖子（例如，请参阅 http://mng.bz/opDp）。

有了这个，我认为我们已经涵盖了所有必要的理论，是时候让我们的混沌工程大显身手了！你知道系统调用是什么，如何查找它们的文档，以及当程序生成系统调用时会发生什么。下一个问题是，除了通读整个源代码之外，你如何知道进程正在执行什么系统调用。让我们介绍达到这个目标的两种方式：strace 和 BPF。

突击测验：什么是系统调用？

选择一个：

1. 进程在物理设备上请求操作的一种方式，例如写入磁盘或在网络上发送数据。

6.3　如何观测进程的系统调用

出于混沌工程的目的，你首先需要对一个进程做了什么有一个很好的理解，然后才能围绕它去设计实验。让我们深入了解如何使用 strace 命令（https://strace.io/）来查看进行了哪些系统调用。我们将通过一个具体的示例来了解 strace 的输出是什么样的。

6.3.1　strace 和 sleep

让我们从我能想到的最简单的例子开始：跟踪运行 sleep 1 时进行的系统调用，该命令除了休眠 1 秒钟之外什么都不做。为此，你只需在要运行的命令前添加 strace 即可。在终端窗口中运行以下命令（请注意，你需要 sudo 权限才能使用 strace）：

```
sudo strace sleep 1
```

你刚刚运行的命令会启动你指定的程序（sleep），该程序发出的每个系统调用都会打印一行日志。在每一行中，程序在等号（=）后打印系统调用名称、参数和返回值。一共执行了 12 个独特的系统调用，nanosleep（提供实际的休眠功能）是列表中的最后一个。让我们逐一地浏览这些输出（输出的系统调用使用了粗体显示，以便每次都更容易关注新的系统调用）。

从 execve 开始，它将当前进程替换为另一个可执行文件对应的进程。它的三个参数分别是新二进制文件的路径、命令行参数列表和进程环境。这就是新程序的启动方式。然后是 brk 系统调用，当参数为 NULL 时（如本例所示）它读取或设置进程数据段的结尾：

```
execve("/usr/bin/sleep", ["sleep", "1"], 0x7ffd215ca378 /* 16 vars */) = 0
brk(NULL)                              = 0x557cd8060000
```

要检查用户对文件的权限，需要使用 access 系统调用。如果存在，/etc/ld.so.preload 用于读取要预加载的共享库列表。使用 man 8 ld.so 了解有关这些文件的更多详细信息。在这种情况下，两个调用都返回值 -1，这意味着文件不存在：

```
access("/etc/ld.so.preload", R_OK)  = -1 ENOENT (No such file or directory)
```

接下来，你使用 openat 打开一个文件（后缀 at 表示用一个变量作为相对路径的句柄，常规的 open 不会这样做）并返回文件描述符编号 3。然后使用 fstat 获取文件状态，使用相同的文件描述符：

```
openat(AT_FDCWD, "/etc/ld.so.cache", O_RDONLY|O_CLOEXEC) = 3
fstat(3, {st_mode=S_IFREG|0644, st_size=69934, ...}) = 0
```

接下来，mmap 系统调用将文件描述符 3 的映射创建到进程的虚拟内存中，并使用 close 系统调用关闭文件描述符。mmap 是一个高级主题，与我们在这里的目标无关。关于它是如何工作的，你可以在 https://en.wikipedia.org/wiki/Mmap 阅读更多：

```
mmap(NULL, 80887, PROT_READ, MAP_PRIVATE, 3, 0) = 0x7ffb65187000
close(3)                                         = 0
```

接下来，程序打开位于 /lib/x86_64-linux-gnu/libc.so.6 的 libc 共享对象文件，文件描述符 3 被重用：

```
openat(AT_FDCWD, "/lib/x86_64-linux-gnu/libc.so.6", O_RDONLY|O_CLOEXEC) = 3
```

然后它使用 read 系统调用从 libc 共享对象文件（文件描述符 3）读取到缓冲区。这里的显示有点令人费解，因为第二个参数是 read 系统调用将写入的缓冲区，所以显示其内容没有多大意义。返回值是读的字节数，在本例中为 832。fstat 再次用于获取文件状态：

```
read(3, "\177ELF\2\1\1\3\0\0\0\0\0\0\0\0\3\0>\0\1\0\0\0\260\34\2\0\0\0\0\0\0\0"...,
832) = 832
fstat(3, {st_mode=S_IFREG|0755, st_size=2030544, ...}) = 0
```

然后代码变得有点含糊不清了。mmap 再次用于映射一些虚拟内存，包括一些 libc 共享对象文件（文件描述符 3）。mprotect 系统调用用于保护该映射内存的一部分不被读取。PROT_NONE 标志意味着程序根本无法访问该内存。最后，文件描述符 3 被 close 系统调用关闭。这里你可以考虑以下模板文件：

```
mmap(NULL, 8192, PROT_READ|PROT_WRITE, MAP_PRIVATE|MAP_ANONYMOUS, -1, 0) =
    0x7ffb65185000
mmap(NULL, 4131552, PROT_READ|PROT_EXEC, MAP_PRIVATE|MAP_DENYWRITE, 3, 0) =
    0x7ffb64b83000
mprotect(0x7ffb64d6a000, 2097152, PROT_NONE) = 0
mmap(0x7ffb64f6a000, 24576, PROT_READ|PROT_WRITE,
    MAP_PRIVATE|MAP_FIXED|MAP_DENYWRITE, 3, 0x1e7000) = 0x7ffb64f6a000
mmap(0x7ffb64f70000, 15072, PROT_READ|PROT_WRITE,
    MAP_PRIVATE|MAP_FIXED|MAP_ANONYMOUS, -1, 0) = 0x7ffb64f70000
close(3)                                     = 0
```

接下来，arch_prctl 用于设置特定架构的进程的状态（可以忽略），mprotect 用于使某些虚拟内存只读（通过标志 PROT_READ），munmap 用于移除地址 0x7ffb65187000 的映射，它之前映射到文件 /etc/ld.so.cache。所有这些操作的返回值都为 0（成功）：

```
arch_prctl(ARCH_SET_FS, 0x7ffb65186540) = 0
mprotect(0x7ffb64f6a000, 16384, PROT_READ) = 0
mprotect(0x557cd6c5e000, 4096, PROT_READ) = 0
mprotect(0x7ffb6519b000, 4096, PROT_READ) = 0
munmap(0x7ffb65187000, 80887)           = 0
```

程序首先读取，然后尝试移动进程数据段的末尾，使用 brk 有效地增加了分配给进程的内存：

```
brk(NULL)                               = 0x557cd8060000
brk(0x557cd8081000)                     = 0x557cd8081000
```

接下来，它打开 /usr/lib/locale/locale-archive，检查其统计信息，将其映射到虚拟内存，然后关闭它：

```
openat(AT_FDCWD, "/usr/lib/locale/locale-archive", O_RDONLY|O_CLOEXEC) = 3
fstat(3, {st_mode=S_IFREG|0644, st_size=3004464, ...}) = 0
mmap(NULL, 3004464, PROT_READ, MAP_PRIVATE, 3, 0) = 0x7ffb648a5000
close(3)                                 = 0
```

然后（终于！）你得到了真正的东西，这是一个单一的 clock_nanosleep 系统调用，传递 1 秒作为参数（tv_sec）：

```
clock_nanosleep(CLOCK_REALTIME, 0, {tv_sec=1, tv_nsec=0}, NULL) = 0
```

最终，它关闭文件描述符 1（标准输出，也就是 stdout）和 2（标准错误，也就是 stderr），在程序终止之前，通过 exit_group 指定退出代码 0（成功）：

```
close(1)                                 = 0
close(2)                                 = 0
exit_group(0)                            = ?
```

你终于完成了！如你所见，这个简单的程序除了你要求的事情（休眠），花费了更长的时间来做你没有明确要求它做的事情。如果你想了解有关这些系统调用中的任何一个的更多信息，请记住你可以在终端窗口中运行 man 2 加上系统调用名称。

我还想向你展示的另一件事是 strace 可以生成的计数总结信息。如果你重新运行 strace 命令，这次添加 -C 和 -S 计数标志，它将生成按每个系统调用的计数排序的总结信息。在终端窗口中运行以下命令：

```
sudo strace \        ← 生成系统调用的总结信息
-C \
-S calls \           ← 将总结信息按照计数进行排序
sleep 1
```

在输出了的相同的系统调用之后，你将看到类似如下的总结（你对 clock_nanosleep 的单次调用以粗体显示）：

```
% time     seconds  usecs/call     calls    errors syscall
------ ----------- ----------- --------- --------- ----------------
  0.00    0.000000           0         8           mmap
  0.00    0.000000           0         6           pread64
  0.00    0.000000           0         5           close
  0.00    0.000000           0         4           mprotect
  0.00    0.000000           0         3           fstat
  0.00    0.000000           0         3           brk
  0.00    0.000000           0         3           openat
  0.00    0.000000           0         2         1 arch_prctl
  0.00    0.000000           0         1           read
  0.00    0.000000           0         1           munmap
  0.00    0.000000           0         1         1 access
  0.00    0.000000           0         1           execve
  0.00    0.000000           0         1           clock_nanosleep
------ ----------- ----------- --------- --------- ----------------
100.00    0.000000                    39         2 total
```

这再次表明，你真正关心的系统调用只有 39 个中的 1 个。有了这个新玩具，让我们看看我们的遗留系统 System X 在后台做了什么！

> **突击测验：strace 能为你做什么？**
> 选择一个：
> 1. 向你展示一个进程实时进行了哪些系统调用。
> 2. 向你展示一个进程实时进行了哪些系统调用，而且不会导致性能损失。
> 3. 列出应用程序源代码中执行特定操作（例如从磁盘读取）的所有位置。
> 答案见附录 B。

6.3.2　strace 和 System X

让我们在遗留系统 System X 二进制文件上使用 strace 来看看它进行了哪些系统调用。你知道如何用 strace 启动一个新的进程，现在你还将学习如何附加到已经在运行的进程上。你将使用两个终端窗口。在第一个窗口中，启动你之前编译的 legacy_server 二进制文件：

```
~/src/examples/who-you-gonna-call/src/legacy_server
```

你将看到类似如下的输出，打印它侦听的端口号及其 PID。注意这个 PID（以粗体显示），你可以使用 strace 利用它附加到进程：

```
Listening on port 8080, PID: 6757
```

在第二个终端窗口中，让我们使用 strace 附加到该 PID 对应的进程。运行以下命令以附加到遗留系统：

```
sudo strace -C \
-p $(pidof legacy_server)
```
使用标志 -p 附加到给定 PID 的现有进程

现在，返回浏览器，转到（或刷新）http://127.0.0.1:8080/。然后返回到第二个终端窗口（带有 strace 的那个）并查看输出。你将看到类似如下的内容（已省略部分内容）。这让你对程序正在做什么有一个很好的了解。它用 accept 接受连接，用 write 写一堆数据，用 close 关闭连接（三个都以粗体显示）：

```
accept(3, {sa_family=AF_INET, sin_port=htons(53698),
    sin_addr=inet_addr("127.0.0.1")}, [16]) = 4
read(4, "GET / HTTP/1.1\r\nHost: 127.0.0.1:"..., 2048) = 333
write(4, "HTTP/1.0 200 OK\r\nContent-Type: t"..., 122) = 122
write(4, "<", 1)                          = 1
write(4, "!", 1)                          = 1
write(4, "d", 1)
(...)
fsync(4)                                  = -1 EINVAL (Invalid argument)
close(4)                                  = 0
```

你可能已经注意到此代码有一个错误：它尝试 fsync 文件（将文件的核心状态与存储设备同步），并返回错误 EINVAL (Invalid argument)。你现在可以按 <Ctrl+C> 来分离 strace，并打印总结，如下所示。你还可以看到它进行了大量写入（准确地说是 292 次），几乎所有写入都只写入一个字符。超过 98% 的时间花在写数据上（以粗体显示）：

```
<detached ...>
% time     seconds  usecs/call     calls    errors syscall
------ ----------- ----------- --------- --------- ----------------
 98.34    0.002903          10       292           write
  0.68    0.000020          20         1           close
  0.61    0.000018          18         1           accept
  0.34    0.000010          10         1           read
  0.03    0.000001           1         1         1 fsync
------ ----------- ----------- --------- --------- ----------------
100.00    0.002952                   296         1 total
```

请注意，通过将 strace 附加到正在运行的进程，你只是在附加到该进程时对它发出的系统调用进行采样。这使该方法更易于使用，但会错过程序可能已完成的任何潜在重要的初始设置。

到现在为止一切顺利！使用 strace 很简单。不幸的是，它也有它的缺点，最大的缺点是开销。让我们放大一下。

6.3.3 strace 的问题：开销

strace 的缺点是它对所跟踪进程的性能影响。这并不是什么秘密——下面这些直接来自 man strace(1) 手册页：

```
BUGS
        A traced process runs slowly.
```

这是我从 Brendan Gregg 的博客文章中借用的一个很好的例子，我推荐阅读（它附带了一堆有用的、标题准确的单行程序，总体来说很有趣）：www.brendangregg.com/blog/2014-05-11/strace-wow-much-syscall.html。

dd 是一个简单的 Linux 实用程序，它使用所需大小的块将一定数量的字节从一个文件复制到另一个文件。它的简单性使其成为测试系统调用速度的理想选择，除了先使用 read 系统调用然后使用 write 系统调用之外，它几乎没有做其他事情。因此，通过从无限源读取，例如 /dev/zero（每次读取返回零）并写入 /dev/null（丢弃写入的字节），你可以对 read 和 write 系统调用的速度进行压力测试。

让我们这样做吧。首先，我们看看程序在没有附加 strace 的情况下能运行多快。让我们进行 500 000 次操作（一个任意数字，应该足够大到持续几百毫秒，但又小到不会让你厌烦）和大小为 1 字节的写入（我们可以写入的最小数量，使单位时间内操作次数尽量多），在终端窗口中运行以下命令：

```
dd if=/dev/zero of=/dev/null bs=1 count=500k
```

你将看到类似如下的输出，大约需要半秒（以粗体显示）来执行该操作：

```
512000+0 records in
512000+0 records out
512000 bytes (512 kB, 500 KiB) copied, 0.509962 s, 1.0 MB/s
```

现在，让我们重新运行相同的命令，但使用 strace 追踪它。让我们使用 -e 标志仅过滤 dd 甚至没有使用的 accept 系统调用（以表明仅附加 strace 的操作已经增加了开销，即使它在不相关的系统调用上）。在终端窗口中运行以下命令：

```
strace \
-e accept \                          ┌── 仅打印 accept 系统调用
dd if=/dev/zero of=/dev/null bs=1 count=500k      └── （dd 不执行）
```

你将看到类似如下的输出。在我的示例中，与没有 strace 的值相比，它花费了 58.5 秒（以粗体显示），或者说慢了 100 多倍：

```
512000+0 records in
512000+0 records out
512000 bytes (512 kB, 500 KiB) copied, 58.4923 s, 8.8 kB/s
+++ exited with 0 +++
```

这意味着在测试环境中使用 strace 可能没问题，就像你现在所做的那样，但将其附加到生产中运行的进程可能会产生严重的后果。这也意味着，如果你正在查看用 strace 跟踪的程序的性能，那么你的所有数字都没有意义。

所有这些都限制了 strace 的使用场景，但幸运的是还有其他选择。让我们看看另一种选择：伯克利数据包过滤器（BPF）。

> **ptrace 系统调用**
>
> 我打赌你想知道允许 strace 控制和操纵其他进程的底层机制。答案是 ptrace 系统调用。你不需要知道它是如何工作的，也可以从 strace 中获得价值，但对于那些好奇的人，请查看 ptrace(2) 的手册页。维基百科也有一个很好的介绍：https://en.wikipedia.org/wiki/Ptrace。

6.3.4　BPF

伯克利数据包过滤器最初设计用于过滤网络数据包。它已经被扩展（extended Berkeley Packet Filter，eBPF）成为一个通用的 Linux 内核执行引擎，它允许编写具有安全性和性能保证的程序。在谈论 BPF 时，大多数人指的是其扩展版本。在混沌工程的背景下，BPF 通常会派上用场，为我们的实验生成指标。

BPF 最令人兴奋的事情之一是它允许编写非常高效的程序，在 Linux 内核中的某些事件期间执行。再加上对这些程序可以占用的时间和它们可以访问的内存实施的限制，以及内置的高效聚合原语，使 BPF 成为一个了不起的工具，可以了解内核级别正在发生的事情。对于我们的混沌工程需求而言，令人兴奋的是它与 strace 不同，通常可以以最小的开销实现这种洞察力（例如，追踪所有系统调用）。

BPF 的缺点是学习曲线非常陡峭。要编写一个有意义的程序来研究 Linux 内核的内部，通常需要研究内核本身是如何实现的。虽然时间投入是有回报的，但一开始可能有点令人生畏。幸运的是，一些项目使介绍它变得更加容易。让我们来看看其中一个项目如何帮助实践混沌工程的。

BPF 和 BCC

BPF 编译器集合（BPF Compiler Collection，BCC，https://github.com/iovisor/bcc），是一个使编写和运行 BPF 程序更容易的框架，提供了 Python 和 Lua 包装器以及许多有用的工具和示例。阅读这些工具和示例是目前我能想到的开始学习 BPF 的最好方法。

第 3 章介绍了一些 BCC 工具（`biotop`、`tcptop`、`oomkill`），现在我想请你注意另一个：`syscount`。你的 VM 预装了这个工具，在 Ubuntu 上安装它们就像从终端运行以下命令一样简单（查看附录 A 了解更多信息）：

```
sudo apt-get install bpfcc-tools linux-headers-$(uname -r)
```

在上一节中，你使用了 `strace` 来生成程序发出的系统调用列表。这种方法效果很好，但有一个严重的问题：`strace` 给它正在跟踪的程序引入了大量的开销。让我向你展示如何通过工具 `syscount` 利用 BPF 和 BCC，在没有这么多开销的情况下获得相同的列表。

让我们从习惯使用 `syscount` 开始。在最简单的形式中，它会统计当前运行的所有进程的所有系统调用，然后打印前 10 个。在终端窗口中运行以下命令来统计系统调用（请记住，在 Ubuntu 上，需要加上 BCC 工具后缀 `-bpfcc`）：

```
sudo syscount-bpfcc
```

几秒钟后，按 <Ctrl+C> 停止该进程，你将看到如下输出。列表中的一些系统调用你可能已经认识了，例如 `read` 和 `write`（以粗体显示）。这是一个列表，用于统计在 `syscount` 运行期间主机上所有进程所做的所有系统调用：

```
Tracing syscalls, printing top 10... Ctrl+C to quit.
^C[20:12:40]
SYSCALL                 COUNT
recvmsg                 42057
futex                   35200
poll                    12730
epoll_wait               6816
write                    6005
read                     5971
writev                   4200
setitimer                2957
mprotect                 2748
sendmsg                  2631
```

现在，让我们验证这个关于开销低的说法。还记得在 6.3.3 节中，仅仅在进程上使用 `strace` 就将其变慢了 100 倍，即使你追踪的目标是程序没有进行的系统调用？让我们比较一下 BPF 的"票价"。为此，让我们打开两个终端。在第一个中，你将再次运行 syscount

命令，在第二个中，你将重新运行之前使用的相同的一行 dd 命令。准备好了吗？首先在第一个终端中运行 syscount：

```
sudo syscount-bpfcc
```

然后，从第二个终端窗口，再次运行 dd：

```
dd if=/dev/zero of=/dev/null bs=1 count=500k
```

命令完成后，你将在第二个终端中看到如下输出。请注意，执行五十万次 read 和 write 系统调用的总时间比之前的时间（0.509 秒）稍长，在我的示例中为 0.54 秒：

```
512000+0 records in
512000+0 records out
512000 bytes (512 kB, 500 KiB) copied, 0.541597 s, 945 kB/s
```

0.541597 秒与 0.509962 秒相比大约多了 6% 的开销，这是接近最坏情况下的表现，其中 dd 只做读写操作。而你一直在追踪内核上发生的一切，而不仅仅是一个 PID。

既然你已经确认 BPF 的开销比 strace 更容易接受，让我们回到我们的混沌工程用例：学习如何获取进程发出的系统调用列表。让我们看看如何使用 syscount 来显示特定 PID 的头部系统调用列表，答案是使用 -p 标志。为此，让我们再次使用两个终端窗口。在第一个中，通过运行以下命令启动 legacy_server：

```
~/src/examples/who-you-gonna-call/src/legacy_server
```

在第二个终端窗口中，启动 syscount 命令，但这次使用 -p 标志：

```
sudo syscount-bpfcc \
-p $(pidof legacy_server)
```
← 仅跟踪对我们遗留服务的 pid 的调用

你将看到如表 6.1 所示的输出。请注意，它与你从 strace 获得的总结信息相匹配，有 292 次 write 调用，尽管它提供的细节较少。

表 6.1 syscount-bpfcc 与 strace 的输出对比

syscount-bpfcc		strace				
Tracing syscalls, printing top 10... Ctrl+C to quit. ^C[20:39:19]		% time	seconds	usecs/call calls	errors	syscall
		------	--------	-------- -----	------	-----
		98.34	0.002903	10	29	write
SYSCALL	COUNT	0.68	0.000020	20		close
write	292	0.61	0.000018	18		accept
accept	1	0.34	0.000010	10		read
read	1	0.03	0.000001	1	1	1 fsync
close	1		------	-------- --------	------	-----------
fsync	1	100.00	0.002952	296		1 total

瞧！使用此技术，你现在可以列出进程进行的系统调用，而无须 strace 引入的那么大的开销。请注意，syscount-bpfcc 只给你一个计数，没有 strace 为每个系统调用打印的细节，但如果你只需要粗略地了解进程正在做什么，这就足够了。与往常一样，在设计混沌实验时，请为你的工作选择正确的工具。

我很想和你多谈谈 BPF（如果我们在下一次会议上相遇的话，我相信我们会的），但现在是时候继续前进了。如果你觉得生活中需要更多的 BPF，请阅读 syscount 的源代码。只需运行命令 less $(which syscount-bpfcc)（http://mng.bz/2erN）就能看到！与此同时，让我们把聚光灯转向一些其他替代工具，通过它们也可以获得类似的结果。

6.3.5　其他选择

我想让你了解可用于获得类似可观测性级别的其他相关技术。不幸的是，我们不会深入了解细节，但将它们放在你的"雷达"上是值得的。让我们来看看。

SystemTap

SystemTap（https://sourceware.org/systemtap/）是一个动态检测正在运行的 Linux 系统的工具。它使用领域特定语言（看起来很像 AWK 或 C；在 https://sourceware.org/systemtap/man/stap.1.html 上阅读更多内容）来描述各种类型的探针。然后编译探针并将其插入正在运行的内核中。描述动机和架构的原始论文可以在 https://sourceware.org/systemtap/archpaper.pdf 上找到。SystemTap 和 BPF 有重叠，甚至还有一个用于 SystemTap 的 BPF 后端，称为 stapbpf。

ftrace

ftrace（www.kernel.org/doc/Documentation/trace/ftrace.txt）是另一个跟踪 Linux 内核的框架。它允许跟踪内核中发生的许多事件，包括静态和动态定义。它需要一个支持 ftracer 的内核，自 2008 年以来它一直是内核代码库的一部分。

有了这个，我们就可以设计一些混沌实验了！

突击测验：什么是 BPF？

选择一个：

1. 伯克利性能过滤器（Berkeley Performance Filters，BPF）：一种神秘的技术，旨在限制进程可以使用的资源量，以避免一个客户端使用所有可用资源。

2. Linux 内核的一部分，允许你过滤网络流量。

3. Linux 内核的一部分，它允许你直接在内核内部执行特殊代码以获取对各种内核事件的可观测性。

4. 包括选项 2、3 等！

答案见附录 B。

突击测验：如果你对系统性能感兴趣，那么花时间了解 BPF 是否值得?

1. 是的。

2. 肯定的。

3. 绝对的。

4. 赞成。

答案见附录 B。

6.4 为乐趣和收益阻塞系统调用第 1 部分：strace

让我们戴上我们的混沌工程帽子并设计一个实验，该实验将告诉你当你在尝试进行系统调用遇到错误时你的遗留应用程序的表现。到目前为止，你已经在无须阅读源代码的情况下，深入了解了黑盒 System X 二进制文件在做什么。你已经确定，在来自浏览器的 HTTP 请求期间，二进制文件会进行少量系统调用，如以下输出所示：

```
% time     seconds  usecs/call     calls    errors syscall
------ ----------- ----------- --------- --------- ----------------
 98.34    0.002903          10       292           write
  0.68    0.000020          20         1           close
  0.61    0.000018          18         1           accept
  0.34    0.000010          10         1           read
  0.03    0.000001           1         1         1 fsync
------ ----------- ----------- --------- --------- ----------------
100.00    0.002952                   296         1 total
```

为了热身，让我们从简单的事情开始：选择 close 系统调用，在我们最初的研究中只调用了一次，看看 System X 是否处理 close 返回错误的情况。会出什么问题呢？让我们找出答案。

6.4.1 实验 1：破坏 close 系统调用

与往常一样，你将从可观测性开始。幸运的是，你可以再次使用 ab 命令，这将允许你生成流量并汇总有关延迟、吞吐量和失败请求数量的统计信息。由于除了系统已经运行多年之外，你没有关于它的任何信息，我们假设如果在 close 的系统调用上引入失败，将不会有失败的请求。因此，你可以设计以下四个简单的步骤来运行混沌实验：

1. 可观测性：使用 ab 生成流量，读取失败次数和延迟。

2. 稳态：在正常情况下读取 System X 的 ab 数字。

3. 假设：如果你让 System X 二进制文件调用 close 时失败，它将优雅地处理它，并且对最终对用户透明。

4. 运行实验！

你熟悉 ab 命令，并且知道如何使用 strace 跟踪进程，因此现在的问题变成了如何在 System X 二进制文件的系统调用中引入故障。幸运的是，strace 通过使用 -e 标志使它变得容易。让我们通过查看 strace 的帮助信息来学习如何使用 -e 标志。为此，请运行带有 -h 标志的 strace 命令：

```
strace -h
```

你将看到以下输出（已省略部分输出）；特别要注意 fault 选项（以粗体显示）：

```
(...)
  -e expr  a qualifying expression: option=[!]all or option=[!]val1[,val2]...
     options:    trace, abbrev, verbose, raw, signal, read, write, fault
(...)
```

默认情况下，使用标志 -e fault=< 系统调用名称 > 运行会在每次调用所需的系统调用时返回错误（-1）。要将故障注入 close 系统调用，你可以使用 -e fault=close 标志，这是最流行的形式。但是你也可以使用另一个更灵活的标志（虽然奇怪的是，strace -h 的输出中没有提到它），那就是 -e inject。要了解它，你需要通过运行以下命令阅读 strace 的手册页：

```
man strace
```

你将看到有关如何使用 strace 的更多详细信息。特别要注意描述 -e inject 选项（以粗体显示）及其语法的部分：

```
(...)
     -e inject=set[:error=errno|:retval=value][:signal=sig][:when=expr]
            Perform syscall tampering for the specified set of syscalls.

(...)
```

事实上，该标志非常强大，并支持以下参数：

❑ fault=<syscall>——将故障注入特定的系统调用[注]。
❑ error=<error name>——指定要返回的特定错误。
❑ retval=<return code>——覆盖实际的系统调用返回值并发送指定的返回值。
❑ signal=sig——向被跟踪进程发送一个特定的信号。
❑ when=<expression>——控制哪些调用受到影响，可以采用三种形式：
  ● when=<n>——仅篡改第 n 个系统调用。
  ● when=<n>+——仅篡改第 n 个和所有后续调用。
  ● when=<n>+<step>——篡改第 n 个，然后在之后每一步都受影响。

例如，下面的这个标志从第二个系统调用开始，注入一个 EACCES 错误（拒绝权限）作为返回值，使之后的每次 write 系统调用都失败：

```
-e inject=write:error=EACCES:when=2+
```

另一方面，以下标志覆盖对 fsync 的第一次系统调用的结果，返回值 0（即使它的响应错误）：

```
-e inject=fsync:retval=0:when=1
```

⊖ 在上面的输出中没有该参数，可以在 VM 中运行 man strace 查看。——译者注

所有这些都使你能够在系统调用级别上对进程所发生的事情进行相当细粒度的控制。开销如何呢？是的，我们仍然需要考虑开销。你需要记住，要进行比较，还需要建立稳态，包括 strace 的开销。但是只要你这样做了，你就应该准备好实施这个实验了。让我们开始吧！

实验 1 的稳态

首先，让我们建立稳态。你将使用三个终端窗口：第一个用于 System X，第二个用于 strace，第三个用于 ab。让我们在第一个窗口中启动 legacy_server（System X 二进制文件）：

```
~/src/examples/who-you-gonna-call/src/legacy_server
```

接下来，让我们在第二个终端窗口中将 strace 附加到 legacy_server，目前没有任何故障，并且仅跟踪 close 系统调用。运行以下命令：

```
sudo strace \
-p $(pidof legacy_server) \        仅显示 close
-e close                           系统调用
```

最后，让我们在第三个窗口中启动 ab。为了让实验保持简单，你将设置并发为 1，并运行最多 30 秒：

```
ab -c1 -t30 http://127.0.0.1:8080/
```

在第三个窗口中，你将看到类似如下的结果。在大约 3000 个完整的请求中，没有一个失败，并且你每秒实现了大约 101 个请求（所有三个都以粗体显示）：

```
(...)
Time taken for tests:    30.003 seconds
Complete requests:       3042
Failed requests:         0
(...)
Requests per second:     101.39 [#/sec] (mean)
(...)
```

这就是我们的稳态：没有失败，每秒大约 100 个请求。可以肯定的是，你可以多运行 ab 几次，并查看几次运行之间的值变化有多大。现在，到了有趣的部分：是时候来做实验了！

实验 1 的实施

让我们看看当遗留系统 System X 在 close 系统调用出错时会发生什么。为此，让我们对三个终端窗口保持相同的设置，但在第二个窗口中，关闭 strace（按 <Ctrl+C>）并使用 -e inject 选项重新启动它：

```
sudo strace \
-p $(pidof legacy_server) \
-e close \                          对 close 系统调用添加
-e inject=close:error=EIO          故障，使用错误 EIO
```

现在，在第三个终端窗口中，使用相同的命令再次启动 ab：

```
ab -c1 -t30 http://127.0.0.1:8080/
```

这一次，输出会有所不同。你的 ab 甚至无法完成它的运行，出现了错误（以粗体显示）：

```
(...)
Benchmarking 127.0.0.1 (be patient)
apr_socket_recv: Connection refused (111)
Total of 1 requests completed
```

如果你切换回使用 strace 的第二个窗口，你将看到它注入了你要求的错误，然后应用程序以错误代码 1 退出，就像在以下输出中一样。它也在第一次调用 close 时退出（调用次数和错误以粗体显示）：

```
close(4)                      = -1 EIO (Input/output error) (INJECTED)
+++ exited with 1 +++
% time     seconds  usecs/call     calls    errors syscall
------ ----------- ----------- --------- --------- ----------------
  0.00    0.000000           0         1         1 close
------ ----------- ----------- --------- --------- ----------------
100.00    0.000000                     1         1 total
```

回到第一个窗口，应用程序打印了一条错误消息并崩溃，输出如下：

```
legacy_server: error closing socket: Input/output error
```

这是什么意思？好吧，我们的实验假设是错误的。让我们分析一下这些发现。

实验 1 的分析

你已经了解到应用程序在 close 系统调用失败时不会优雅地处理；它以错误代码 1 退出，这表示一个通用的错误。你还没有查看源代码，因此你无法确定其作者为何决定以这种方式实现它，但是通过这个简单的实验，你已经发现了一个脆弱点。它有多么脆弱？通过在终端中运行以下命令，让我们看看手册页告诉我们 close 系统调用的内容：

```
man 2 close
```

如果滚动到 ERRORS 部分，你将看到以下输出：

```
ERRORS
       EBADF  fd isn't a valid open file descriptor.

       EINTR  The close() call was interrupted by a signal; see signal(7).

       EIO    An I/O error occurred.

       ENOSPC, EDQUOT
              On NFS, these errors are not normally reported against the
first write which exceeds the available storage space, but instead against
              a subsequent write(2), fsync(2), or close(2).
```

这些信息可以概括为四种可能性：

1. 参数不是打开的文件描述符。
2. 调用被信号中断。

3. 发生 I/O 错误。

4. 由后续的 close 报告网络文件系统（NFS）的写入错误，而不是 write。

同样，即使不通读源代码，你也可以做出有根据的猜测，至少选项 2 是可能的，因为任何进程都可能被信号中断。现在你知道这种中断可能会导致遗留系统 System X 出现故障。幸运的是，你可以通过注入特定的错误代码来测试它，看看程序是否正确处理它。

既然你知道了这一点，你就可以尝试在源代码中找到处理这部分的位置，并使其对故障更具弹性。那肯定会帮助新晋升的你睡得更好。但是，我们不要选择故步自封。我想知道当一个更繁忙的系统调用（例如 write）发生故障时会发生什么？

6.4.2 实验 2：破坏 write 系统调用

回想一下我们随手可用的系统调用表，遗留系统 System X 大部分时间都用于 write 系统调用（以粗体显示），如下面的输出所示：

```
% time     seconds  usecs/call     calls    errors syscall
------ ----------- ----------- --------- --------- ----------------
 98.34    0.002903          10       292           write
  0.68    0.000020          20         1           close
  0.61    0.000018          18         1           accept
  0.34    0.000010          10         1           read
  0.03    0.000001           1         1         1 fsync
------ ----------- ----------- --------- --------- ----------------
100.00    0.002952                   296         1 total
```

当然，对于一个可能在我们任职之前就存在的软件来说，一定要有某种弹性和容错能力，对吧？好吧，让我们来看看！就像在前面的实验中一样，我们使用 ab 和 strace，但是我们只让 write 调用每隔一个失败一次。我们的实验就变成了这样：

1. 可观测性：使用 ab 生成流量，读取 System X 的失败次数和延迟。

2. 稳态：在正常条件下读取 ab 的数据。

3. 假设：如果你让 System X 二进制文件的 write 调用每隔一个失败一次，它将优雅地处理它，并且对最终用户透明。

4. 运行实验！

如果这听起来像是我们的计划，我们开始做吧。

实验 2 的稳态

再次，让我们从建立稳态开始。你将再次使用三个终端窗口：第一个用于 System X，第二个用于 strace，第三个用于 ab。让我们通过运行以下命令在第一个窗口中启动 legacy_server（System X 二进制文件）：

```
~/src/examples/who-you-gonna-call/src/legacy_server
```

接下来，让我们在第二个终端窗口中将 strace 附加到 legacy_server，现在不注入任何故障，并且仅追踪 write 系统调用。通过运行以下命令来做到这一点：

```
sudo strace \
-p $(pidof legacy_server) \        仅显示 write
-e write                           系统调用
```

最后，让我们在第三个窗口中启动 ab。为了保持简单，我们将设置并发为 1，并运行最多 30 秒：

```
ab -c1 -t30 http://127.0.0.1:8080/
```

在同一个第三个窗口中，你将看到类似如下的结果。与之前的实验类似，应该没有失败，但吞吐量会较低（以粗体显示），因为终端的打印操作较多：

```
(...)
Complete requests:      1587
Failed requests:        0
(...)
```

你的稳态与上一个实验中的稳态相似；就是这么平淡无奇。现在让我们进入有趣的部分——实验 2 的故障注入的实际实现。

实验 2 的实现

当遗留系统 System X 在 write 系统调用时出现错误时，乐趣就应该开始了。为此，让我们对三个终端窗口保持相同的设置。就像上次一样，在第二个窗口中，关闭 strace（按 <Ctrl+C>）并使用 -e inject 选项重新启动它以添加你设计的失败（write 系统调用每隔一个失败一次）：

```
sudo strace \
-p $(pidof legacy_server) \                             将失败添加到 write 系统
   -C \                        在会话结束              调用，返回错误 EIO，从
-e inject=write:error=EIO:when=1+2    时显示摘要      第一个调用开始每隔一个
                                                       调用失败一次
```

现在，在第三个终端窗口中，让我们使用相同的命令再次启动 ab：

```
ab -c1 -t10 http://127.0.0.1:8080/
```

这一次，你会得到一个惊喜。我给你翻译翻译什么是惊喜，惊喜就是：你将看到类似如下的输出，尽管系统调用每隔一个失败一次，但总体而言仍然没有失败的请求（以粗体显示），但是吞吐量大约减半，在本例中为 570 个请求（也以粗体显示）：

```
(...)
Time taken for tests:   30.034 seconds
Complete requests:      570
Failed requests:        0
(...)
```

在第二个窗口中，你现在可以通过按 <Ctrl+C> 来终止 strace，让我们来看看输出。你会看到很多类似下面的行。可以清楚地看到程序重试失败的 write 系统调用，因为每次 write 都做了两次，首先接收到你注入的错误，然后才能成功：

```
(...)
write(4, "l", 1)                        = -1 EIO (Input/output error) (INJECTED)
```

```
write(4, "l", 1)                    = 1
write(4, ">", 1)                    = -1 EIO (Input/output error) (INJECTED)
write(4, ">", 1)                    = 1
(...)
```

该程序实现了某种算法来解决 write 系统调用失败的问题，这是个好消息——离失眠更远了一步。你还可以看到额外操作的成本：吞吐量大约是没有重试时的 50%。在现实生活中，不太可能有一半的 write 系统调用都失败，但即使在这种噩梦般的场景中，System X 也不会像 close 系统调用那样容易被破坏。

实验 2 到此结束。这次我们的假设是正确的。鼓掌！你已经学习了如何发现进程进行了哪些系统调用，以及如何使用 strace 篡改它们以进行实验。在这种情况下，关注 System X 是否继续工作，而不是它的响应速度，一切都解决了。

但是我们仍然有一个骷髅在壁橱里⊖：strace 的开销。如果我们想阻止一些系统调用，但在做实验时不能接受大规模的减速，我们该怎么办？在我们结束本章之前，我想指出阻塞系统调用的替代解决方案：使用 seccomp。

6.5　为乐趣和收益阻塞系统调用第 2 部分：seccomp

你可能还记得第 5 章中的 seccomp，它通过限制容器可以进行的系统调用来强化容器。我将向你展示如何使用 seccomp 来实现实验，类似于我们用 strace 通过阻塞某些系统调用所做的。你将采用简单的方法和困难的方法，每种方法都涵盖不同的用例。简单的方法很快，但不是很灵活。困难的方法更灵活，但需要更多的工作。让我们从简单的方法开始。

6.5.1　seccomp 的简单方法：使用 Docker

阻止系统调用的一种简单方法是在启动容器时利用自定义 seccomp 配置文件。实现这一点的最简单方法可能是下载默认的 seccomp 策略（http://mng.bz/1r9Z），然后删除你想要禁用的系统调用。

配置文件具有以下结构。这是一个允许调用的列表，默认情况下，所有调用都被阻止并在调用时返回错误（默认使用 SCMP_ACT_ERRNO 操作）。然后再列出明确允许的系统调用的一长串名称：

```
{
    "defaultAction": "SCMP_ACT_ERRNO",          ◁──┐  默认情况下，
...                                                │  阻塞所有调用
    "syscalls": [
        {
```

⊖ 一个俗语词汇或者熟语，被用来形容关于某人不为人知的秘密，而且这个秘密一旦被发现就会对这个人造成极其负面的观感，就好像打开他家里的衣橱却发现一具尸体一般令人震惊，而这具尸体因为被隐藏太久而早已变成骷髅。——译者注

```
                        "names": [                    ┌─ 对于以下列表中
                                "accept",             │   名称的系统调用
                                "accept4",
    ...
                                "write",
                                "writev"
                        ],
                        "action": "SCMP_ACT_ALLOW",   ┌─ 允许它
    ...                                               │   们进行
            },
    ...
        ]
    }
```

你的 System X 二进制文件使用 `getpid` 系统调用;让我们试着阻塞它。要构建排除 `getpid` 的配置文件,请在终端窗口中运行以下命令。这会将新配置文件存储在 profile.json 中(或者如果你现在访问不了互联网,你可以在 VM 中的 ~/src/examples/who-you-gonna-call/profile.json 中找到它):

```
cd ~/src/examples/who-you-gonna-call/src
curl
https://raw.githubusercontent.com/moby/moby/master/profiles/seccomp/default.j
son \
| grep -v getpid > profile.json
```

我还准备了一个简单的 Dockerfile 供你将 System X 二进制文件打包到一个容器中。你可以通过在终端中运行以下命令来查看它:

```
cat ~/src/examples/who-you-gonna-call/src/Dockerfile
```

你将看到以下输出。使用最新的 Ubuntu 基础镜像,只需从主机复制二进制文件:

```
FROM ubuntu:focal-20200423
COPY ./legacy_server /legacy_server
ENTRYPOINT [ "/legacy_server" ]
```

这样,你就可以使用遗留软件构建 Docker 镜像并启动它。通过从同一个终端窗口运行以下命令来做到这一点。这些命令将构建并运行一个名为 `legacy` 的新镜像,使用你刚刚创建的配置文件,并在主机上公开端口 8080:

```
cd ~/src/examples/who-you-gonna-call/src
make
docker build -t legacy .
docker run \
--rm \                                      ┌─ 使用刚刚创建的 seccomp
-ti \                                       │   配置文件
--name legacy \
--security-opt seccomp=./profile.json \  ◄──┤
-p 8080:8080 \                           ◄──┘  在主机上公开容器
legacy                                          的 8080 端口
```

你将看到进程开始,但请注意 PID 等于 -1(以粗体显示)。这是因为 seccomp 阻塞了 `getpid` 系统调用,并返回错误代码 -1,正如你要求它执行的操作:

```
Listening on port 8080, PID: -1
```

瞧！你实现了阻塞一个特定的系统调用。这是最简单的方法！不幸的是，这种方式提供的灵活性不如 strace，你不能选择每隔一个调用失败一次，也不能附加到正在运行的进程。你还需要 Docker 来实际运行它，这进一步限制了合适的用例。

好的一面是，你成功地阻止了系统调用，而没有遭受 strace 带来的高额的开销。但不要只相信我的话，让我们来比较一下。当容器运行时，让我们重新运行之前实验中用来建立稳态的一行 ab 命令：

```
ab -c1 -t30 http://127.0.0.1:8080/
```

你将看到更令人愉快的输出，如下所示。你完成了 36 000 个请求（以粗体显示），至少比跟踪 close 系统调用（每秒 3042 个请求）快 10 倍：

```
(...)
Time taken for tests:    30.001 seconds
Complete requests:       36107
Failed requests:         0
Total transferred:       14912191 bytes
HTML transferred:        10507137 bytes
Requests per second:     1203.53 [#/sec] (mean)
Time per request:        0.831 [ms] (mean)
(...)
```

所以你有了新的工具：seccomp 简单的方法，利用 Docker。但是如果简单的方法不够灵活怎么办？如果你不能或不想使用 Docker 怎么办？如果你需要更多的灵活性，让我们看看下面的 libseccomp，或者说是 seccomp 的困难方法。

6.5.2 seccomp 的困难方法：使用 libseccomp

libseccomp（https://github.com/seccomp/libseccomp）是一个更高层级的、独立于平台的库，用于管理 Linux 内核中的 seccomp，它抽象出低层级的系统调用，并将易于使用的功能暴露给开发人员。Docker 利用它来实现其 seccomp 配置文件。开始学习如何使用它的最佳地方是测试（http://mng.bz/vzD4）和 man 手册页，例如 seccomp_init(3)、seccomp_rule_add(3) 和 seccomp_load(3)。在本节中，我将向你展示一个简短的示例，说明你也可以通过几行 C 语言来利用 libseccomp。

首先，你需要在 Ubuntu/Debian 上安装 libseccomp-dev 包，或者在 RHEL/Centos 上安装 libseccomp-devel 包。在 Ubuntu 上，你可以通过运行以下命令（如果你正在使用这本书附带的 VM，这一步已经为你完成了）：

```
sudo apt-get install libseccomp-dev
```

这将允许你在程序中包含 <seccomp.h> 标头以链接到 seccomp 库（这两项操作很快就可以完成）。让我向你展示如何使用 libseccomp 来限制你的程序可以进行的系统调用。我准备了一个小例子，它在执行期间做了最少的设置来更改它的权限，只允许进行少量的系统调用。要查看示例，请在终端窗口运行以下命令：

```
cat ~/src/examples/who-you-gonna-call/seccomp.c
```

你将看到一个简单的 C 程序。它使用来自 libseccomp 的四个函数来限制你可以进行的系统调用：

- ❑ seccomp_init——初始化 seccomp 状态并准备使用，返回一个上下文。
- ❑ seccomp_rule_add——向上下文添加一个新的过滤规则。
- ❑ seccomp_load——将实际的上下文加载到内核中。
- ❑ seccomp_release——释放过滤器上下文，并在使用完上下文后释放内存。

你将看到以下输出（四个函数以粗体显示）。你首先初始化上下文以阻止所有系统调用，然后明确允许其中两个系统调用：write 和 exit。然后加载上下文，执行一次 getpid 系统调用和一次 write，然后释放上下文：

```
#include <stdio.h>
#include <unistd.h>
#include <seccomp.h>
#include <errno.h>
int main(void)
{                                                   初始化上下文，默认
    scmp_filter_ctx ctx;                            返回 EPERM 错误
    int rc; // note that we totally avoid any error handling here...

    // disable everything by default, by returning EPERM (not allowed)
    ctx = seccomp_init(SCMP_ACT_ERRNO(EPERM));    <──
    // allow write...                    允许 write
    rc = seccomp_rule_add(ctx, SCMP_ACT_ALLOW, SCMP_SYS(write), 0);   系统调用
    // and exit - otherwise it would segfault on exit
    rc = seccomp_rule_add(ctx, SCMP_ACT_ALLOW, SCMP_SYS(exit), 0);   允许 exit
    // load the profile                           系统调用       加载刚刚配置到
    rc = seccomp_load(ctx);              <──                     内核中的上下文

    // write should succeed, but the pid will not
    fprintf(stdout, "getpid() == %d\n", getpid());

    // release the seccomp context       释放上
    seccomp_release(ctx);            <──  下文
}
```

让我们通过在同一终端窗口中运行以下命令来编译并启动程序：

```
cd ~/src/examples/who-you-gonna-call
cc seccomp.c \                    你需要使用 -l 标志
-lseccomp \                        引用 seccomp 库
-o seccomp-example
./seccomp-example      <──   调用输出的可执行文件
                            "seccomp-example"
```

你将看到以下输出。你看到的输出证明了 write 系统调用是允许的。程序也没有崩溃，这意味着 exit 也有效。但正如你所见，getpid 的结果是 -1（以粗体显示），正如你所希望的：

```
getpid() == -1
```

这就是困难的方法，但是由于 libseccomp 的存在，也并没有那么困难。现在，你可以利用这种机制来阻塞或允许你认为合适的系统调用，并且可以使用它来实现混沌实验。如果你想深入了解 seccomp，我建议你查看以下资源：

❑ *A seccomp Overview*，作者：Jake Edge，https://lwn.net/Articles/656307/

❑ *Using seccomp to Limit the Kernel Attack Surface*，作者：Michael Kerrisk，http://mng.bz/4ZEj

❑ *Syscall Filtering and You*，作者：Paul Moore，https://www.paul-moore.com/docs/devconf-syscall_filtering-pmoore-012014-r1.pdf

说到这里，是时候结束了！

总结

❑ 系统调用（syscalls）是用户空间程序和操作系统之间的一种通信方式，允许程序间接访问系统资源。

❑ 通过测试进程在进行系统调用时对错误的弹性，混沌工程即使对于由单个进程组成的简单系统也可以产生价值。

❑ strace 是一种灵活且易于使用的工具，它允许追踪和操作主机上任何程序发出的系统调用，但它会产生不可忽略的开销。

❑ 通过 BCC 等项目使 BPF 更容易被使用，允许以更低的开销洞察正在运行的系统，包括列出进程进行的系统调用。

❑ 可以利用 seccomp 来实施旨在阻止进程进行系统调用的混沌实验，而 libseccomp 让使用 seccomp 变得更加容易。

Chapter 7 第 7 章

JVM 故障注入

本章涵盖以下内容：

❑ 为 Java 编写的应用程序设计混沌实验

❑ 使用 `java.lang.instrument` 接口（`javaagent`）将错误注入 JVM

❑ 使用免费、开源的工具来实现混沌实验

Java 是地球上最流行的编程语言之一。事实上，在许多人气排行榜[⊖]上，它一直排在前两到三名。在实践混沌工程时，你可能会使用 Java 编写的系统。在本章中，我将着重于让你们为那一刻做好准备。

你将从查看一个现有的 Java 应用程序开始，为混沌实验提供思路。然后，你将利用 Java VM（JVM）的独特特性将失败注入现有代码库（无须修改源代码）来实现我们的实验。最后，我将介绍一些允许你简化整个过程的现有工具，以及一些进一步的阅读。

到本章结束时，你将学会如何将混沌工程实践应用到你遇到的任何 Java 程序，并理解使动态重写 Java 代码成为可能的底层机制。第一站：一个抛砖引玉的场景。

7.1 场景

你在上一章中成功地将遗留系统 System X 渲染得不那么可怕、更容易维护，这一点已经引起了大家的注意。事实上，它已成为办公室每层楼饮水机旁闲聊的话题，电梯里的陌生人也纷纷向它点头赞许。一个有趣的副作用是，人们开始向你寻求帮助，让他们的项目

⊖ 例如 "the 2020 State of the Octoverse"（https://octoverse.github.com/#top-languages）和 "Tiobe Index"（www.tiobe.com/tiobe-index/）这两个受欢迎的排行榜。

更能适应失败。一开始很有趣，很快就变成了"请选择一个号码，在等候室等待，直到你的号码显示在屏幕上"的情况。不可避免地，为了快速处理最重要的项目，必须引入优先队列。

其中一个备受瞩目的项目叫作 FBEE。在这个阶段，没有人确切地知道这个缩写代表什么，但每个人都知道它是一个企业级的软件解决方案，非常昂贵，可能有点设计过度。帮助 FBEE 更有弹性感觉是正确的，所以你接受了挑战。让我们看看是怎么回事。

7.1.1 FizzBuzzEnterpriseEdition 介绍

稍加挖掘，你就会发现 FBEE 是 FizzBuzzEnterpriseEdition 的缩写，而且它确实名副其实。它最初是一款用于面试开发人员候选人的简单编程游戏，随着时间的推移而不断发展。游戏本身很简单，是这样的——对于 1 到 100 之间的每一个数字，执行以下操作：

- 如果数字能被 3 整除，打印 Fizz。
- 如果数字能被 5 整除，打印 Buzz。
- 如果数字能被 3 和 5 整除，打印 FizzBuzz。
- 其他情况，打印数字本身。

然而，随着时间的推移，一些人觉得这个简单的算法不足以测试企业级编程技能，于是决定提供一个真正可靠的参考实现。因此，FizzBuzzEnterpriseEdition 以其当前的形式开始存在了！让我们仔细看看这个应用程序以及它是如何工作的。

7.1.2 环顾 FizzBuzzEnterpriseEdition

如果你正在使用本书提供的 VM，则预先安装了 Java 开发工具包或 JDK（OpenJDK），并且可以使用 FizzBuzzEnterpriseEdition 源代码和 JAR 文件（否则，请参阅附录 A 获取安装说明）。在 VM 中，打开终端窗口，输入以下命令，进入应用程序所在目录：

```
cd ~/src/examples/jvm
```

在该目录中，你将看到 FizzBuzzEnterpriseEdition/lib 子文件夹，它包含一堆 JAR 文件，这些文件一起构成了程序。在同一个目录下运行以下命令，可以看到 JAR 文件：

```
ls -al ./FizzBuzzEnterpriseEdition/lib/
```

你将看到以下输出。主 JAR 文件称为 FizzBuzzEnterpriseEdition.jar，其中包含 FizzBuzzEnterpriseEdition 主要功能（粗体显示的文件）以及一些依赖项：

```
-rw-r--r-- 1 chaos chaos   4467 Jun  2 08:01 aopalliance-1.0.jar
-rw-r--r-- 1 chaos chaos  62050 Jun  2 08:01 commons-logging-1.1.3.jar
-rw-r--r-- 1 chaos chaos  76724 Jun  2 08:01 FizzBuzzEnterpriseEdition.jar
-rw-r--r-- 1 chaos chaos 338500 Jun  2 08:01 spring-aop-3.2.13.RELEASE.jar
-rw-r--r-- 1 chaos chaos 614483 Jun  2 08:01 spring-beans-3.2.13.RELEASE.jar
-rw-r--r-- 1 chaos chaos 868187 Jun  2 08:01 spring-context-3.2.13.RELEASE.jar
-rw-r--r-- 1 chaos chaos 885410 Jun  2 08:01 spring-core-3.2.13.RELEASE.jar
-rw-r--r-- 1 chaos chaos 196545 Jun  2 08:01 spring-expression-3.2.13.RELEASE.jar
```

如果你想知道它是如何工作的，你可以浏览源代码，但是没有必要这么做。实际上，在混沌工程的实践中，你最有可能使用的是其他人的代码，由于整个代码库的大小，与整个代码库亲密接触通常是不可行的，所以如果你不仔细研究它，可能会更现实一些。应用程序的主要功能在 com.seriouscompany.business.java.fizzbuzz.packagenamingpackage.impl.Main。有了这些信息，你现在可以继续并启动应用程序。在终端窗口中运行以下命令，仍然在同一个目录下：

允许 java 通过使用 * 通配符传递
目录，来查找应用程序的 JAR 文件

指定 main
函数的路径

```
java \
-classpath "./FizzBuzzEnterpriseEdition/lib/*" \
com.seriouscompany.business.java.fizzbuzz.packagenamingpackage.impl.Main
```

片刻之后，你将看到以下输出（已省略部分输出）。除了带有数字和单词 Fizz 和 Buzz 的预期行之外，你还会注意到一些详细的日志消息（可以放心地忽略它们）：

```
(...)
1
2
Fizz
4
Buzz
Fizz
7
8
Fizz
Buzz
11
Fizz
13
14
FizzBuzz
(...)
```

这是个好消息，因为看起来 FizzBuzzEnterpriseEdition 像预期的那样工作了！这似乎正确地解决了手头的问题，而且肯定会向新员工传达这样的信息：我们在这里做的是严肃的事情，一举两得。

但是，它在一个用例中工作的事实并不能告诉你应用程序对失败的弹性有多大，这正是你同意从一开始就研究这个问题的原因。你猜对了，混沌工程会拯救我们！让我们看看如何设计一个实验，让这个软件暴露在失败中，以测试它如何进行处理。

7.2　混沌工程和 Java

要设计一个有意义的混沌实验，你需要首先对可能影响应用程序的故障类型进行有根据的猜测。幸运的是，在前几章中，你已经建立了一些可以提供帮助的工具和技术。例如，你可以将此程序视为黑盒，并应用第 6 章中介绍的技术来查看其产生的系统调用，然后围绕阻止其中一些系统调用进行设计实验。

你还可以利用你先前看到的 BCC 项目（https://github.com/iovisor/bcc）中的工具（如 javacalls）来洞悉正在调用的方法，并围绕最杰出的方法进行实验。或者，你可以将应用程序打包在 Docker 容器中，并利用在第 5 章中学到的知识。要点是，在大多数情况下，你之前学到的内容也将适用于 Java 应用程序。

但是还有更多，因为 Java 和 JVM 提供了独特而有趣的特性，你可以利用这些特性来实践混沌工程。我将在本章集中讨论这些问题。所以，与其用以前学过的方法，不如换个方法来解决这个问题。让我们动态修改一个现有的方法来抛出一个异常，这样你就可以验证关于整个系统发生了什么情况的假设。

7.2.1 实验的思路

本章的技术可以归结为以下三个步骤：

1. 确定在现实场景中可能抛出异常的类和方法。
2. 设计一个实验，在运行中修改那个方法，从而真正抛出问题中的异常。
3. 验证应用程序在异常出现时的行为是否如你所期望的那样（处理异常）。

步骤 2 和步骤 3 都取决于你决定注入异常的位置，所以你需要首先解决这个问题。现在，让我们在 FizzBuzzEnterpriseEdition 代码中为异常找到一个好的位置。

找到要抛出的正确异常

要找到注入失败的正确位置，需要理解应用程序的（子集）工作方式。这是使混沌工程既令人兴奋又具有挑战性（你可以学习很多不同的软件）的事情之一。

自动化一些发现是可能的（见 7.4 节），但实际情况是，你需要（快速）构建对事物如何工作的理解。在前面的章节中，你学习了一些可以帮助你做到这一点的技术（例如，通过观察系统调用或 BCC 工具来了解被调用的方法）。适合这项工作的工具将取决于应用程序本身、它的复杂程度以及它所构建的代码的数量。一个简单但有用的技术是搜索抛出的异常。

提醒一下，在 Java 中，每个方法都需要声明其代码使用 throws 关键字可能抛出的任何异常。例如，一个可能抛出 IOException 的虚构方法可能如下所示：

```
public static void mightThrow(String someArgument) throws IOException {
  // definition here
}
```

只需搜索该关键字，就可以在源代码中找到可能抛出异常的所有位置。在 VM 内部的终端窗口中执行以下命令：

```
cd ~/src/examples/jvm/src/src/main/java/com/seriouscompany/business/java/
fizzbuzz/packagenamingpackage/                        ← 进入文件夹下，以避免处
grep \                                                    理输出中的超级长的路径
   -n \                          ← 打印行号
   -r \
   ") throws" .       ← 递归地在子文
                                件夹中搜索
```

你将看到以下输出，列出了使用 throws 关键字的三个位置（粗体）。最后一个是接口，所以我们现在先忽略它。让我们关注前两个位置：

```
./impl/strategies/SystemOutFizzBuzzOutputStrategy.java:21:
public void output(final String output) throws IOException {

./impl/ApplicationContextHolder.java:41:
public void setApplicationContext(final ApplicationContext
applicationContext) throws BeansException {

./interfaces/strategies/FizzBuzzOutputStrategy.java:14:
public void output(String output) throws IOException;
```

通过在终端窗口中运行以下命令，让我们看一下该列表中的第一个文件 SystemOut-FizzBuzzOutputStrategy.java：

```
cat ~/src/examples/jvm/src/src/main/java/com/seriouscompany/business/java/
fizzbuzz/packagenamingpackage/impl/strategies/SystemOutFizzBuzzOutputStrategy
.java
```

你将看到以下输出（已省略部分内容），其中有一个名为 output 的方法，能够抛出 IOException。方法简单，打印到标准输出并刷新。这是当你运行应用程序并在控制台中看到所有输出时在内部使用的类和方法：

```
(...)
public class SystemOutFizzBuzzOutputStrategy implements
    FizzBuzzOutputStrategy {
(...)
    @Override
    public void output(final String output) throws IOException {
            System.out.write(output.getBytes());
            System.out.flush();
    }
}
```

这看起来像是一个很好的教育实验的起点：

❏ 它相当简单。

❏ 当你简单地运行程序时使用它。

❏ 如果错误处理不正确，有可能使程序崩溃。

它是个不错的候选者，所以我们把它作为实验的目标。你可以继续设计这个实验。我们就这么做吧。

7.2.2 实验的计划

不需要查看其余的源代码，你可以设计一个混沌实验，将 IOException 注入 SystemOutFizzBuzzOutputStrategy 类的 output 方法中，以验证应用程序作为一个整体能够承受这种情况。如果错误处理逻辑是正确的，那么期望它重试失败的写操作，至少记录一个错误消息并发出失败的运行信号是合理的。你可以利用返回代码来知道应用程序是否成功完成。

把所有这些放到我们通常的四步模板中，这就是实验的计划：

1. 可观测性：应用程序的返回代码和标准输出。

2. 稳态：应用运行成功，输出正确。

3. 假设：如果在 SystemOutFizzBuzzOutputStrategy 类的 output 方法中抛出 IOException 异常，应用程序在运行后返回一个错误代码。

4. 运行实验!

这个计划听起来很简单，但是要实现它，你需要知道如何动态地修改一个方法。这是由 JVM 的一个通常被称为 javaagent 的特性实现的，该特性允许我们编写一个类，该类可以重写加载到 JVM 中的任何其他 Java 类的字节码。字节码？别担心，我们一会儿就会讲到。

动态修改字节码是一个高级主题，即使对经验丰富的 Java 开发人员来说也可能是新的。它在混沌工程的实践中特别有趣。它允许你将失败注入其他人的代码，以实现各种混沌实验。这也很容易把事情搞砸，因为这种技术让你可以访问 JVM 中执行的几乎所有代码，包括内置类。因此，确保你明白自己在做什么是很重要的，我将花时间来指导你。

我想给你所有需要的工具来实现这个实验：

❑ 在开始修改字节码之前，快速回顾一下什么是字节码，以及如何查看字节码。

❑ 查看由 Java 代码生成的字节码的简单方法。

❑ java.lang.instrument 接口的概述，以及如何使用它实现可以修改其他类的类。

❑ 介绍如何在没有外部依赖的情况下实现我们的实验。

❑ 最后，一旦你理解了动态修改代码是如何工作的，一些高级工具可以为你完成一些工作。

让我们从让你熟悉字节码开始。

7.2.3　JVM 字节码简介

Java 的一个关键设计目标是使其具有可移植性——一次编写，随处运行（WORA）原则。为此，Java 应用程序在 JVM 中运行。当你运行一个应用程序时，它首先从源代码（.Java）编译成 Java 字节码（.class），然后可以由任何兼容的 JVM 实现在任何支持它的平台上执行。字节码独立于底层硬件。这个过程总结在图 7.1 中。

JVM 是什么样的？你可以在 https://docs.oracle.com/javase/specs/ 上免费查看所有 Java 版本的正式规范，它们相当不错。在 http://mng.bz/q9oK 上查看 Java 8 JVM 规范（这是你在本书随附的 VM 中运行的版本）。它描述了 .class 文件的格式，VM 的指令集（类似于物理处理器的指令集）以及 JVM 本身的结构。

你总是可以在正式规范中查找内容，这一点很好。但没有什么比自己动手更能教人，所以让我们亲自动手，看看这个过程在实践中是怎样的。你想要修改其他人的字节码，因此在此之前，让我们先看看字节码是什么样子的。

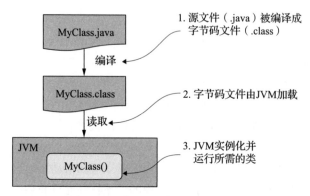

图 7.1 运行 Java 代码的高级概览

阅读字节码

好吧，所以你想要动态地修改别人的代码来为我们的混沌实验注入失败。如果你是认真的（并且想要负责任），你需要熟悉字节码实际上是什么样子的。让我们来看看编译、运行和查看一个简单类的字节码的整个过程。

为了方便开始，我准备了一个示例应用程序供你使用。让我们首先在 VM 中打开一个终端窗口，然后运行以下命令切换到示例的位置：

```
cd ~/src/examples/jvm/
```

在该目录中，你将发现子文件夹结构（./org/my）和示例程序（Example1.java）。目录结构很重要，因为它需要与包名匹配，所以让我们在本章的其余部分坚持使用相同的文件夹。运行这个命令可以看到示例程序的内容：

```
cat ./org/my/Example1.java
```

你将看到下面的 Hello World 程序，一个名为 Example1 的类。注意，它包含了一个 main 方法，它只调用一次 println（以粗体标明），将一条简单的消息打印到标准输出：

```
package org.my;

class Example1
{
    public static void main(String[] args)
    {
        System.out.println("Hello chaos!");
    }
}
```

在运行程序之前，需要将其编译为字节码。你可以使用 javac 命令行工具实现这一点。在我们的简单示例中，你只需要指定文件路径。运行以下命令编译：

```
javac ./org/my/Example1.java
```

没有输出意味着没有错误。

提示　如果你想了解更多关于编译器在那里所做的事情，请运行相同的命令，并添

加 -verbose 标志。字节码文件到哪里去了？它将位于源文件旁边，文件名与类本身的名称相对应。

让我们通过运行以下命令再次查看这个子文件夹：

```
ls -l ./org/my/
```

你将看到如下所示的输出。请注意新文件 Example1.class，这是编译 Java 文件（粗体部分）的结果：

```
(...)
-rw-r--r-- 1 chaos chaos 422 Jun  4 08:44 Example1.class
-rw-r--r-- 1 chaos chaos 128 Jun  3 10:43 Example1.java
(...)
```

要运行它，你可以使用 java 命令并指定完全限定类名（带有包前缀）。记住，你仍然需要在同一个目录中运行：

```
java org.my.Example1
```

你会看到 Hello World 程序的输出：

```
Hello chaos!
```

程序运行了，这很好，但我打赌这对你来说都是旧消息。即使你对 Java 不是很熟悉，你所采取的步骤也与任何其他编译语言非常相似。你以前可能没有见过它生成的字节码。幸运的是，JDK 附带了另一个工具 javap，它允许我们以人类可读的形式打印类的字节码内容。对我们的 org.my.Example1 类，执行以下命令：

```
javap -c org.my.Example1
```

你将看到如下输出（已省略为仅显示 main 方法），描述为 Example1 类生成的 JVM 指令。你会看到四个说明：

```
Compiled from "Example1.java"
class org.my.Example1 {
(...)
  public static void main(java.lang.String[]);
    Code:
       0: getstatic      #2    // Field
     java/lang/System.out:Ljava/io/PrintStream;
       3: ldc            #3    // String Hello chaos!
       5: invokevirtual  #4    // Method
     java/io/PrintStream.println:(Ljava/lang/String;)V
       8: return
}
```

让我们看一条指令来理解它的格式。例如这条指令：

```
3: ldc            #3    // String Hello chaos!
```

格式如下：

❑ 相对地址
❑ 冒号

❑ 指令名称（你可以在 JVM 规范文档中查找该指令）

❑ 参数

❑ 描述参数的注释（人类可读的格式）

将组成 main 方法的指令翻译成中文，你有一个 getstatic 指令，它从 java.lang.System 类获取 java.io.PrintStream 类型的静态字段 out[⊖]。然后是一个 ldc 指令，加载一个常量字符串 "Hello chaos!" 然后把它压入所谓的操作数堆栈。接下来是 invokvirtual 指令，该指令调用实例方法 .println 并弹出之前推入操作数堆栈的值。最后，return 指令结束函数调用。瞧！就 JVM 而言，这就是 Example1.java 文件中所写的内容。

这个可能会有点枯燥。为什么从混沌工程的角度来看它很重要？因为这就是你要修改的来给我们的混沌实验注入失败的东西。

你可以从我前面提到的文档（http://mng.bz/q9oK）中查找关于这些说明的所有细节，但现在没有必要。作为混沌工程的实践者，我希望你知道你可以很容易地访问字节码，以人类可读的（-ish）形式查看它，并查找你可能想要更详细理解的任何定义。

关于 JVM 还有许多其他有趣的东西，但在本章中，我只需要让你熟悉一些基本的字节码。对 JVM 字节码的这一瞥提供了你理解下一步所需的足够信息：动态插装字节码。现在让我们来看看。

使用 -javaagent 来检测 JVM

你在探索如何实现你设计的混沌实验，而要做到这一点，你需要知道如何动态修改代码。这可以通过 JVM 直接提供的机制来实现。

这将涉及一些技术，所以我只想说：你将在 7.3 节中了解使它变得更容易的高级工具，但是为了理解这种方法的局限性，首先了解 JVM 实际上提供了什么是很重要的。直接跳到更高层次的东西有点像不了解变速箱的工作原理就驾驶汽车。这对大多数人来说可能还好，但对赛车手来说工作原理是不可或缺的。做混沌工程的时候，我需要你成为一名赛车手。

结束了前面的介绍，让我们深入研究一下 JVM 必须提供的功能。Java 通过 JDK 1.5 版（http://mng.bz/7VZx）开始提供的 java.lang.instrument 软件包内置了检测和代码转换功能。人们通常将其称为 javaagent，因为这是你用来附加工具的命令行参数的名称。程序包定义了两个接口，你需要将这两个接口注入类：

❑ ClassFileTransformer——实现此接口的类可以注册以转换 JVM 的类文件，它需要一个称为 transform 的单一方法。

❑ Instrumentation——允许在 JVM 中注册实现 ClassFileTransformer 接口的实例，以便在使用类之前接收修改的类。

⊖ 有关 out 的文档，请参见 http://mng.bz/PPo2。有关 java.io.Printstream 的文档，请参见 http://mng.bz/JDVp。有关 java.lang.System 的文档，请参见 http://mng.bz./w9y7。

它们一起工作使将代码注入类成为可能，正如你在实验中所需要的那样，这种设置允许你注册一个类（实现 `ClassFileTransformer`），它将在使用所有其他类之前接收它们的字节码，并能够对它们进行转换。图 7.2 总结了这一点。

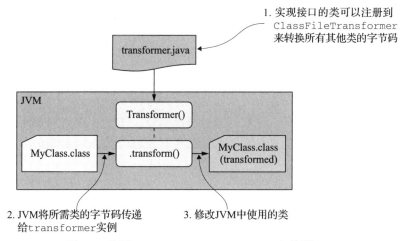

图 7.2 使用 `java.lang.instrument` 包检测 JVM

突击测验：什么是 javaagent?

选择一个：

1. 一名来自印度尼西亚的特勤局特工，出自一部著名的系列电影。

2. 一个标记，用于指定一个包含代码的 JAR，以便动态地检查和修改加载到 JVM 中的代码。

3. 电影《黑客帝国》的仿制版本中主角的宿敌。

答案见附录 B。

现在，我知道这是大量的新信息，所以我建议通过两个步骤来吸收这些信息：

1. 让我们用 `javaagent` 完成所有设置，但是先不要修改任何代码。

2. 添加实际的代码，分别修改你感兴趣的类的字节码。

要实现第一部分，你只需要遵循 `java.lang.instrument` 的架构步骤即可。为了让你的生活更轻松，让我为你总结一下。可以归结为以下四个步骤：

1. 编写一个实现 `ClassFileTransformer` 接口的类，我们称它为 `ClassPrinter`。

2. 使用 `premain` 方法实现另一个类，该方法将注册 `ClassPrinter` 的一个实例，这样 JVM 就知道如何使用它，我们称它为 `Agent`。

3. 将 `Agent` 和 `ClassPrinter` 类打包到一个 JAR 文件中，并添加一个额外的属性 `Premain - Class`，指向带有 `premain` 方法（`Agent`）的类。

4. 运行 Java，附加参数 `-javaagent:/path/to/agent.jar`，指向在上一步中创建的 JAR 文件。

让我们开始大干一场吧！我为你准备了你需要的三份文件。首先，你需要 `ClassPrinter` 类，你可以在终端窗口中运行以下命令来查看该类：

```
cat ~/src/examples/jvm/org/agent/ClassPrinter.java
```

你将看到一个类的内容，该类只有一个方法 `transform`，这是满足 `ClassFileTransformer` 接口所需要的（都用粗体显示）。你将注意到，该方法有一组接口所需的参数。在我们的 chaos 实验的用例中，你只需要其中两个（均为粗体）：

❑ `className`——要转换的类的名称

❑ `classfileBuffer`——类文件的实际二进制内容

现在，正如我前面所建议的，让我们跳过修改部分，只打印 JVM 将调用代理的每个类的名称和大小，并不变地返回类文件缓冲区。这将有效地列出 JVM 加载的所有类，按照它们加载的顺序，向你展示 javaagent 机制的工作情况：

```
package org.agent;
import java.lang.instrument.ClassFileTransformer;
import java.lang.instrument.IllegalClassFormatException;
import java.security.ProtectionDomain;
class ClassPrinter implements ClassFileTransformer {      // JVM 带来的用于转换的类的名称
    public byte[] transform(ClassLoader loader,
                            String className,               // 
                            Class<?> classBeingRedefined,
                            ProtectionDomain protectionDomain,   // 类文件的二进制内容
                            byte[] classfileBuffer)
            throws IllegalClassFormatException {
    System.out.println("Found class: " + className          // 只输出类的名称和它的二进制大小
    + " (" + classfileBuffer.length + " bytes)");
    return classfileBuffer;                                 // 返回没有修改过的类
    }
}
```

现在，你需要实际注册这个类，以便 JVM 将其用于检测。这也很简单，我准备了一个示例类来实现这一点。在终端窗口中运行以下命令：

```
cat ~/src/examples/jvm/org/agent/Agent.java
```

你将看到以下 Java 类。它导入了 `Instrumentation` 包，并实现了特殊的 `premain` 方法（以粗体显示），JVM 将在执行 `main` 方法之前调用该方法。它使用 `addTransformer` 方法注册 `ClassPrinter` 类的实例（也为粗体）。这实际上是使 JVM 接受类的实例并允许它修改所有其他类的字节码的方式：

```
package org.agent;                          // premain 方法需要具有此特殊签名      // 调用该方法时，JVM 将传递一个实现 Instrumentation 接口的对象

import java.lang.instrument.Instrumentation;

class Agent {
  public static void premain(String args,
                             Instrumentation instrumentation){
    ClassPrinter transformer = new ClassPrinter();
```

```
    instrumentation.addTransformer(transformer);
  }
}
```

使用 addTransformer 方法
注册 ClassPrinter 类的实例

最后，`Premain-Class` 是一个特殊属性，在将这两个类打包到 JAR 文件中时需要设置它。属性的值需要指向具有 `premain` 方法的类的名称（本例中是 `org.agent.Agent`）。这样 JVM 就知道要调用哪个类。最简单的方法是创建一个清单（manifest）文件。我为你准备了一个。要查看它，在终端窗口中运行以下命令：

```
cat ~/src/examples/jvm/org/agent/manifest.mf
```

你将看到以下输出。请注意 `Premain - Class` 属性，它指定了我们的 `Agent` 类的完全限定类名，即带有 `premain` 方法的类。同样，这是告诉 JVM 使用这个特定类来附加检测的方法。

```
Manifest-Version: 1.0
Premain-Class: org.agent.Agent
```

这就是你需要的所有材料。最后一步是用 JVM 要求的 `-javaagent` 参数格式将它们打包在一起，这是一个简单的 JAR 文件，包含所有必需的类和刚才介绍的特殊属性。现在让我们运行命令编译这两个类，将 JAR 文件构建到 agent1.jar 中：

```
cd ~/src/examples/jvm
javac org/agent/Agent.java
javac org/agent/ClassPrinter.java
jar vcmf org/agent/manifest.mf agent1.jar org/agent
Once that's ready, you're all done. You can go ahead and leverage the
-javaagent argument of the java command, to use our new instrumentation.
Do that by running the following command in a terminal window:
cd ~/src/examples/jvm
java \
    -javaagent:./agent1.jar \
    org.my.Example1
```

使用 -javaagent 参数指
定检测 JAR 文件的路径

运行你之前看过的
Example1 类

你将看到以下输出（已省略部分内容），插装（instrumentation）列出了传递给它的所有类。有很多内置类，然后是目标类的名称，`org/my/Example1`（粗体）。最终，你可以看到目标类的 `main` 方法的输出，也就是你熟悉的 `Hello Chaos!`（同样是粗体）：

```
(...)
Found class: sun/launcher/LauncherHelper (14761 bytes)
Found class: java/util/concurrent/ConcurrentHashMap$ForwardingNode (1618 bytes)
Found class: org/my/Example1 (429 bytes)
Found class: sun/launcher/LauncherHelper$FXHelper (3224 bytes)
Found class: java/lang/Class$MethodArray (3642 bytes)
Found class: java/lang/Void (454 bytes)
Hello chaos!
(...)
```

所以它成功工作了，非常好！你刚刚对 JVM 进行了插装，而且在这个过程中甚至没有费什么力气。你现在离实现我们的混沌实验已经很近了，我敢肯定你迫不及待地想要完成这项工作。让我们开始动手吧！

7.2.4　实验的实现

你离实现我们的混沌实验只有一步之遥。你知道如何将工具连接到 JVM，并获取所有类及其传递给你的字节码。现在，你只需要弄清楚如何修改字节码以包含实验所需的失败。你希望将代码自动注入目标类，以模拟它抛出异常。提醒一下，是这个类：

```
(...)
public class SystemOutFizzBuzzOutputStrategy implements
    FizzBuzzOutputStrategy {
(...)
    @Override
    public void output(final String output) throws IOException {
            System.out.write(output.getBytes());
            System.out.flush();
    }
}
```

对于这个实验，这个异常在方法体的什么地方抛出并不重要，所以你可以在开始时添加它。但是你如何知道要添加哪些字节码指令呢？一个简单的方法就是复制一些现有的字节码。现在让我们看看如何做到这一点。

应该注入哪些指令

由于 javaagent 机制对字节码进行操作，因此你需要知道要注入的字节码指令。幸运的是，你现在知道如何查看 .class 文件的内部，并且可以利用它来编写要注入 Java 的代码，然后查看它生成的字节码。为此，我准备了一个引发异常的简单类。在 VM 的终端窗口中运行以下命令以查看它：

```
cat ~/src/examples/jvm/org/my/Example2.java
```

你将看到以下代码。它有两个方法———一个是静态的 throwIOException 方法，它除了抛出一个 IOException 之外什么也不做；另一个是 main 方法，它调用 throwIOException 方法（都用粗体显示）：

```
package org.my;
import java.io.IOException;
class Example2
{
    public static void main(String[] args) throws IOException
    {
        Example2.throwIOException();
    }

    public static void throwIOException() throws IOException
    {
        throw new IOException("Oops");
    }
}
```

我添加了这种额外的方法来使事情变得更容易。在字节码中，调用无参数的静态方法非常简单。你可以通过编译类并打印其字节码来进行检查。在同一终端上运行以下命令：

```
cd ~/src/examples/jvm/
javac org/my/Example2.java
javap -c org.my.Example2
```

你将看到以下字节码（省略了其他内容，仅显示 main 方法）。请注意，这是一条单独的 invokestatic JVM 指令，指定了要调用的方法，并且没有参数，也没有返回值（在注释中由 ()V 表示）。这是个好消息，因为你只需要添加一条指令注入目标方法：

```
(...)
  public static void main(java.lang.String[]) throws java.io.IOException;
    Code:
       0: invokestatic  #2 // Method throwIOException:()V
       3: return
(...)
```

要使你的目标方法 SystemOutFizzBuzzOutputStrategy.output 引发异常，你可以在其开头添加一条 invokestatic 指令，指向任何引发所需异常的静态方法。最后，让我们看一下如何将所有这些结合在一起。

动态注入代码到 JVM

你知道要注入哪些指令，在哪里注入它们以及如何使用仪器来实现该指令。最后一个问题是如何实际修改 JVM 将传递给你的类的字节码。你可以返回 JVM 规范，打开有关类文件格式的章节，并实现代码以解析和修改指令。幸运的是，你不需要重新发明轮子。以下是可以使用的一些框架和库：

❑ ASM, https://asm.ow2.io/
❑ Javassist, www.javassist.org
❑ Byte Buddy, https://bytebuddy.net/
❑ The Byte Code Engineering Library, https://commons.apache.org/proper/commons-bcel/
❑ cglib, https://github.com/cglib/cglib

本着简洁的精神，我将向你展示如何使用 ASM 库重写一种方法，但是你可以选择这些框架中的任何一个。这里的重点不是要教你如何成为修改 Java 类的专家。这是为了让你对该过程的工作方式有足够的了解，以便你可以设计有意义的混沌实验。

在现实生活中的实验中，你可能会使用 7.3 节中详细介绍的高级工具之一，但是了解如何从头开始实现一个完整的示例非常重要。你还记得赛车手和变速箱的类比吗？在进行混沌工程设计时，你需要了解方法的局限性，而在使用无法理解的工具时则很难做到。让我们深入学习。

Groovy 和 Kotlin

如果你想知道 Apache Groovy（www.groovy-lang.org/）和 Kotlin（https://kotlinlang.

org/）语言是如何在 JVM 中运行的，那么答案是它们使用 ASM 来生成字节码。像 Byte Buddy（https://bytebuddy.net/）这样的高级库也是如此。

回想一下，我之前建议将实现分为两步，第一步是 `org.agent` 软件包，用于打印由 JVM 传递给你的工具的类。现在，我们进行第二步，并在此基础上添加字节码重写部分。

我准备了另一个软件包 `org.agent2`，该软件包实现了你要使用 ASM 进行的修改。请注意，ASM 已经随 OpenJDK 一起提供，因此无须安装它。ASM 是一个大型库，具有良好的文档，但是这里你将使用其中的很小一部分功能。在 VM 内的终端运行以下命令查看：

```
cd ~/src/examples/jvm/
cat org/agent2/ClassInjector.java
```

你将看到以下类 `org.agent2.ClassInjector`。毕竟是 Java，所以有点冗长。就像你之前看到的那样，它实现了为插装 JVM 内部类的字节码而需要注册的 `transform` 方法。它还实现了另一个方法，即静态 `throwIOException`，该方法将消息输出到 stderr 并引发异常。`transform` 方法查找类的（很长）名称，并且仅在类名称匹配时进行任何重写。该方法使用 ASM 库 `ClassReader` 实例将类的字节码读取为内部表示形式，作为 `ClassNode` 类的实例。该 `ClassNode` 实例允许你执行以下操作：

1. 遍历所有方法。

2. 选择一个名为 `output` 的方法。

3. 插入一条 `invokestatic` 指令作为第一条指令，以调用 `throwIOException` 静态方法。

如图 7.3 所示。

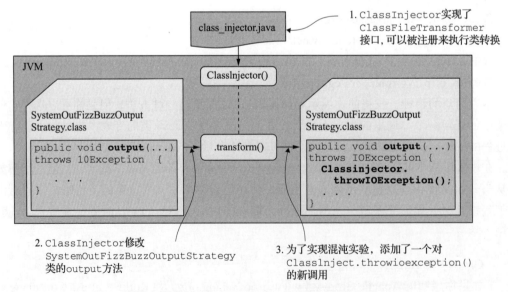

图 7.3 使用 `java.lang.instrument` 包检测 JVM

看看下面清单中的 ClassInjector 类。

清单 7.1　ClassInjector.java

```java
package org.agent2;

import java.io.IOException;
import java.util.List;
import java.lang.instrument.ClassFileTransformer;
import java.lang.instrument.IllegalClassFormatException;
import java.security.ProtectionDomain;

import jdk.internal.org.objectweb.asm.ClassReader;
import jdk.internal.org.objectweb.asm.ClassWriter;
import jdk.internal.org.objectweb.asm.tree.*;
import jdk.internal.org.objectweb.asm.Opcodes;
public class ClassInjector implements ClassFileTransformer {
    public String targetClassName =
     "com/seriouscompany/business/java/fizzbuzz/packagenamingpackage/impl/
      strategies/SystemOutFizzBuzzOutputStrategy";

    public byte[] transform(ClassLoader loader, String className,
    Class<?> classBeingRedefined, ProtectionDomain protectionDomain,
    byte[] classfileBuffer) throws IllegalClassFormatException {

        if (className.equals(this.targetClassName)){

            ClassNode classNode = new ClassNode();
            new ClassReader(classfileBuffer).accept(classNode, 0);
            classNode.methods.stream()
            .filter(method -> method.name.equals("output"))
            .forEach(method -> {
                InsnList instructions = new InsnList();
                instructions.add(new MethodInsnNode(
                    Opcodes.INVOKESTATIC,
                    "org/agent2/ClassInjector",
                    "throwIOException",
                    "()V",
                    false // not a method
                ));
                method.maxStack += 1;
                method.instructions.insertBefore(
                method.instructions.getFirst(), instructions);
            });
            final ClassWriter classWriter = new ClassWriter(0);
            classNode.accept(classWriter);
            return classWriter.toByteArray();
        }
        return classfileBuffer;
    }
    public static void throwIOException() throws IOException
    {
        System.err.println("[CHAOS] BOOM! Throwing");
        throw new IOException("CHAOS");
    }
}
```

同样的 transform 方法需要实现 ClassFileTransformer 接口

读取字节码并将其解析为内部表示的 ClassNode 类型

仅过滤名为"output"的方法

创建一个 invokestatic 类型的新指令,在 org/agent2/ClassInjector 类上调用一个没有参数和返回值的静态方法 throwIOException

要在栈上允许额外的指令,需要增加其大小

在方法的开头插入指令

使用 ClassWriter 类生成最终的字节码

再一次强调，为了满足 javaagent 参数接受的格式的要求，以便 JVM 使用此类作为检测，你需要以下内容：

❑ 一个具有名为 premain 的方法的类，该方法创建并注册 ClassInjector 类的实例。

❑ 包含特殊属性 Premain-Class 的清单，指向具有 premain 方法的类。

❑ 将它们打包成一个 JAR 文件，将它传入 javaagent 参数。

我为你编写了简单的 premain 类 org.agent2.Agent，可以在同一文件夹中运行以下命令来查看该类：

```
cat org/agent2/Agent.java
```

你将看到以下类，它实现了 premain 方法并使用你之前使用过的相同的 addTransformer 方法，以此向 JVM 注册 ClassInjector 类的实例。再一次说明，这就是告诉 JVM 将所有正在加载的类传递给 ClassInjector 进行修改的方法：

```
package org.agent2;
import java.lang.instrument.Instrumentation;
class Agent {
  public static void premain(String args, Instrumentation instrumentation){
    ClassInjector transformer = new ClassInjector();
    instrumentation.addTransformer(transformer);
  }
}
```

我还准备了一个与前一个非常相似的清单，以便你可以按照 javaagent 参数所需的方式构建 JAR。你可以在同一目录下运行以下命令来查看它：

```
cat org/agent2/manifest.mf
```

你将看到以下输出。与之前的清单唯一不同的是它指向新的 agent 类（以粗体显示）：

```
Manifest-Version: 1.0
Premain-Class: org.agent2.Agent
```

还剩拼图的最后一部分，为了能够访问 internal.jdk 包，你需要在编译类时添加 -XDignore.symbol.file 标志。有了以上标志，你就可以准备一个新的 agent JAR，我们称之为 agent2.jar。仍然在同一目录下运行以下命令来创建它：

```
cd ~/src/examples/jvm/
javac -XDignore.symbol.file org/agent2/Agent.java
javac -XDignore.symbol.file org/agent2/ClassInjector.java
jar vcmf org/agent2/manifest.mf agent2.jar org/agent2
```

生成的 agent2.jar 文件将在当前目录中创建，可以使用它来实现我们的实验。准备好了吗？让我们运行它。

运行实验

最终，你已完成所有准备工作，接下来运行实验并查看会发生什么。提醒一下，这是我们的实验计划：

1. 可观测性：应用程序的返回码和标准输出。

2. 稳态：应用程序成功运行并打印正确的输出。

3. 假设：如果 SystemOutFizzBuzzOutputStrategy 类的 output 方法抛出 IOException 异常，应用程序运行后会返回错误码。

4. 运行实验！

首先，让我们运行未修改的应用程序。检查输出和返回代码以此来建立稳态。你可以通过在终端窗口中运行以下命令来做到这一点：

```
java \
-classpath "./FizzBuzzEnterpriseEdition/lib/*" \
com.seriouscompany.business.java.fizzbuzz.packagenamingpackage.impl.Main \
2> /dev/null
```

允许 java 通过使用 * 通配符传递目录，来查找应用程序的 JAR 文件

指定 main 函数的路径

删除嘈杂的日志消息

几秒钟后，你将看到以下输出（已省略部分内容）。输出是正确的：

```
1
2
Fizz
4
Buzz
(...)
```

让我们在同一终端窗口中运行以下命令来验证返回码：

```
echo $?
```

输出为 0，表示运行成功。所以稳态是满足的：你有正确的输出和成功的运行。现在让我们运行实验！运行相同的应用程序，但这次使用你的插装，请运行以下命令：

```
java \
-javaagent:./agent2.jar
-classpath "./FizzBuzzEnterpriseEdition/lib/*" \
com.seriouscompany.business.java.fizzbuzz.packagenamingpackage.impl.Main \
2> /dev/null
```

添加你刚刚构建的 javaagent 插装 JAR

这一次将没有输出，这是可以理解的，因为你修改了执行打印的函数以始终抛出异常。让我们验证假设：应用程序捕获到了错误，并返回对应的返回码。要检查返回码，请在同一终端中重新运行相同的命令：

```
echo $?
```

输出仍然为 0，我们的实验失败并显示应用程序存在问题。事实证明，关于 FizzBuzzEnterpriseEdition 的假设是错误的。尽管没有打印任何内容，但它的返回码并没有表示错误。休斯敦，我们有问题了！

通过实验我们学到了很多，所以我希望你感谢你刚刚所做的：

❑ 你从一个你不熟悉的现有应用程序开始。

❑ 你找到了一个抛出异常的地方，并设计了一个混沌实验，来测试在那个地方抛出的异常是否被应用程序以合理的方式处理。

❑ 你准备并应用了 JVM 插装，没有神奇的工具和外部依赖。

❑ 你准备并应用了自动字节码修改，除了 OpenJDK 已经提供的 ASM 库之外，没有任何外部依赖项。

❑ 你运行了实验，动态修改了代码，并科学地证明了应用程序没有很好地处理故障。

再强调一次，错了也没关系。像这样的实验就应该帮助你发现软件问题，就像你刚才所做的。如果你的工作一切顺利，本章将会非常无聊，这样的结果很好，不是吗？

重要的是，你的工具箱中又多了一个工具，并揭开了另一个技术栈的神秘面纱。希望这会早日派上用场。

既然你了解了底层机制的工作原理，你就可以稍微偷个懒了——走捷径。让我们来看看一些有用的工具，你可以利用这些工具在下一次实验中达到相同的效果，并且避免进行大量输入。

> **突击测验：以下哪个不是 JVM 内置的功能？**
>
> 选择一个：
>
> 1. 一种在类加载时检查类的机制。
> 2. 一种在类加载时修改类的机制。
> 3. 一种查看性能指标的机制。
> 4. 一种将常规的、无聊的名称转化为可供企业使用名称的机制。例如："黄油刀" →
> "专业的、不锈钢强化的、洗碗机安全的、符合道德标准的、维护成本低的黄油涂抹
> 装置"。
>
> 答案见附录 B。

7.3 已有的工具

尽管了解 JVM java.lang.instrument 包的工作原理对于设计有意义的混沌实验很重要，但你无须每次都重新发明轮子。在本节中，我将向你展示一些免费的开源工具，你可以使用它们来使工作更轻松。让我们从 Byteman 开始。

7.3.1 Byteman

Byteman（https://byteman.jboss.org/）是一个功能丰富的工具，允许动态修改 JVM 类的字节码（使用你在本章中学到的相同的工具），以跟踪、监视和处理 Java 代码的行为。

它的不同之处在于它自带一个简单的领域特定语言（DSL），它非常具有表现力，并允许你描述如何修改 Java 类的源代码，而不需要知道实际的字节码结构（你可以这样做，因

为你已经知道它的工作原理）。让我们从安装开始，来看看如何使用它。

安装 Byteman

你可以在 https://byteman.jboss.org/downloads.html 获得所有版本的 Byteman 的二进制文件、源代码和文档。在撰写本文时，最新版本为 4.0.11。在你的 VM 中，该版本被下载并解压缩到了 ~/src/examples/jvm/byteman-download-4.0.11。如果你想在其他主机上下载它，你可以在终端中运行以下命令：

```
wget https://downloads.jboss.org/byteman/4.0.11/byteman-download-4.0.11-bin.zip
unzip byteman-download-4.0.11-bin.zip
```

该命令将创建一个名为 byteman-download-4.0.11 的新文件夹，其中包含 Byteman 及其文档。你需要的是 byteman.jar 文件，该文件可以在 lib 子文件夹中找到。在同一终端中运行以下命令查看它：

```
ls -l byteman-download-4.0.11/lib/
```

你将看到三个 JAR 文件，我们重点关注 byteman.jar（以粗体显示），你可以将其用作 -javaagent 参数：

```
-rw-rw-r-- 1 chaos chaos  10772 Feb 24 15:32 byteman-install.jar
-rw-rw-r-- 1 chaos chaos 848044 Feb 24 15:31 byteman.jar
-rw-rw-r-- 1 chaos chaos  15540 Feb 24 15:29 byteman-submit.jar
```

这就安装好了，可以继续了，让我们使用它。

使用 Byteman

为了说明使用 Byteman 有多简单，让我们重新实现你在 7.2.4 节混沌实验中所做的修改。要做到这一点，你需要执行以下三个步骤：

1. 准备一个在目标方法中抛出异常的 Byteman 脚本（文件命名为 throw.btm）。

2. 使用 byteman.jar 作为 -javaagent 参数运行 Java。

3. 指定 byteman.jar 使用你的 throw.btm 脚本。

让我们从第一步开始。Byteman 脚本是一个纯文本文件，可以包含任意数量的规则，每个规则都遵循以下格式（可以从 http://mng.bz/mg2n 获取程序员指南）：

```
# rule skeleton
RULE <rule name>
CLASS <class name>
METHOD <method name>
BIND <bindings>
IF  <condition>
DO  <actions>
ENDRULE
```

我准备了一个脚本，它完全可以实现你之前做的混沌实验的功能。你可以在终端窗口中运行以下命令来查看它：

```
cd ~/src/examples/jvm/
cat throw.btm
```

你将看到以下规则。它与你之前所做的完全一样：它更改 SystemOutFizzBuzz
OutputStrategy 类中的 output 方法，在方法入口处抛出 java.io.IOException 异常：

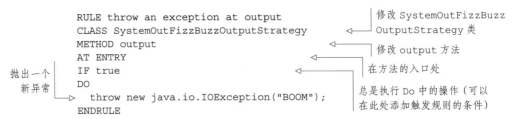

```
RULE throw an exception at output          修改 SystemOutFizzBuzz
CLASS SystemOutFizzBuzzOutputStrategy      OutputStrategy 类
METHOD output                              修改 output 方法
AT ENTRY                                   在方法的入口处
IF true
DO                                         总是执行 Do 中的操作（可以
  throw new java.io.IOException("BOOM");   在此处添加触发规则的条件）
ENDRULE
```

抛出一个
新异常

有了这些，让我们继续执行第 2 步和第 3 步。在 Java 中使用 -javaagent 参数时，
可以在等号（=）后传递额外的参数。对于 Byteman 而言，唯一支持的参数是 script=< 要
执行的脚本的位置 >。因此，要运行与之前相同的 FizzBuzzEnterpriseEdition 类，
但让 Byteman 执行你的脚本（以粗体显示），你需要做的就是运行以下命令：

```
                                           使用 Byteman JAR 文件作为 javaagent，
                                           并在 "=" 号后指定你的脚本
cd ~/src/examples/jvm/
java \
  -javaagent:./byteman-download-4.0.11/lib/byteman.jar=script:throw.btm \
  -classpath "./FizzBuzzEnterpriseEdition/lib/*" \
  com.seriouscompany.business.java.fizzbuzz.packagenamingpackage.impl.Main \
  2>/dev/null
                       丢弃 stderr 以避免
                       看到无关紧要的日志
```

你根本看不到任何输出，和你之前运行的实验一样。你无须编写或编译任何 Java 代码，
或者处理任何字节码即可获得相同的结果。

相比于自己编写插装工具，使用 Byteman 简单，而且 DSL 可以帮助你很容易就快速
编写出规则，完全不用担心字节码指令。它还提供其他高级功能，例如附加到正在运行的
JVM、根据复杂条件触发规则、在方法的指定位置添加代码等。

Byteman 绝对值得了解，但还有其他一些有趣的选择，Byte-Monkey 就是其中之一，让
我们仔细了解一下。

7.3.2　Byte-Monkey

虽然不像 Byteman 那样通用，但 Byte-Monkey（https://github.com/mrwilson/byte-monkey）
值得一提。它也是利用 JVM 的 -javaagent 选项工作，并使用 ASM 库来修改字节码。
Byte-Monkey 的独特之处在于它只提供对混沌工程相关的功能，即你可以使用四种模式（来
自 README 的描述）：

Fault：从声明这些异常的方法中抛出异常
Latency：在方法调用上引入延迟
Nullify：将方法的第一个非原语参数替换为 null
Short-circuit：在 try 代码块的开始处抛出相应的异常

我将向你展示如何使用 Byte-Monkey 来实现与之前混沌实验相同的效果。但首先让我

们安装它。

安装 Byte-Monkey

你可以从 https://github.com/mrwilson/byte-monkey/releases 获取已发布的二进制文件和 Byte-Monkey 源代码。在编写本书时，唯一可用的版本是 1.0.0。在你的 VM 中，该版本已经下载到了 ~/src/examples/jvm/byte-monkey.jar。如果你想在其他主机上下载它，你可以在终端中运行以下命令：

```
wget https://github.com/mrwilson/byte-monkey/releases/download/1.0.0/byte-
monkey.jar
```

文件 byte-monkey.jar 就是你所需要的。让我们看看如何使用它。

使用 Byte-Monkey

现在到有趣的地方了。让我们重新实现这个实验，但这次有一点小小的变化！ Byte-Monkey 可以轻松地以特定的比率抛出异常，因此为了让事情变得更有趣，让我们修改方法，仅有 50% 概率抛出异常。这可以在为 JVM 指定 -javaagent JAR 时传递比率参数来实现。

运行以下命令以使用 byte-monkey.jar 文件作为你的 javaagent，使用 fault 模式，设置比率为 0.5，并只过滤完整名称（很长）的类和方法（都以粗体显示）：

```
java \
-javaagent:byte-monkey.jar=mode:fault,rate:0.5,filter:com/seriouscompany/
business/java/fizzbuzz/packagenamingpackage/impl/strategies/SystemOutFizzBuzz
OutputStrategy/output \
-classpath "./FizzBuzzEnterpriseEdition/lib/*" \
com.seriouscompany.business.java.fizzbuzz.packagenamingpackage.impl.Main \
2>/dev/null
```

以 50% 的比率触发 fault 模式（抛出异常），并再次过滤以仅影响你所指定的类和方法的很长的名称

你将看到类似如下的输出，其中打印了大约 50% 的行，其他的被跳过了：

```
(...)
1314FizzBuzz1619
Buzz
22Fizz29Buzz

FizzBuzzFizz

38Buzz41Fizz43
FizzBuzz
4749
(...)
```

瞧！ 新的一天，你的工具箱里又多了一个工具。在 GitHub（https://github.com/mrwilson/byte-monkey）上给它一颗星星吧，它受之无愧！ 当你回来的时候，让我们来看看 Spring Boot 的 Chaos Monkey。

7.3.3 Spring Boot 的 Chaos Monkey

本节最后提到的是用于 Spring Boot 的 Chaos Monkey（http://mng.bz/5j14）。我不会在这里详细介绍，但是如果你的应用程序使用 Spring Boot，你可能会对它感兴趣。它的文档非常好，并为你提供了不错的入门概述（最新版本是 2.2.0，参见 http://mng.bz/6g1G）。

在我看来，这里的不同之处在于它理解 Spring Boot，并在高级抽象上提供故障功能（称为 assaults，即攻击）。它还可以公开 API，允许你通过 HTTP 或 Java 管理扩展（JMX）动态添加、删除和重新配置这些攻击。目前支持的有以下几种：

❏ 延迟攻击——向请求注入延迟。

❏ 异常攻击——运行时抛出异常。

❏ AppKiller 攻击——在调用特定方法时关闭应用程序。

❏ 内存攻击——耗尽内存。

如果你正在使用 Spring Boot，我建议你好好看看这个框架。这是我想向你展示的第三个也是最后一个工具。让我们看一些延伸阅读。

7.4　延伸阅读

如果你想了解有关混沌工程和 JVM 的更多信息，我推荐一些读物供延伸阅读。首先是斯德哥尔摩皇家理工学院的两篇论文。你可以在 https://github.com/KTH/royal-chaos 上找到它们以及源代码：

❏ ChaosMachine（https://arxiv.org/pdf/1805.05246.pdf）——分析了三个用 Java 编写的流行软件（tTorrent、BroadleafCommerce 和 XWiki）的关于异常处理的假设，并自动为开发人员生成可操作的报告。它利用了你在本章中学到的 -javaagent 机制。

❏ TripleAgent（https://arxiv.org/pdf/1812.10706.pdf）——一种自动监控、注入故障并提高现有的在 JVM 中运行的软件弹性的系统。该论文评估了 BitTorrent 和 HedWig 项目，以证明自动弹性改进的可行性。

其次，来自里尔大学和位于里尔的法国国家数字科学与技术研究所（INRIA）的论文 "Exception Handling Analysis and Transformation Using Fault Injection: Study of Resilience against Unantipated Exceptions"（https://hal. inria.fr/hal-01062969/document）分析了 9 个开源项目，并表明在测试期间执行的 39% 的 catch 代码块可以变得更有弹性。

最后，我想提一下，当我们讨论 java.lang.instrument 包（http://mng.bz/7VZx）时，我只谈到了在启动 JVM 时检测类。还可以附加到正在运行的 JVM 并检测已经加载的类。这样做涉及实现 agentmain 方法，你可以在提到的文档页面中找到所有详细信息。

总结

❑ JVM 允许你通过使用 `java.lang.instrument` 包（JDK 的一部分）即时插装和修改代码。

❑ 在 Java 程序中，异常处理通常是一个弱点，它是混沌工程实验的一个很好的起点，即使是在你不太熟悉的源代码库上。

❑ Byteman、Byte-Monkey 和用于 Spring Boot 的 Chaos Monkey 等开源工具可以更轻松地为混沌实验注入失败，并且它们都运行在 `java.lang.instrument` 包之上以实现这一目标。

Chapter 8 第 8 章

应用级故障注入

本章涵盖以下内容：

❑ 将混沌工程功能直接构建到你的应用程序中

❑ 确保额外的代码不会影响应用程序的性能

❑ Apache Bench 的更多高级用法

到目前为止，你已经学习了将混沌工程应用于一系列不同系统的各种方法。虽然语言、工具和方法各不相同，但它们都有一个共同点：测试的源代码不受你控制。如果你的职位是 SRE 或平台工程师，这是你的本职工作。但有时你会奢望将混沌工程应用到你自己的代码中。

本章重点介绍将混沌工程直接添加到你的应用程序中，以一种快速、简单且保证有趣的方式来增加你对系统整体稳定性的信心。我将引导你设计和运行两个实验：一个将延迟注入负责与外部缓存通信的函数，另一个通过简单地引发异常的方式注入间歇性故障。示例代码是用 Python 编写的，如果你对它不太熟悉也不用担心，我保证只使用基本功能。

注意　我在本章中选择 Python 是因为它在语言流行度方面位于排行榜的前列，通过 Python 可以写出简短、富有表现力的示例。你在这里学到的东西是通用的，可以在任何语言中使用，甚至是 Node.js。

如果你感兴趣，那我们就开始吧。首先是：一个场景。

8.1　场景

假设你在一家电子商务公司工作，你正在设计一个系统，该系统根据用户之前的查询记录向其推荐新产品。作为混沌工程的从业者，你很兴奋：这是一个绝佳的机会，在添加新功能的同时，你可以将故障直接注入代码库。

要生成推荐，你需要能够追踪用户的查询，即使在他们没有登录的情况下。电子商务商店是一个网站，因此你决定简单地使用一个 cookie（https://en.wikipedia.org/wiki/HTTP_cookie）来为每个新用户存储一个会话 ID。这就使你可以区分请求，并将每个搜索查询归属到特定的会话。

延迟对于你的工作来说非常重要，如果网站对用户的响应速度不够快，他们就会从你的竞争对手那里购买商品。因此，延迟会影响一些实现的选择，并且混沌实验也可以在这方面大显身手。为了最大限度地减少系统增加的延迟，你决定使用内存键值存储 Redis（https://redis.io/）作为会话缓存，并仅存储用户所做的最后三个查询。每次用户搜索产品时，这些先前的查询都会被反馈到推荐引擎中，并返回可能感兴趣的产品，以显示在"你可能感兴趣的商品"列表中。

以下是这个系统协同工作的方式。当用户访问你的电子商务网站时，系统会检查会话 ID 是否已存储在浏览器的 cookie 中。如果没有，则会随机生成会话 ID 并存储起来。当用户搜索网站时，最后三个查询会保存在会话缓存中，用于生成推荐产品列表，然后在搜索结果中呈现给用户。

例如，在第一次搜索"苹果"后，系统可能会推荐"苹果汁"。在第二次查询"笔记本电脑"后，考虑到连续的两个查询是"苹果"和"笔记本电脑"，系统可能会推荐"macbook pro"。如果你以前从事过电子商务工作，你就会知道这是一种交叉销售的形式（https://en.wikipedia.org/wiki/Cross-selling），这是大多数在线商店都使用的一种重要而强大的技术。图 8.1 总结了这个过程。

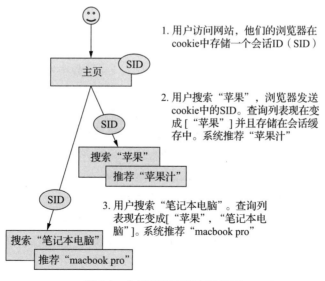

图 8.1　会话跟踪系统高级概览

学习如何实现这个系统不是本章的重点。介绍这个系统的目的是向你展示一个具体的、现实的示例，说明如何直接向应用程序中添加少量的代码，从而可以很容易地在应用程序上进行混沌实验。为此，让我首先向你介绍该系统的一个简单实现，目前没有任何针对混沌工程的更改。在你适应了这个系统之后，我将介绍在它内部构建两个混沌实验的过程。

8.1.1　实现细节：混沌之前

我将为你提供这个网站相关部分的基本实现，是用 Python 编写的，并使用 Flask HTTP 框架（https://flask.palletsprojects.com/）。如果你不了解 Flask 也不要担心，我们将逐步完成这个系统以确保一切都是清楚的。

在你的 VM 中，源代码可以在 ~/src/examples/app 中找到（有关 VM 外部安装的说明，请参阅附录 A）。代码还没有实现任何混沌实验，我们在之后会一起添加。主文件 app.py 提供了一个 HTTP 服务器，暴露了三个端点：

- ❑ 索引页面（/），显示搜索表单并设置会话 ID cookie。
- ❑ 搜索页面（/search），将查询存储在会话缓存中并显示推荐。
- ❑ 重置页面（/reset），用新的会话 ID 替换 cookie 中的会话 ID，以便你更轻松地进行测试。（此 API 仅为了让测试更方便。）

让我们从索引页面开始，索引页面是所有用户都会看到的第一个页面。它在 index 函数中实现，并做两件事：返回一些静态 HTML 以呈现搜索表单，并通过 set_session_id 函数设置新的会话 ID cookie。第二件事很简单，使用 Flask 的内置方法访问 cookie（flask.request.cookies.get）以及设置新 cookie（response.set_cookie）。访问此端点后，浏览器将随机且唯一的 ID（UID）值存储在 sessionID cookie 中，并且后续相同 UID 的请求都将发送到同一主机上，这使得系统能够知道一个会话 ID 对应的所有操作。如果你不熟悉 Flask，我补充说明一下：@app.route("/") 装饰器会告诉 Flask 在 / 端点下使用被装饰的函数（在本例中为 index）提供服务。

接下来，搜索页面是见证奇迹的地方。它在 search 函数中实现，用 @app.route("/search", methods=["POST", "GET"]) 装饰，这意味着对 /search 的 GET 和 POST 请求都将路由到它。它会读取 cookie 中的会话 ID 以及从主页上的搜索表单发送的查询（如果有的话），并使用 store_interests 函数存储该会话的查询。store_interests 从 Redis 读取先前的查询记录列表，在列表中添加新的查询，将其存储回 Redis，并返回新的兴趣列表。使用这个新的兴趣列表，它调用 recommend_other_products 函数，为简单起见，它返回一个硬编码的产品列表。图 8.2 总结了这个过程。

完成后，search 函数会返回一个 HTML 页面，显示搜索结果和推荐项目。最后，在 reset 函数中实现了第三个端点，将会话 ID cookie 替换为一个新的、随机的 ID，并将用户重定向到主页。

以下代码清单提供了此应用程序的完整源代码。现在请忽略混沌实验相关的注释部分。

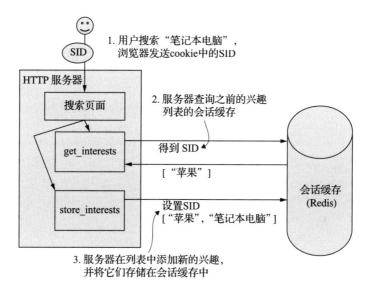

1. 用户搜索"笔记本电脑"，
浏览器发送cookie中的SID

HTTP 服务器

搜索页面

2. 服务器查询之前的兴趣
列表的会话缓存

get_interests

得到 SID

["苹果"]

store_interests

设置SID
["苹果","笔记本电脑"]

会话缓存
(Redis)

3. 服务器在列表中添加新的兴趣，
并将它们存储在会话缓存中

图 8.2　搜索页面和会话缓存的交互

清单 8.1　app.py

```python
import uuid, json, redis, flask

COOKIE_NAME = "sessionID"

def get_session_id():
    """ Read session id from cookies, if present """
    return flask.request.cookies.get(COOKIE_NAME)

def set_session_id(response, override=False):
    """ Store session id in a cookie """
    session_id = get_session_id()
    if not session_id or override:
        session_id = uuid.uuid4()
    response.set_cookie(COOKIE_NAME, str(session_id))


CACHE_CLIENT = redis.Redis(host="localhost", port=6379, db=0)

# Chaos experiment 1 - uncomment this to add latency to Redis access
#import chaos
#CACHE_CLIENT = chaos.attach_chaos_if_enabled(CACHE_CLIENT)

# Chaos experiment 2 - uncomment this to raise an exception every other call
#import chaos2
#@chaos2.raise_rediserror_every_other_time_if_enabled
def get_interests(session):
    """ Retrieve interests stored in the cache for the session id """
    return json.loads(CACHE_CLIENT.get(session) or "[]")

def store_interests(session, query):
    """ Store last three queries in the cache backend """
```

```
    stored = get_interests(session)
    if query and query not in stored:
        stored.append(query)
    stored = stored[-3:]
    CACHE_CLIENT.set(session, json.dumps(stored))
    return stored


def recommend_other_products(query, interests):
    """ Return a list of recommended products for a user,
    based on interests """
    if interests:
        return {"this amazing product":
     "https://youtube.com/watch?v=dQw4w9WgXcQ"}
    return {}


app = flask.Flask(__name__)

@app.route("/")
def index():
    """ Handle the home page, search form """
    resp = flask.make_response("""
<html><body>
    <form action="/search" method="POST">
        <p><h3>What would you like to buy today?</h3></p>
        <p><input type='text' name='query'/>
        <input type='submit' value='Search'/></p>
    </form>
    <p><a href="/search">Recommendations</a>. <a href="/reset">Reset</a>.
  </p>
</body></html>
    """)
    set_session_id(resp)
    return resp

@app.route("/search", methods=["POST", "GET"])
def search():
    """ Handle search, suggest other products """
    session_id = get_session_id()
    query = flask.request.form.get("query")
    try:
        new_interests = store_interests(session_id, query)
    except redis.exceptions.RedisError as exc:
        print("LOG: redis error %s", str(exc))
        new_interests = None
    recommendations = recommend_other_products(query, new_interests)
    return flask.make_response(flask.render_template_string("""
<html><body>
    {% if query %}<h3>I didn't find anything for "{{ query }}"</h3>{%
  endif %}
    <p>Since you're interested in {{ new_interests }}, why don't you
  try...
    {% for k, v in recommendations.items() %} <a href="{{ v }}">{{ k
}}</a>{% endfor %}!</p>
    <p>Session ID: {{ session_id }}. <a href="/">Go back.</a></p>
```

```
</body></html>
""",
    session_id=session_id,
    query=query,
    new_interests=new_interests,
    recommendations=recommendations,
))

@app.route("/reset")
def reset():
    """ Reset the session ID cookie """
    resp = flask.make_response(flask.redirect("/"))
    set_session_id(resp, override=True)
    return resp
```

现在让我们看看如何启动应用程序。它有两个外部依赖：

❏ Flask (https://flask.palletsprojects.com/)

❏ redis-py (https://github.com/andymccurdy/redis-py)

在终端窗口中运行以下命令安装指定版本的依赖，这两个版本本书都测试过：

```
sudo pip3 install redis==3.5.3 Flask==1.1.2
```

你还需要在同一主机上运行一个实际的 Redis 实例，在默认端口 6379 上侦听新连接。如果你使用的是 VM，则预装了 Redis（如果你没有使用 VM，请参阅附录 A 获取安装说明）。打开另一个终端窗口，运行以下命令启动 Redis 服务器：

```
redis-server
```

你将看到 Redis 的输出，如下所示：

```
54608:C 28 Jun 2020 18:32:12.616 # oO0OoO0OoO0Oo Redis is starting oO0OoO0OoO0Oo
54608:C 28 Jun 2020 18:32:12.616 # Redis version=6.0.5, bits=64,
    commit=00000000, modified=0, pid=54608, just started
54608:C 28 Jun 2020 18:32:12.616 # Warning: no config file specified, using the
    default config. In order to specify a config file use ./redis-server
    /path/to/redis.conf
54608:M 28 Jun 2020 18:32:12.618 * Increased maximum number of open files to
    10032 (it was originally set to 8192).
```

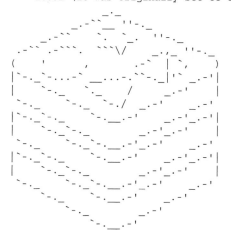

```
Redis 6.0.5 (00000000/0) 64 bit

Running in standalone mode
Port: 6379
PID: 54608


              http://redis.io
```

有了这个，你就可以运行应用程序了！当 Redis 在第二个终端窗口中运行时，返回到第一个终端窗口，并运行以下命令。进入 ~/src/examples/app，这会以开发模式启动应用程序，带有详细的错误堆栈跟踪信息，并且在源代码更新时自动重新加载：

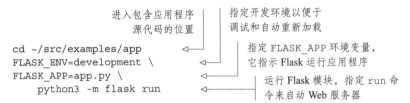

应用程序启动后，你将看到如下输出，显示它正在运行的应用程序、用于访问应用程序的主机和端口以及环境（全部以粗体显示）：

```
* Serving Flask app "app.py" (lazy loading)
* Environment: development
* Debug mode: on
* Running on http://127.0.0.1:5000/ (Press CTRL+C to quit)
* Restarting with stat
* Debugger is active!
* Debugger PIN: 289-495-131
```

你现在可以浏览 http://127.0.0.1:5000/ 以确认它正在工作。你将看到一个简单的搜索表单，要求你输入感兴趣的产品名称。尝试搜索"apple"。你将进入第二个页面，你可以看到之前的查询以及推荐商品。一定要单击推荐，它们都很不错！如果你重复此过程几次，你会注意到该页面保留了最后三个搜索查询。最后，请注意该页面还会打印会话 ID，如果你好奇，可以在浏览器的 cookie 部分看到它。

好的，现在你有了一个简单但功能强大的应用程序，我们就当是你编写了它。是时候找点乐子了！让我们做一些混沌工程。

8.2　实验 1：Redis 延迟

在本章开头描述的电子商务商店场景中，网站的整体延迟是最重要的：你知道，如果系统速度太慢，客户将开始离开网站并从你的竞争对手那里购买商品。因此，你需要了解与会话缓存（Redis）通信的延迟如何影响网站的整体速度，这非常重要。这就是混沌工程的亮点：我们可以模拟一些延迟并测试它对整个系统的影响程度。

你之前以多种方式注入了延迟。在第 4 章中，你使用流量控制（tc）向数据库添加延迟，在第 5 章中，你利用 Docker 和 Pumba 来执行相同的操作。那么这次有什么不同呢？在前面的场景中，我们都是尝试在不修改源代码的情况下修改系统的行为。这一次，我想向你展示，当你可以控制应用程序的设计时，添加混沌工程是多么容易。每个人都可以做到，只需要一点点想象力！让我们围绕延迟设计一个简单的实验。

8.2.1 实验1的计划

在示例应用程序中，很容易确定对于每个请求，会话缓存要被访问两次：第一次读取之前的查询，第二次存储新的查询集合。因此，你可以假设，你添加到 Redis 调用的任何延迟，都将使网站的整体响应时间增长该延迟的两倍。

让我们看看这是否属实。到目前为止，你已经非常熟悉使用 Apache Bench（ab）来生成流量并观察延迟了，所以让我们再次使用它。下面是混沌实验的一个可能版本，将有助于测试该假设：

1. 可观测性：使用 ab 生成流量并观察延迟。

2. 稳态：在没有任何混沌干扰的情况下观察延迟。

3. 假设：如果为每次与会话缓存的交互（读取和写入）添加 100 毫秒的延迟，则 /search 页面的整体延迟应增加 200 毫秒。

4. 运行实验！

就是这样！现在你需要做的就是遵循这个计划，从稳态开始。

8.2.2 实验1的稳态

到目前为止，你已经使用 ab 生成过 GET 请求。这一次，你有一个很好的机会来学习如何使用它来发送 POST 请求，模拟浏览器从索引页上的搜索表单发送请求到 /search 页面。为此，你需要执行以下操作：

1. 使用 POST 方法，而不是 GET。

2. 使用 Content-type header 来指定浏览器发送 HTML 表单（application/x-www-form-urlencoded）时使用的值。

3. 传递实际的表单数据作为请求的 body，以模拟表单中的值。

4. 就像浏览器对每个请求所做的那样，在另一个 header 的 cookie 中传递会话 ID（你可以伪造一个）。

幸运的是，这一切都可以通过 ab 使用以下参数来完成：

- ❏ -H "Header: value" 设置自定义 header，一个用于设置带有会话 ID 的 cookie，另一个用于设置内容类型。此标志可多次使用以设置多个 header。

- ❏ -p post-file 发送指定文件的内容作为请求的 body。它还自动采用 POST 方法。该文件需要遵循 HTML 表单格式，如果你对 HTML 不熟悉也没关系。在这个简单的示例中，我将向你展示一个你可以使用的 body：query=TEST，表示查询 "TEST"。这种情况下，实际的查询无关紧要。

使用我们常用的并发1（-c 1）和10秒的运行时间（-t 10），然后将所有这些设置放在一起，你最终会得到以下命令。假设服务器仍在运行，打开另一个终端窗口并运行以下命令：

你将看到熟悉的 ab 的输出，如下所示（已省略部分内容）。我的 VM 完成了 1673 个请求，大约每秒 167 个请求（每个请求 5.98 毫秒），并且没有错误（这四个值都以粗体显示）：

```
Server Software:        Werkzeug/1.0.1
Server Hostname:        127.0.0.1
Server Port:            5000
(...)
Complete requests:      1673
Failed requests:        0
(...)
Requests per second:    167.27 [#/sec]  (mean)
Time per request:       5.978 [ms]  (mean)
```

到现在为止一切顺利。这些数字代表你的稳态，即基线。让我们实现一些实际的混沌，看看这些值有何变化。

8.2.3 实验 1 的实现

是时候实现实验的核心部分了。因为你拥有代码，所以有成百上千种方法可以实现混沌实验，你可以自由选择最适合你的方法！我将通过一个示例来引导你了解实验可能的样子，重点关注三件事：

❑ 让事情保持简单。

❑ 使混沌实验部分对你的应用程序可选，并默认禁用。

❑ 请注意额外的代码对整个应用程序的性能影响。

这些对于任何混沌实验都是很好的指导方针，但正如我之前所说，你需要根据你正在处理的应用程序的实际情况选择正确的实现。此示例应用程序依赖于可通过 CACHE_CLIENT 变量访问的 Redis 客户端，然后使用它的两个函数 get_interests 和 store_interest，分别在该缓存客户端上使用 get 和 set 方法（均以粗体显示）：

创建一个 Redis 客户端实例，并且
可通过变量 CACHE_CLIENT 访问

```python
CACHE_CLIENT = redis.Redis(host="localhost", port=6379, db=0)

def get_interests(session):
    """ Retrieve interests stored in the cache for the session id """
    return json.loads(CACHE_CLIENT.get(session) or "[]")

def store_interests(session, query):
    """ Store last three queries in the cache backend """
    stored = get_interests(session)
```

get_interests 使
用 CACHE_CLIENT
的 get 方法

```
    if query and query not in stored:
        stored.append(query)
    stored = stored[-3:]
    CACHE_CLIENT.set(session, json.dumps(stored))
    return stored
```

store_interests 使用 CACHE_CLIENT 的 set 方法（通过变迁调用 get_interests 来获取）

实现实验所需要做的就是修改 CACHE_CLIENT 以将延迟注入 get 和 set 方法。有很多方法可以做到这一点，但我的建议是编写一个简单的包装类。

包装类将具有两个所需的方法（get 和 set），并依赖于它所包装的类的实际逻辑。在调用所包装的类之前，它会休眠预期的时间。然后，根据环境变量，你需要有选择地将 CACHE_CLIENT 替换为包装类的实例。

还没被绕晕吧？我为你准备了一个简单的包装类（ChaosClient），包含一个函数（attach_chaos_if_enabled），代码保存在同一文件夹（~/src/examples/app）下的另一个名为 chaos.py 的文件中。attach_chaos_if_enabled 函数中的处理逻辑为：仅当设置了名为 CHAOS 的环境变量时才注入实验，这是为了满足"默认禁用"的期望。注入的时间由另一个名为 CHAOS_DELAY_SECONDS 的环境变量控制，默认为 750 毫秒。以下代码清单是一个示例实现。

清单 8.2 chaos.py

```
import time
import os


class ChaosClient:
    def __init__(self, client, delay):
        self.client = client
        self.delay = delay
    def get(self, *args, **kwargs):
        time.sleep(self.delay)
        return self.client.get(*args, **kwargs)
    def set(self, *args, **kwargs):
        time.sleep(self.delay)
        return self.client.set(*args, **kwargs)

def attach_chaos_if_enabled(cache_client):
    """ creates a wrapper class that delays calls to get and set methods """
    if os.environ.get("CHAOS"):
        return ChaosClient(cache_client,
        float(os.environ.get("CHAOS_DELAY_SECONDS", 0.75)))
    return cache_client
```

包装类存储对原始缓存客户端的引用

包装类提供了缓存客户端所期望的 get 方法，该方法包装了客户端的同名方法

在该方法调用原始的 get 方法之前，等待一定的时间

包装类也提供了 set 方法，和 get 方法类似

仅当设置了 CHAOS 环境变量时才返回包装类

现在，有了这个，你可以修改应用程序（app.py）利用这个新功能。你可以导入它并有条件地使用它来替换 CACHE_CLIENT，前提是设置了合适的环境变量。你需要做的就是在 app.py 文件中找到实例化缓存客户端的行：

```
CACHE_CLIENT = redis.Redis(host="localhost", port=6379, db=0)
```

在其后添加两行，导入并调用 attach_chaos_if_enabled 函数，将 CACHE_CLIENT 变量作为参数传递。总的代码如下所示：

```
CACHE_CLIENT = redis.Redis(host="localhost", port=6379, db=0)
import chaos
CACHE_CLIENT = chaos.attach_chaos_if_enabled(CACHE_CLIENT)
```

这样，场景就设置好了，为大结局做好了准备。让我们运行实验！

8.2.4　实验 1 的执行

要激活混沌实验，你需要使用新的环境变量重新启动应用程序。停止之前运行的实例（按 <Ctrl+C>），并运行以下命令：

通过设置 CHAOS 环境变量激活可选的混沌实验代码 →

指定混沌实验注入的延迟为 0.1 秒，即 100 毫秒

指定 Flask 开发环境，以便获得更好的错误信息

```
CHAOS=true \
CHAOS_DELAY_SECONDS=0.1 \
FLASK_ENV=development \
FLASK_APP=app.py \
python3 -m flask run
```

指定相同的 app.py 应用程序

运行 Flask

一旦应用程序启动并运行，你就可以重新运行之前用于获取稳态的相同的 ab 命令。在另一个终端窗口中运行以下命令：

创建一个文件并写入查询内容

发送带有指定 sessionID cookie 的 header

```
echo "query=Apples" > query.txt && \
ab -c 1 -t 10 \
  -H "Cookie: sessionID=something" \
  -H "Content-type: application/x-www-form-urlencoded" \
  -p query.txt \
  http://127.0.0.1:5000/search
```

使用前面创建的带有简单查询的文件

发送 header 指定内容类型为简单的 HTML 表单

等待 10 秒后，你将看到 ab 输出，如下所示。这一次，我的系统只完成了 48 个请求（每个请求 208 毫秒），仍然没有错误（所有三个数值都以粗体显示）：

```
(...)
Complete requests:      48
Failed requests:        0
(...)
Requests per second:    4.80 [#/sec] (mean)
Time per request:       208.395 [ms] (mean)
(...)
```

这与我们的预期一致。最初的假设是，对每次与会话缓存的交互增加 100 毫秒应该会导致 200 毫秒的额外延迟。事实证明，这一次，我们的假设是正确的！现在，在我们变得过于自满之前，让我们讨论一下以这种方式运行混沌实验的一些利弊。

8.2.5 实验 1 的讨论

将混沌工程代码直接添加到应用程序的源代码中是一把双刃剑：这样做通常更容易，但也会增加可能出错的范围。例如，如果你的代码引入了一个破坏你程序的 bug，那么你对系统的信心没有增加，而是降低了。或者，如果你将延迟添加到代码库的错误部分，你的实验可能会产生与现实不符的结果，从而给了你错误的信心（这可以说更糟糕）。

你可能还会想，"呃，我添加了代码让系统睡眠 X 秒，显而易见，它的速度就会慢这么多。"是的，你说的也对。但是现在想象一下，假设这个应用程序比我们看到的几十行要大得多。确定不同组件的延迟如何影响整个系统可能就要困难得多。但是，如果"人工易错"的论点不能说服你，那么这里有一个更务实的论点：即使是一个简单的假设，进行实验并确认通常也比分析结果并得出有意义的结论要快。

我相信你也注意到了，如果发生并发访问的情况，在两个独立的操作中读写 Redis 会出问题，并可能丢失写。可替代的方案是，使用 Redis 的 set 和 add 原子操作来实现可以解决这个问题，并且网络延迟只有目前代码的一半。我这里关注的重点是让示例尽可能简单，但也感谢你指出这一点！

最后需要说明的是，这种方式可能存在性能问题：如果向应用程序添加额外的代码，可能会使其变慢。幸运的是，因为你可以随心所欲地编写代码，所以有很多方法可以解决。在前面的示例中，只有在启动期间设置了相应的环境变量时，才会应用额外的代码。除了额外的 if 语句，在没有混沌实验的情况下运行应用程序没有其他任何开销。当开启混沌实验时，多出来的开销是对我们的包装类进行额外的函数调用。鉴于我们注入的故障是等待毫秒级的时间，因此这个开销可以忽略不计。

有了这些注意事项，让我们做另一个实验，这次注入失败，而不是延迟。

8.3 实验 2：失败的请求

现在我们不再关注延迟，让我们专注于当某些东西失败时会发生什么。我们再来看看函数 get_interests。提醒一下，它看起来像下面这样。（请注意，没有任何异常处理。）如果 CACHE_CLIENT 抛出任何异常（以粗体显示），它们只会在堆栈中向上冒泡：

```
def get_interests(session):
    """ Retrieve interests stored in the cache for the session id """
    return json.loads(CACHE_CLIENT.get(session) or "[]")
```

要测试此函数的异常处理，通常需要编写单元测试，并以覆盖所有可能抛出的合法异常为目标。这可以测出该函数的异常处理，但是不会告诉你在出现这些异常时整个应用程序的行为。要测试整个应用程序，你需要搭建某种集成测试或端到端（e2e）测试，构建应用程序的实例及其依赖项，并创建一些客户端流量。通过在这个层级上工作，你可以从用户的角度验证事情（用户将看到什么错误，而不是一些底层函数返回什么类型的异常）、测试回归等。这是迈向可靠软件的又一步。

这就是应用混沌工程可以创造更多价值的地方。你可以将其视为进化的下一步——一种端到端的测试,将故障注入系统以验证整个系统是否按照你预期的方式做出反应。我的意思是:让我们设计另一个实验,来测试 get_interests 函数中的异常是否以合理的方式得到了处理。

8.3.1 实验 2 的计划

如果 get_interests 在尝试从会话存储中读取数据时收到异常,会发生什么?这取决于它所服务的页面类型。例如,如果你使用该会话数据在侧边栏中列出搜索查询结果的推荐,那么跳过侧边栏,并至少允许用户单击其他产品可能更经济。另一方面,如果我们涉及的是结账页面,那么无法访问会话数据可能会导致无法完成交易,因此返回错误并要求用户重试更有意义。

在我们的例子中,我们甚至没有购买页面,所以让我们关注第一种场景:如果 get_interests 函数抛出异常,它将在 store_interests 函数中冒泡,该函数从我们的搜索网站调用以下代码。注意 except 代码块,它捕获我们的会话缓存客户端可能抛出的错误类型 RedisError (以粗体显示):

```
try:
    new_interests = store_interests(session_id, query)
except redis.exceptions.RedisError:
    print("LOG: redis error %s", str(exc))
    new_interests = None
```

捕获 Redis 客户端
抛出的异常类型,并
且记录

经过该错误处理,用户应该对 get_interests 中的异常无感知,他们只是看不到任何推荐商品。你可以创建一个简单的实验来测试:

1. 可观测性:浏览应用程序并查看推荐产品。

2. 稳态:推荐产品显示在搜索结果中。

3. 假设:如果每两次调用 get_interests 就抛出一次 redis.exceptions.RedisError 异常,那么刷新两次页面就会看到推荐的商品。

4. 运行实验!

你已经看到推荐的产品就在那儿,因此你可以跳过稳态直接跳转到实验的实现!

8.3.2 实验 2 的实现

与第一个实验类似,有很多方法可以实现这一点。就像在第一个实验中一样,让我举一个简单的示例。由于我们使用的是 Python,让我们编写一个简单的装饰器应用于 get_interests 函数。和之前一样,你只想在设置 CHAOS 环境变量时激活此行为。

我在同一个文件夹中准备了另一个文件,名为 chaos2.py,它实现了一个函数 raise_rediserror_every_other_time_if_enabled,该函数被设计为一个 Python 装饰器（https://wiki.python.org/moin/PythonDecorators）。这个函数的名字相当冗长，它将另一个函数作为参数并实现所需的逻辑：如果混沌实验未激活，则返回该函数；如果实验激活了，则返回一个包装函数。包装函数会跟踪它被调用的次数，并在偶数次数调用时引发异常。在奇数次数调用中，它不做任何修改，直接调用原始函数。以下清单提供了一种可能实现的源代码。

清单 8.3 chaos2.py

```
import os
import redis


def raise_rediserror_every_other_time_if_enabled(func):
    """ Decorator, raises an exception every other call to the wrapped
     function """
    if not os.environ.get("CHAOS"):        ◁  如果没有设置特殊
        return func                            的环境变量 CHAOS，
    counter = 0                                则返回原始函数
    def wrapped(*args, **kwargs):
        nonlocal counter
        counter += 1
        if counter % 2 == 0:
            raise redis.exceptions.RedisError("CHAOS")  ◁  当调用次数为偶
        return func(*args, **kwargs)       ◁  调用原始        数时抛出异常
    return wrapped                             函数
```

现在你只需要实际使用它。与第一个实验类似，你将修改 app.py 文件以添加对这个新函数的调用。找到 get_insterests 函数的定义，并在它前面调用你刚刚看到的装饰器。代码如下所示（装饰器以粗体显示）：

```
import chaos2
@chaos2.raise_rediserror_every_other_time_if_enabled
def get_interests(session):
    """ Retrieve interests stored in the cache for the session id """
    return json.loads(CACHE_CLIENT.get(session) or "[]")
```

另外，请确保你取消了实验 1 的更改，否则你将同时运行两个实验！这就是你需要为实验 2 实现的全部内容。你已经准备好开始了，让我们运行实验！

8.3.3 实验 2 的执行

让我们确保应用程序运行。如果它从前面的章节一直运行到现在，则可以保留它；否则，运行以下命令启动它：

```
                        通过设置 CHAOS 环境变量          指定 Flask 开发
                        激活可选的混沌实验代码            环境，以便获得
                                                        更好的错误信息
CHAOS=true \                           ◁
FLASK_ENV=development \                 ◁
FLASK_APP=app.py \                      ◁         指定相同的 app.py
python3 -m flask run                    ◁         应用程序

                        运行 Flask
```

这次实验的实际执行步骤真的很简单：浏览应用程序（http://127.0.0.1:5000/）并刷新多次。你每刷新两次才能看到一次推荐。正如我们预测的那样，这证明了我们的假设！此外，在运行该应用程序的终端窗口中，你将看到类似如下的日志，显示奇数次数调用时的错误信息，这也在另一方面验证了我们的假设：

```
127.0.0.1 - - [07/Jul/2020 22:06:16] "POST /search HTTP/1.0" 200 -
127.0.0.1 - - [07/Jul/2020 22:06:16] "POST /search HTTP/1.0" 200 -
LOG: redis error CHAOS
```

今天就到这里。又完成了两个实验。给自己点个赞，然后让我们来看看本章中提出的方法的优缺点。

8.4 应用程序与基础设施

什么时候应该将混沌工程直接构建在应用程序中，而不是在底层进行？像生活中的大多数事情一样，这种选择是一种权衡。

将混沌工程直接集成到应用程序中会容易得多，并且使用的是你熟悉的工具（或代码），这是一大优势。你还可以创造性地构建用于实验的代码，实现复杂的场景往往不是问题。

然而另一方面，由于你是通过编写代码来实现混沌实验，因此在编写代码时所遇到的所有问题都可能会出现：你可能引入新的 bug，或者测试的并非你想要测试的内容，或者完全破坏了应用程序。在某些情况下（例如，如果希望限制应用程序的所有出站流量），代码中的很多地方可能都需要修改，平台级的方法可能更合适。

本章的目的是向你展示这两种方法都是有用的，并证明混沌工程不仅适用于 SRE。每个人都可以进行混沌工程，即使在只针对一个应用程序的情况。

突击测验：什么时候更适合在应用程序中构建混沌工程？

选择一个：

1. 当你无法在更底层实现时（例如基础设施或系统调用）。

2. 当在应用程序中构建实验更方便、更容易、更安全时，或者你只能访问应用程序级别时。

3. 当你还没有被认证为混沌工程师时。

4. 当你只下载这一章而不是完整的书时！

答案见附录 B。

突击测验：当将混沌实验构建到应用程序本身时，什么不是那么重要？

选择一个：

1. 确保执行实验的代码只在开启实验时执行。

2. 遵循软件部署的最佳实践来推进你的更改。

3. 让别人看到你设计的独创性。

4. 确保你能够可靠地衡量变更可能造成的影响。

答案见附录 B。

总结

❑ 将故障注入直接构建到应用程序中是实践混沌工程的一种简单方法。

❑ 不同于基础设施，在应用程序上做实验通常不需要额外的工具，可以成为混沌工程很好的开始。

❑ 虽然在应用层应用混沌工程需要的设置工作可能更少，但也带来了更高的风险，添加的代码可能包含 bug 或引入意外的行为变化。

❑ 能力越大责任越大——彼得·帕克原则（http://mng.bz/Xdya）。

Chapter 9 第 9 章

我的浏览器中有一只 "猴子"

本章涵盖以下内容:

❑ 将混沌工程应用于前端代码

❑ 重写浏览器 JavaScript 请求以注入失败,无须更改源代码

是时候去参观 JavaScript(JS)这个奇异而美妙的世界了。无论你现在处于爱恨交织的哪个阶段,JavaScript 都是不可避免的。如果你是 45 亿互联网用户中的一员,几乎肯定运行过 JS,而且应用程序越来越复杂。如果以最近构建富前端的框架(如 React,https://github.com/facebook/react;Vue.js,https://github.com/vuejs/vue)的流行度作为参考,那么这种情况似乎不会改变。

JavaScript 无处不在的特性为混沌工程实验提供了一个有趣的角度。在前几章中提到的层级(从基础架构层到应用程序层)之上,还有另一层可能发生故障(因此可以注入故障):前端 JavaScript。它为混沌工程锦上添花。

在本章中,你将了解一个真正的开源应用程序,并学习如何用几行额外的代码将缓慢和失败注入其中,这些代码可以动态地添加到一个正在运行的应用程序中。如果你喜欢 JavaScript,那就来学习一些新的方法吧。如果你讨厌它,也来看看它如何发挥作用。为了让示例更真实,我们从一个场景开始。

9.1 场景

一个邻近的团队正在寻找一种更好的方式来管理其 PostgreSQL(www.postgresql.org)数据库。该团队评估了一系列免费的开源工具列表,并建议使用名为 pgweb(https://github.

com/sosedoff/pgweb）的 PostgreSQL 数据库用户界面作为前进的方向。唯一的问题是该团队的经理非常老派。他通过 Emacs 中的插件阅读黑客新闻（https://news.ycombinator.com/news），用汇编直接为他的微波炉编程，在他所有孩子的浏览器上禁用 JavaScript，并使用诺基亚 3310（2000 年停产）以避免黑客入侵。

为了解决团队成员和他们的经理之间的冲突，双方都求助于你，要求你从混沌工程的角度看一下 pgweb 有多可靠，特别是经理非常不信任的 JavaScript。当然，你不太确定自己要做什么，但你还是接受了。

为了帮助他们，你需要了解 pgweb 是做什么的，然后设计和运行有意义的实验。让我们从研究 pgweb 的实际工作原理开始。

9.1.1 Pgweb

Pgweb 是用 Go 编写的，可让你连接到任何 9.1 以上版本的 PostgreSQL 数据库，并提供常见的管理功能，例如浏览和导出数据、执行查询和插入新数据。

Pgweb 使用一个简单的二进制文件来分发，并且已经预先在本书随附的 VM 中安装好了。 PostgreSQL 安装示例也是如此，没有它，你将无法浏览任何内容（如果你不想使用 VM，请参阅附录 A 以获取安装说明）。让我们把它们全部启动起来。

首先，通过运行以下命令启动数据库：

```
sudo service postgresql start
```

数据库预先填充了示例数据。此安装所需的认证信息和数据如下：

❏ 用户：`chaos`
❏ 密码：`chaos`
❏ 一些示例数据保存在名为 `booktown` 数据库中

运行以下命令，使用这些认证信息启动 pgweb：

```
pgweb --user=chaos --pass=chaos --db=booktown
```

你将看到类似于下面的输出，并邀请你打开浏览器（以粗体显示）：

```
Pgweb v0.11.6 (git: 3e4e9c30c947ce1384c49e4257c9a3cc9dc97876)
(go: go1.13.7)
Connecting to server…
Connected to PostgreSQL 10.12
Checking database objects…
Starting server…
To view database open http://localhost:8081/ in browser
```

浏览网址 http://localhost:8081，你将看到整洁的 pgweb 用户界面。左侧是可用的表，你可以单击这些表开始浏览数据。用户界面类似于图 9.1。

当你单击网站时，你会看到正在加载新数据。从混沌工程的角度来看，每次加载数据都意味着失败的机会。让我们看看在用新数据填充屏幕的背后发生了什么。

1. 单击表名以显示其内容

2. 内容会显示在主表中

图 9.1　运行中的 pgweb 的用户界面，显示示例数据

9.1.2　Pgweb 实现细节

要设计混沌实验，首先需要了解数据是如何加载的。让我们看看它是如何填充的。现代浏览器可以轻松查看幕后发生的事情。我将使用 Firefox，它是开源的，并且可以在你的 VM 中访问，但同样也可以使用其他主流浏览器。

在浏览 pgweb 用户界面时，通过按 <Ctrl+Shift+E>（或从 Firefox 菜单中选择 Tools>Web Developer>Network）打开网络选项上的 Web 开发者工具。你将看到屏幕底部打开了一个新窗格。它最初是空的。

现在，单击以选择左侧 pgweb 菜单上的另一个表。你将看到 Network 窗格中显示了三个请求。对于每个请求，你将看到状态（HTTP 响应代码）、方法（GET）、域（localhost:8081）、请求的文件（端点）、发出请求的代码的链接以及其他详细信息。在我的 VM 中的显示如图 9.2 所示。

还有更酷的功能。你现在可以单击这三个请求中的任何一个，并且这次在右侧的额外窗格显示了有关它的更多详细信息。比如单击对 info 端点的请求，将打开一个带有额外详细信息的新窗格，如图 9.3 所示。你可以看到发送和接收的 header、cookie、发送的参数、接收的响应等。

查看这三个请求可为你提供有关用户界面如何实现的大量信息。对于用户执行的每个操作，你可以在 Initiator 列中看到，用户界面利用流行的 JavaScript 库 jQuery（https://jquery.com/）向后端发出请求。你甚至可以在查看任何源代码之前知道所有这些信息。与 IE6 相比，我们今天拥有的浏览器已经有了长足的进步！

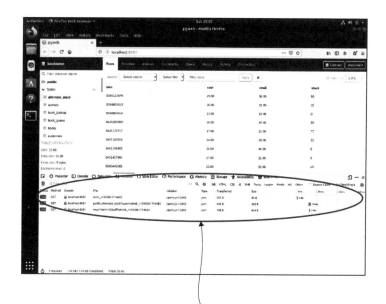

所有请求都显示在开发者工具（Firefox 中的
Tools > Web Developer）的"网络"窗格的
表格中

图 9.2　Firefox 中的网络视图，显示 pgweb 从 JavaScript 发出的请求

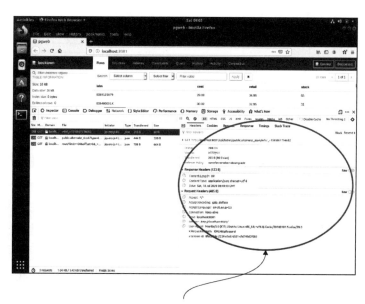

可以看到每个请求的详细信息，包
括请求、响应、header、时间等

图 9.3　Firefox 中 Web 开发者工具的 Network 选项卡中请求的详细信息视图，显示 pgweb 用户
　　　　界面发出的请求

让我们总结一下：

1. 当你浏览 pgweb 用户界面时，你的浏览器连接到内置在 pgweb 应用程序中的 HTTP 服务器。它返回基本的 Web 页面，以及共同构成用户界面的 JavaScript 代码。

2. 当你在用户界面中单击某些内容时，JavaScript 代码会向 pgweb HTTP 服务器发出一个请求来加载新的数据，比如表格的内容，并通过将其呈现为网页的一部分来显示它在浏览器中接收到的数据。

3. 为了将数据返回给用户界面，pgweb HTTP 服务器从 PostgreSQL 数据库中读取数据。

4. 最后，浏览器接收并显示新数据。

图 9.4 总结了这个过程。这在最近的 Web 应用程序中非常常见，因为只提供最初的"传统"Web 页面，然后通过 JavaScript 代码对其进行操作来显示所有内容，所以这种 Web 应用程序通常被称为单页面应用程序（single-page application），也可以简称为 SPA（http://mng.bz/yYDd）。

你可以随意看看。然后让我们设计一个混沌实验。

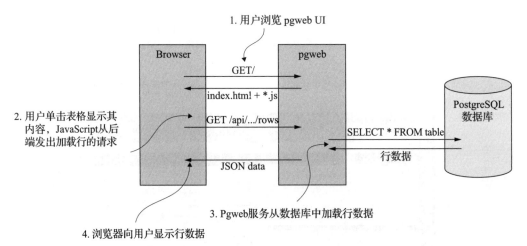

图 9.4　用户浏览 pgweb 用户界面以显示表格内容时发生的事件

9.2　实验 1：增加延迟

你是在本地运行 pgweb 和 PostgreSQL 的，因此在使用它们时不会受到任何网络延迟的影响。你可能拥有的第一个想法是检查应用程序如何应对此类延迟。让我们探索一下这个想法。

在前面的章节中，你了解了如何在各个级别引入延迟，并且你可以使用这些知识在 pgweb 服务器和数据库之间添加延迟。但是我们是来学习的，所以这一次，让我们专注于如何在 JavaScript 应用程序本身中做到这一点。这样的话，你的混沌工程工具箱中又多了一个工具。

你看到在单击要显示的表时发出了三个请求。它们都是快速连续发出的，所以不清楚它们是否容易出现级联延迟（即请求是按顺序发出的，所以总的延迟是累加的），这可能是值得研究的。和往常一样，用混沌工程的方法就是增加延迟，然后看看会发生什么。让我们把这个想法变成一个混沌实验。

9.2.1　实验 1 的计划

假设你希望在用户选择要显示的新表时，对应用程序的 JavaScript 代码发出的所有请求添加 1 秒延迟。根据经验推测，你之前看到的所有三个请求都是并行完成的，而不是顺序完成的，它们之间似乎没有任何依赖关系。因此，你预计整个操作将比以前多花大约 1 秒的时间。在可观测性方面，你可以利用浏览器提供的内置计时器来查看每个请求需要多长时间。所以实验的计划如下：

1. 可观测性：对于执行 JavaScript 代码发出的所有三个请求所需的时间，使用浏览器内置的计时器来读取。

2. 稳态：在实施实验之前从浏览器读取测量值。

3. 假设：如果对应用程序的 JavaScript 代码发出的所有请求添加 1 秒延迟，则显示新表所需的总时间将增加 1 秒。

4. 运行实验！

与往常一样，让我们从稳态开始。

9.2.2　实验 1 的稳态

让我向你展示如何使用 Firefox 内置的时间线来确定单击表名发出的请求实际需要多长时间。在带有 pgweb 用户界面的浏览器中，仍然需要保持网络选项卡打开（如果你之前关闭了它，按 <Ctrl+Shift+E> 重新打开）。让我们清理输入，通过单击"网络"窗格左上角的垃圾桶图标来执行此操作，这会清除列表。

单击用户界面左侧菜单中的表的名称来选择指定的表，然后在这个干净的列表中，你将看到另外三个请求，跟之前一样。但这次，我想让你关注两件事。首先，列表中最右边的列显示一个时间轴，每个请求都由一个条形表示，从请求发出时开始，到请求得到解决时结束。请求花费的时间越长，条形越长。时间线如图 9.5 所示。

其次，页面底部有一行写着"Finish"，它显示了你捕获的第一个请求开始和最后一个事

每一个条形都代表时间线上请求持续的时间。条形越长，执行请求所需的时间就越长

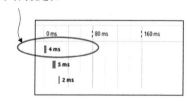

图 9.5　Firefox 的时间线显示发出的三个请求，及其完成所需的时间

件完成之间的总时间。在我的测试中，该数字看起来徘徊在 25 毫秒附近。

这就是你的稳态。你没有用户单击操作和看到数据之间的确切时间，但是你有从第一个请求开始到最后一个请求结束的时间，这个数字大约是 25 毫秒。这应该足够我们使用了。让我们看看如何实际实现这个实验！

9.2.3　实验 1 的实现

人们不喜欢 JavaScript 的原因之一是，它真的很容易让自己陷入困境。例如，意外覆盖了一个方法，或使用未定义的变量。很少有事情是被禁止的。这个批评说得很对，但它也使实现混沌实验变得有趣。

你想为请求添加延迟，因此你需要在代码中找到发出请求的位置。事实证明，JavaScript 可以通过两种主要方式发出请求：

❏ `XMLHttpRequest` 内置类（http://mng.bz/opJN）
❏ Fetch API（http://mng.bz/nMJv）

jQuery（以及使用 jQuery 扩展 pgweb）使用了 `XMLHttpRequest`，所以我们将在这里重点讨论它（不要担心，我们将在本章后面研究 Fetch API）。

为了避免从混沌工程的角度干扰学习流程，我将在这里破例，直接跳到代码片段，并在侧栏中添加解释。如果你对 JavaScript 感兴趣，你现在可以阅读侧栏，但如果你只是想学习混沌工程，让我们直奔主题。

重写 XMLHttpRequest.send()

要发送请求，你首先创建 `XMLHttpRequest` 类的实例，设置你关心的所有参数，然后调用实际发送请求的无参数 `send` 方法。前面引用的文档对 `send` 的描述如下：

```
XMLHttpRequest.send()
```

发送请求。如果请求是异步的（这是默认值），则该方法会在请求发送后立即返回。

这意味着如果你能找到一种方法以某种方式修改该方法，你就可以人为地增加 1 秒的延迟。如果 JavaScript 允许这样做，并且最好是在所有其他代码都设置好之后动态地这样做，这样你就可以方便地只影响你所关心的执行流程的其中一部分。但可以肯定的是，对于应用程序正常运行而言，如此重要的东西一定不能轻易更改，对吧？任何严肃的语言都会试图保护它不被意外重写，JavaScript 也是如此。

只是开个玩笑！ JavaScript 并不会这样。让我告诉你怎么做。

回到 pgweb 用户界面，打开控制台（在 Firefox 中按 <Ctrl+Shift+K>，或从菜单中选择 Tools >Web Developer >Web console）。对于不熟悉控制台的人，我得说明一下，在控制台中允许执行任何 JavaScript。你可以在控制台中随时执行任何你想要的合法的代码，如果你破坏了某些东西，你可以刷新页面，所有更改都将消失。这就是注入的机制：只需复制并粘贴要注入的代码到控制台中。

那么代码是什么样子的？如果你不熟悉 JavaScript，那么你只能靠我了，我不会带你偏离正道太远。系好安全带。

首先，你需要访问 XMLHttpRequest 对象。在浏览器中，全局作用域称为 window，因此要访问 XMLHttpRequest，你需要使用 window.XMLHttpRequest。有点意思了。

接下来，JavaScript 是一种基于原型的语言（http://mng.bz/vz1x），这意味着一个对象 A 从另一个对象 B 继承一个方法，对象 A 可以将对象 B 视为自己的原型。send 方法不是在 XMLHttpRequest 对象本身上定义的，而是在它的原型上定义的。因此，要访问该方法，你需要使用这个语句：window.XMLHttpRequest.prototype.send。这样，你可以存储对原始方法的引用，然后用一个新方法替换原始的方法。这样，下一次 pgweb 用户界面代码创建 XMLHttpRequest 实例并调用其 send 方法时，将调用被重写的方法。有点奇怪，但 JavaScript 仍然很火。

现在，这个新方法会是什么样子？为了确保事情继续工作，它需要在 1 秒延迟后调用原始的 send 方法。调用正确上下文的方法的机制有点丰富多彩（http://mng.bz/4Z1B），但就本实验而言，只需知道任何函数都可以使用 .apply(this, arguments) 方法，它使用对象的引用来调用函数，并且把参数列表传递给该函数。并且为了便于观察被覆盖的函数是否真的被调用了，让我们使用 console.log 语句向控制台打印一条消息。

最后，为了引入人为的延迟，你可以使用内置的 setTimeout 函数，它带有两个参数：要调用的函数，以及在执行此操作之前等待的超时（以毫秒为单位）。请注意，setTimeout 不是通过 window 变量访问的。好吧，JavaScript 就是这样。

将所有这些放在一起，你可以构建构成清单 9.1 的 7 行奇怪的代码，可以将其复制并粘贴到控制台窗口中。

清单 9.1 包含一段代码，你可以将其直接复制并粘贴到控制台中（要在 Firefox 中打开它，请按 <Ctrl+Shift+K> 或从菜单中选择 Tools >Web Developer >Web Console），给 XMLHttpRequest 的 send 方法添加 1 秒延迟。

清单 9.1　XMLHttpRequest-3.js

```
const originalSend = window.XMLHttpRequest.prototype.send;
window.XMLHttpRequest.prototype.send = function(){
    console.log("Chaos calling", new Date());
    let that = this;
    setTimeout(function() {
        return originalSend.apply(that);
    }, 1000);
}
```

存储原始 send 方法的引用以备后用

使用新函数重写 XMLHttpRequest 原型中的 send 方法

打印一条信息，表示这个方法被调用了

setTimeout 在延迟一段时间后执行函数

存储原始调用的上下文，以供之后调用原始 send 时使用

使用存储的上下文调用原始 send 方法，并返回结果

设置延迟为 1000 毫秒

如果这是你第一次接触 JavaScript，我深表歉意。你可能想开个小差，但要快点，因为我们已准备好运行实验！

突击测验：什么是 XMLHttpRequest？

选择一个：

1. 一个 JavaScript 类，它生成可以在 HTTP 请求中发送的 XML 代码。

2. Xeno-Morph! Little Help to them please Request 的首字母缩写！这与原版电影《异形》中的时间线严重不一致。

3. JavaScript 代码发送请求的两种主要方法之一，另一种方法为 Fetch API。

答案见附录 B。

9.2.4 实验 1 的执行

到你表现的时候了！返回 pgweb 用户界面，如果你在控制台中进行了任何更改，请刷新它，然后等待它重新加载。从左侧菜单中选择一个表。确保网络选项卡已打开（在 Firefox 上为 <Ctrl+Shift+E>）且为空（使用垃圾箱图标将其清理）。准备好执行以下步骤：

1. 复制清单 9.1 中的代码。

2. 返回浏览器，打开控制台 <Ctrl+Shift+K>，粘贴代码片段，然后按 Enter。

3. 现在返回到网络选项卡并选择另一个表。这次会花更长的时间，你会看到熟悉的三个请求。

4. 关注在网络选项卡的最右边一列时间线。你会注意到三个请求之间的间隔（时间）与你在我们的稳态下观察到的相似。它看起来像图 9.6。

请注意，请求之间的间隔
没有超过 1 秒，这意味着
它们是并行完成的

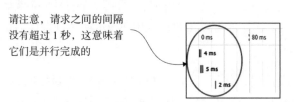

图 9.6 Firefox 的时间线显示了来自 JavaScript 的三个请求

从这个时间线能看出什么？你为每次调用 send 方法添加了相同的 1 秒的延迟。由于时间轴上的请求之间的间隔没有超过 1 秒，因此你可以得出结论，它们不是按顺序发送的，而是全部并行发送的。这是个好消息，因为这意味着连接速度较慢时，整个应用程序应该以线性方式减慢速度。换句话说，这部分应用程序似乎没有瓶颈。

但假设是关于执行三个请求所需的全部时间，所以让我们确认是否是这种情况。我们无法直接从时间线中读取，因为我们是在发出请求之前人为添加的延迟，时间线仅在第一个请求实际开始时才开始计时。如果我们想继续深入探究，我们可以重写更多方法来打印不同的时间，然后再计算总时间。

但是因为我们在这里的主要目标是在没有实际阅读源代码的情况下，确认请求会不会相互等待，所以我们可以使用更简单的方法。回到控制台，你将看到以 Chaos calling 开头的三行日志，由你用来注入延迟的代码片段打印出来，还打印了调用时间。现在，返回 Network 选项卡，选择最后一个请求，然后查看响应 header。其中之一将包含请求的时间。比较两者你会发现它们相隔 1 秒。实际上，你也可以比较其他请求，它们都与调用我们重写的函数的时间相差 1 秒。假设是正确的，结案了！

这很有趣。准备好进行另一个实验了吗？

9.3 实验 2：添加故障

来都来了，让我们做另一个实验，这一次主要关注 pgweb 实现的错误处理。在本地运行 pgweb，你不会遇到任何连接问题，但在现实世界中你肯定会遇到。你期望应用程序在面对此类网络问题时如何表现？理想情况下，它应该有一个适用的重试机制，如果失败，它将向用户提供一个明确的错误消息，并避免显示陈旧或不一致的数据。一个简单的实验基本上是这样设计的：

1. 可观测性：观察用户界面是否显示任何错误或旧数据。

2. 稳态：没有错误或旧数据。

3. 假设：如果我们在 JavaScript 用户界面发出的每两个请求中添加一个错误，你应该在每次选择新表时看到错误并且没有不一致的数据。

4. 运行实验！

你已经单击并确认了稳态（没有错误），所以让我们直接跳到实现。

9.3.1 实验 2 的实现

要实现此实验，你可以使用与实验 1 相同的注入机制（在浏览器控制台中粘贴代码片段），甚至可以重写相同的方法（send）。你需要的新信息只有一点：XMLHttpRequest 在正常情况下如何失败？

要找到答案，你需要在 http://mng.bz/opJN 文档中查找 XMLHttpRequest。事实证明，它使用事件。对于那些不熟悉 JavaScript 中事件的人，我需要说明一下，事件提供了一种简单但灵活的机制来在对象之间进行通信。一个对象可以发出（调度）事件（一个简单的对象，带有名称，也可以带有额外的数据负载）。发生这种情况时，调度事件的对象会检查哪些函数被注册以接收该名称的事件，如果有的话，则这些函数都被事件调用。可以注册任何函数来接收（侦听）发出对象上的任何事件。图 9.7 给出了一个直观的总结。这种范式在 Web 应用程序中广泛用于处理异步事件，例如，由用户交互（单击、按键等）生成的事件。

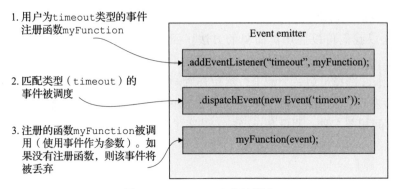

图 9.7 JavaScript 中事件概述

`XMLHttpRequest` 文档的事件部分列出了 `XMLHttpRequest` 实例可以调度的所有事件。一个事件看起来特别有希望——`error` 事件，它是这样描述的：

`error`

当请求遇到错误时触发。

也可以通过 `onerror` 属性获得。

这是一个可以由 `XMLHttpRequest` 的实例发出的合法事件，pgweb 应用程序应该优雅地处理这个错误，这使它成为我们实验的一个很好的选择！

现在你拥有了所有的拼图，让我们将它们组合成一个代码片段。和以前一样，你需要重写 `window.XMLHttpRequest.prototype.send` 但保持对原始方法的引用。你需要一个计数器来跟踪哪个调用是"每隔一个"。你可以直接在 `XMLHttpRequest` 实例上使用 `dispatchEvent` 方法来调度一个新事件，你可以使用简单的 `new Event('timeout')`⊖创建该事件。最后，你希望根据计数器的值调度事件或不执行任何操作（只需调用原始方法）。代码片段如清单 9.2 所示。

清单 9.2 XMLHttpRequest-4.js

```
使用新方法重写 XMLHttpRequest                          存储原始 send 方法
原型中的 send 方法                                      的引用以备后用
    const originalSend = window.XMLHttpRequest.prototype.send;
    var counter = 0;
    window.XMLHttpRequest.prototype.send = function(){       维护一个计数器，调用时
        counter++;                                           每隔一次采取行动
        if (counter % 2 == 1){
            return originalSend.apply(this, [...arguments]);    在偶数次调用中，
        }                                                    直接调用原始方
        console.log("Unlucky " + counter + "!", new Date());  法，不做任何操作
        this.dispatchEvent(new Event('error'));           在奇数次调用中，不调
    }                                                     用原始方法，而是调度
                                                          "error"事件
```

⊖ 这里应该为 `new Event('error')`。——译者注

这样，你就可以进行实验了。悬念让人无法忍受，所以我们不要再浪费时间了，开始吧！

9.3.2 实验 2 的执行

返回 pgweb 用户界面并刷新（<F5>、<Ctrl+R> 或 <Cmd+R>）以清除先前实验的任何人工修改。从左侧菜单中选择一个表。确保网络选项卡已打开（在 Firefox 上为 <Ctrl+Shift+E>）且为空（使用垃圾箱图标将其清理）。复制清单 9.2 中的代码，返回浏览器，打开控制台 <Ctrl+Shift+K>，粘贴代码片段，然后按 Enter。

现在。在左侧 pgweb 菜单中通过单击表名来选择三个不同的表。你注意到了什么？你会看到数据行以及表信息不是每次单击时都会刷新，而是每隔一次刷新一次。更糟糕的是，不会弹出任何可视的消息来告诉你存在错误。所以你选择了一个表，看到不正确的数据，却不知道出现了什么问题。

幸运的是，如果你查看控制台，你将看到每个请求的错误消息如下所示：

```
Uncaught SyntaxError: JSON.parse:
unexpected character at line 1 column 1 of the JSON data
```

尽管你没有在用户界面中得到可视化的错误信息，但是你仍然可以使用控制台的信息来挖掘和发现潜在的问题。如果你感到好奇，我告诉你吧，这是因为 pgweb 用户界面中用于所有请求的错误处理程序访问了一个属性，在接收到响应之前出现错误时，该属性不可用。它试图将其解析为 JSON，这导致抛出一个异常，用户看到的仍然是旧的数据，并没有看到错误，如下行所示：

```
parseJSON(xhr.responseText)
```

注意 由于该项目的开源性质，你可以在 GitHub 上的项目仓库中看到该行：http://mng.bz/Xd5Y。从技术上讲，使用 JavaScript 实现的 GUI，你可以随时查看浏览器中运行的内容，但愿意将其公开给所有人看是非常棒的。

所以你又完成了一个实验。通过总共 10 行（冗长的）代码和大约 1 分钟的测试，你就发现一个流行的、高质量的开源项目的错误处理问题。不言而喻，这并没有剥夺项目本身的魅力。相反，这说明了有时在混沌工程中投入很少的精力，就可以获益很多。

过量地使用 JavaScript 可能会产生很多严重的副作用，所以我将保持剩下的内容简短。最后一站，我将向你展示两个更巧妙的技巧，然后这章就完了。

9.4 其他最好知道的话题

在我们结束本章之前，我想提供给你关于另外两件事的更多信息，对于实现基于 JavaScript 的混沌实验，他们可能很有用。让我们从 Fetch API 开始。

9.4.1 Fetch API

Fetch API（http://mng.bz/nMJv）是 XMLHttpRequest 的更现代的替代品。与 XMLHttpRequest

一样，它允许你发送请求和获取资源。主要的交互点是通过全局范围内可访问的函数 fetch。与 XMLHttpRequest 不同的是，它返回一个 Promise 对象（http://mng.bz/ MXl2）。在其基本形式中，你可以只使用一个 URL 调用 fetch，然后再附加 .then 和 .catch 处理程序，就像使用任何其他 promise 一样。要尝试此操作，请返回 pgweb 用户界面，打开控制台，然后运行以下代码段（fetch、then 和 catch 方法以粗体显示）以尝试访问不存在的端点 /api/does-not-exist：

```
fetch("/api/does-not-exist").then(function(resp) {
    // deal with the fetched data
    console.log(resp);
}).catch(function(error) {
    // do something on failure
    console.error(error);
});
```

它将按预期打印响应，返回状态代码 404（Not Found）。现在你一定在想，"当然，这一次，这个代码库更现代化一点，API 的作者肯定把它设计得更难重写。"实际上并不是，你可以使用与之前实验完全相同的技术来重写它。清单 9.3 是重写的实现方式。

清单 9.3　fetch.js

存储原始 fetch
函数的引用

重写全局范围内
的 fetch 函数

打印某些信息后调用
原始的 fetch 函数

```
const original = window.fetch;
window.fetch = function(){
    console.log("Hello chaos");
    return original.apply(this, [...arguments]);
}
```

要测试它，复制清单 9.3 中的代码，将其粘贴到控制台中，然后按 Enter。然后再次粘贴上一个代码片段。它将以与之前相同的方式运行，但这次它将打印 Hello chaos 消息。

就是这样。值得了解的是，现在越来越多的应用程序使用这个 API，而不是 XMLHttpRequest。好了，最后一步做完了。让我们看一下内置的 Throttling。

9.4.2　Throttling

我想留给你的最后一个花絮是如今 Firefox 和 Chrome 等浏览器提供的内置 Throttling（节流）能力。如果你以前使用过前端代码，那么你肯定对它很熟悉，如果你来自更底层的工作背景，这对你来说可能是一个惊喜！

返回浏览器中的 pgweb 用户界面。当你通过按 <Ctrl+Shift+E>（或选择 Tools > Web Developer > Network）在网络选项卡上打开 Web 开发人员工具时，在调用列表的右上方有一个小下拉菜单，默认为"No Throttling"。你可以将其更改为列出的其他各种预设，例如 GPRS、Good 2G 或 DSL，它们模拟对应的连接提供的网络速度（如图 9.8 所示）。

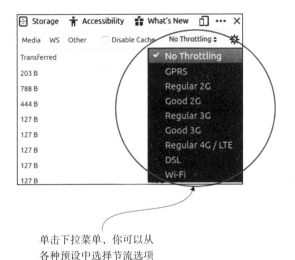

单击下拉菜单，你可以从
各种预设中选择节流选项

图 9.8 Firefox 内置的网络节流选项

如果你想检查应用程序在较慢的网络连接上的执行情况，可以尝试将其设置为
GPRS！这是一个巧妙的技巧，可能会在你的混沌工程之旅中派上用场。这个功能也是用
JavaScript 包装的!

突击测验：要模拟前端应用程序加载缓慢的场景，下面哪个选项是最好的选择？

选择一个：

1. 使用来自大型供应商的昂贵的专利软件。

2. 开展为期两周的广泛训练。

3. 使用现代浏览器，如 Firefox 或 Chrome。

答案见附录 B。

突击测验：正确的陈述是哪个?

选择一个：

1. JavaScript 是一种广受推崇的编程语言，以其一致性和直观的设计而闻名，即使
是初学者也可以避免掉到坑里。

2. 混沌工程仅适用于后端代码。

3. JavaScript 无处不在的特性加上其缺乏保护措施，可以将代码动态地注入现有应
用程序，这种实现混沌实验的方法变得非常容易。

答案见附录 B。

9.4.3 工具：Greasemonkey 和 Tampermonkey

在你结束本章之前，我想提一下你可能会觉得方便的两个工具。到目前为止，你一直在将脚本直接粘贴到控制台中，这挺好的，因为它没有依赖项。但如果总是这么做，它可能会变得乏味。

如果是这种情况，你可以看看 Greasemonkey（https://github.com/greasemonkey/greasemonkey）或 Tampermonkey（https://www.tampermonkey.net/）。两者都提供类似的功能，让你可以更轻松地将脚本注入特定网站。

总结

- ☐ JavaScript 的可延展性使它很容易将代码注入浏览器中运行的应用程序。
- ☐ 目前有两种主要的请求方式（XMLHttpRequest 和 Fetch API），它们都适合代码注入以引入故障。
- ☐ 现代浏览器通过其开发者工具提供了许多有用的工具，包括后端请求的可视化，以及允许执行任意代码的控制台。

第三部分 *Part 3*

Kubernetes 中的
混沌工程

- 第10章 Kubernetes中的混沌
- 第11章 自动化Kubernetes实验
- 第12章 Kubernetes底层工作原理

Kubernetes 席卷了部署领域。如果你正在在线阅读本书，则此文本很可能是从 Kubernetes 集群提供给你的。它是如此重要，以至于在本书中单独使用一个部分来介绍！

第 10 章将介绍 Kubernetes，包括它的来由以及它可以为你做什么。如果你不熟悉 Kubernetes，本介绍应该为你提供足够的信息，以便你在第 11 章和第 12 章中受益。它还包括手动设置两个混沌实验（崩溃和网络延迟）。

第 11 章将介绍一些更高级的工具（PowerfulSeal），让你可以使用简单的 YAML 文件实现复杂的混沌工程实验，从而提高速度。我们还将介绍如何在公有云上测试 SLO 以及实现混沌工程。

第 12 章将介绍 Kubernetes 的底层。要理解它的弱点，你需要知道它是如何工作的。本章涵盖了 Kubernetes 运行所需的所有组件，以及如何使用混沌工程识别弹性问题的想法。

第 10 章 *Chapter 10*

Kubernetes 中的混沌

本章涵盖以下内容：

❏ Kubernetes 快速介绍

❏ 为运行在 Kubernetes 上的软件设计混沌实验

❏ 终止在 Kubernetes 上运行的应用程序的子集，以测试它们的弹性

❏ 使用代理注入网络延迟

是时候介绍 Kubernetes（https://kubernetes.io/）了。至少，任何从事软件工程工作的人都应该听说过它。我从未见过一个开源项目如此迅速地流行起来。我记得 2016 年参加了在伦敦举行的第一届 KubeCon，当时人们还试图评估在 Kubernetes 这件事上投入时间是否值得。快进到 2020 年，Kubernetes 专业知识现在已经是最需要的技能之一！

Kubernetes 解决了（或至少使其更容易解决）在一组机器上运行软件时出现的许多问题。它的广泛采用表明它可能正在做正确的事情。但是，与其他所有事物一样，它并不完美，它给系统增加了自身的复杂性——需要管理和理解的复杂性，这非常适合实践混沌工程。

Kubernetes 是个大话题，所以我把它分成三章：

1. 本章：Kubernetes 中的混沌

❏ Kubernetes 的快速介绍，包括它的来源以及它的作用。

❏ 搭建测试 Kubernetes 集群。我们将介绍如何启动和运行一个迷你集群，因为没有什么比在真实的环境下工作更重要了。如果你已经有自己的集群了，那么可以用它来测试，这也完全没问题。

❏ 测试真实项目对故障的弹性。我们首先将混沌工程应用于应用程序本身，注入我们期望它处理的基本类型的故障，看看它如何应对。我们将手动实现实验。

2. 第 11 章：自动化 Kubernetes 实验

❏ 在 Kubernetes 上引入一个用于混沌工程的高级工具。

❏ 使用该工具重新实现我们在第 10 章中手动实现的实验，以教你如何更轻松地进行操作。

❏ 设计用于持续验证 SLO 的实验。你将看到如何设置实验以自动检测实时系统上的问题，例如，当 SLO 被破坏时。

❏ 为云设计实验。你将看到如何使用云 API 来测试机器出现故障时系统的行为。

3. 第 12 章：Kubernetes 底层工作原理

❏ 了解 Kubernetes 的工作原理以及如何破坏它。在这章我们将深入研究并测试 Kubernetes 组件。我们将剖析 Kubernetes 集群，并讨论混沌实验的各种想法，以验证我们关于它如何处理故障的假设。

这三章的目标是让你从基本了解 Kubernetes 是什么以及它是如何工作的，一直到了解它的底层工作原理，脆弱点在哪里，以及混沌工程如何帮助理解和管理系统处理故障的方式。

注意 这三章的重点不是教你如何使用 Kubernetes，只涵盖实现混沌工程所需的内容。如果你想了解更全面的 Kubernetes 学习经验，请查看 Marko Luksa 的 *Kubernetes in Action*（Manning，2018 年，www.manning.com/books/kubernetes-in-action）。

这是件非常令人兴奋的事情，我迫不及待地想带你四处看看！就像每一次美好的旅程一样，让我们以一个故事开始我们的旅程。

10.1 将东西移植到 Kubernetes

"从技术上讲，这是一次变革，Kubernetes 现在真的很火，所以这对你的职业生涯很有好处！所以你加入这个项目了，对吧？"Alice 说着走出了房间。当门关上时，你终于意识到，尽管她说的是一个问题，但在她心里，结果并没有太大的不确定性：你必须拯救那个 High-Profile 的项目，就是这样。

这个项目从一开始就很奇怪。高层管理人员大张旗鼓地宣布了它，并为这个项目剪彩，但从未明确说明它应该提供的功能——除了"它能解决很多问题"，比如"摆脱单点"，利用"微服务的力量"以及"Kubernetes 的惊人功能"。而且，这好像还不够神秘，团队的前任技术负责人刚刚离开了公司。他真的走了。上一次有人与他联系时，他正在去往喜马拉雅山的路上，准备开始一段野生动物饲养员的新生活。

说实话，你是这份工作的最佳人选。大家知道你从事混沌工程，并且听说过你在实验中发现了很多问题。如果有人能接任野生动物饲养员离职后留下来的工作，将现有系统变成一个可靠的系统，那这个人就是你！你只需要了解整个 Kubernetes 的工作原理以及 High-Profile 项目应该做什么，然后提出一个进攻的计划。幸运的是，本章将教你准确地做到这一点。此外，你接手的文档揭示了一些有用的细节，让我们来看看它。

10.1.1 High-Profile 项目文档

High-Profile 项目的文档很少，所以我会逐字粘贴过来，以便你获得完整的体验。事实证明，该项目被称为 ICANT 是相当合适的。以下是文档对这个首字母缩略词的描述：

ICANT：International, Crypto-fueled, AI-powered, Next-generation market Tracking 国际化的、加密的、人工智能驱动的下一代市场跟踪

有点神秘，不是吗？这几乎就像有人设计了一个口号来圈钱一样。只能看出来它与人工智能和加密货币有关。但是稍等，还有一个使命宣言，也许这可以让项目变得更清楚一点：

为全球技术先进的客户构建一个可大规模扩展的分布式系统，使用尖端 AI 技术跟踪加密货币流。

不对，这并没有多大的帮助。幸运的是，还有更多文档。当前状态部分表明你不需要担心人工智能、加密或市场的东西——这些都在待办事项清单上。这就是它所说的：

当前状态：首先我们开始"分布式"部分。我们运行了 Kubernetes，并且使用了 Goldpinger，以此在所有节点之间建立连接以模拟加密流量。

待办：人工智能、加密和市场相关的工作。

突然之间，你也想去喜马拉雅山开始新生活了！前任的技术负责人只是将网络诊断工具 Goldpinger（https://github.com/bloomberg/goldpinger）部署在 Kubernetes 集群上，把所有实际的工作都放到了待办事项中，然后离开了公司。现在这些锅都甩给你了！

10.1.2 Goldpinger 是什么

Goldpinger 实际上是做什么的？它通过调用自身的所有实例来测量时间，并基于该数据生成报告，从而生成一个完整的 Kubernetes 集群连接状态的图表。通常，你会在集群中的每个节点上运行一个 Goldpinger 实例，以检测节点之间的任何网络问题。

图 10.1 展示了单个节点有连接问题的图表示例。Goldpinger 用户界面使用点的形状（圆点表示正常，三角表示故障）来表示连接状态，我在屏幕截图中标记了受影响的连接。

对任何紧跟加密人工智能市场的爱好者来说，这将是一个令人扫兴的结果。但从我们的角度来看，它使工作变得更容易：我们有了一个单独

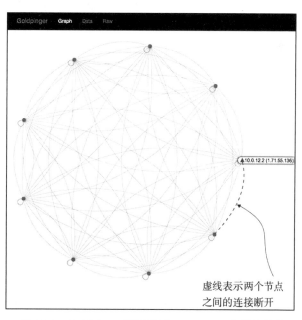

图 10.1 Goldpinger 图展示了 Kubernetes 集群中节点之间的连接状态

的组件，它不需要任何流行词知识。我们可以做到。第一站：快速介绍 Kubernetes。开始计时。

10.2　Kubernetes 是什么

Kubernetes（简称 K8s）的自我介绍是这样的：一个用于自动化部署、扩展和管理容器化应用程序的开源系统（https://kubernetes.io/）。这听起来很棒，但这到底是什么意思？

让我们从简单的开始。假设你有一个需要在计算机上运行的软件。你可以启动笔记本电脑、登录并运行该程序。恭喜，你刚刚手动部署了你的软件！到现在为止一切顺利。

现在想象一下，你不是在 1 台计算机上运行同一个软件，而是在 10 台计算机上运行。突然之间，登录 10 台计算机听起来有点麻烦了，所以你开始考虑自动化部署。你可以编写一个脚本，使用 Secure Shell（SSH）远程登录到 10 台计算机并启动你的程序。或者你可以使用许多现有的配置管理工具之一，如 Ansible（https://github.com/ansible/ansible）或 Chef（www.chef.io/）。有 10 台计算机需要处理，问题不大。

不幸的是，事实证明你在这些机器上启动的程序有时会崩溃。问题可能是 bug 之外的其他问题，比如磁盘存储空间不足。所以你需要一些东西来监督这个进程，并在它崩溃时尝试将其恢复。你可以使用配置管理工具配置一个 systemd 服务（http://mng.bz/BRlq）来处理这个问题，以便该进程在每次终止时能够自动重新启动。

软件也需要升级。每次要部署新版本时，都需要重新运行配置管理解决方案，以停止并卸载以前的版本，然后安装并启动新版本。此外，新版本具有不同的依赖关系，因此在更新期间也需要注意这一点。好吧，因为别人喜欢你的解决方案，希望你也帮他们运行他们的软件（对于每一个你想要部署的软件，不需要重新发明轮子，对吧？），所以现在你的集群已经包含 200 台机器了。因此现在推出新版本要慎重，往往需要很长时间。

每台机器的资源（CPU、RAM、磁盘空间）都是有限的，因此你现在需要维护一个庞大的电子表格来跟踪哪些软件应该在哪台机器上运行，这样机器就不会耗尽资源。当你载入一个新项目时，你需要为其分配资源，并在电子表格中标记它应该运行的位置。当其中一台机器出现故障时，你会在别处寻找可用空间，并将软件从受影响的机器迁移到另一台机器上。这是一项艰苦的工作，但用户不断涌入，所以你必须做正确的事情！

如果一个程序可以为你完成所有这些工作，那不是很好吗？嗯，是的，你猜对了，它就是 Kubernetes。它可以完成所有这些，甚至更多工作。它从哪里来？

10.2.1　Kubernetes 简史

Kubernetes 来自希腊语，意思是"舵手"或"管理者"，是谷歌于 2015 年发布的一个开源项目，作为其内部调度程序系统 Borg（https://research.google/pubs/pub43438/）的重新实现。谷歌将 Kubernetes 捐赠给了一个新成立的名为云原生计算基金会（Cloud Native

Computing Foundation，CNCF，www.cncf.io），该基金会为该项目创建了一个中立的环境，并鼓励其他公司为其投资。

Kubernetes 发展得很好。在项目创建以来的短短 5 年时间里，它已经成为调度容器 API 的事实标准。随着各家公司纷纷采用开源项目，谷歌成功地把人们从对亚马逊网络服务（AWS）解决方案的投入中拉了出来，它的云服务也获得了更大的影响力。

在此过程中，CNCF 还收获了许多与 Kubernetes 配合使用的辅助项目，例如监控系统 Prometheus（https://prometheus.io/）、容器运行时 containerd（https://containerd.io/）等。

这些听起来都很棒，但真正导致它被广泛采用的原因是它能为你做什么。让我告诉你。

10.2.2 Kubernetes 能为你做什么

Kubernetes 以声明方式工作，而不是以命令的方式。这就意味着它可以让你描述要在集群上运行的软件的样子，并不断尝试将当前集群状态收敛到你请求的状态。它还允许你在任何给定时间读取当前状态。从概念上讲，Kubernetes 是一个 API，其复杂程度就如同赶一群猫（https://en.wiktionary.org/wiki/herd_cats）。

你需要部署一个 Kubernetes 集群才能使用它。Kubernetes 集群是一组运行 Kubernetes 组件的机器，它使你的软件可以分配和使用这些机器上的资源（CPU、RAM、磁盘空间）。这些机器通常称为工作节点。单个 Kubernetes 集群可以有成千上万个工作节点。

假设你有一个集群，并且你想在该集群上运行新软件。你的集群具有三个工作节点，每个节点都包含一定规模的可用资源。想象一下，你的第一个工作节点有中等规模的可用资源，第二个有足够的可用资源，第三个所有资源都被使用了。根据新软件所需的资源，你的集群可能在第一个或第二个工作节点上运行它，但不能在第三个工作节点上运行。看起来如图 10.2 所示。请注意，同一个集群中拥有不同资源配置的异构节点是可能的（有时非常有用）。

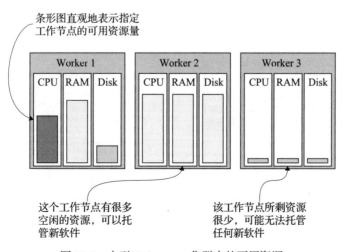

图 10.2 小型 Kubernetes 集群中的可用资源

在这个集群上启动新软件会是什么样子？你需要做的就是告诉集群你的软件是什么样的（要运行的容器镜像、配置，比如环境变量或需要保密的信息），你想要给它的资源量（CPU、RAM、磁盘空间），以及如何运行它（副本的数量，它应该运行的位置的任何限制）。你可以通过向 Kubernetes API 发出 HTTP 请求来做这些事情，或者使用官方提供的名为 kubectl 的命令行工具（CLI）。集群中的一个模块负责接收请求，将其存储为所需状态，并立即在后台工作，将集群的当前状态收敛为所需状态，这个模块通常称为控制平面（control plane）。

假设你想要部署 mysoftware 的 v1.0 版本。你需要运行两个副本以实现高可用性，需要为每个副本分配一个核和 1 GB 的 RAM。为了确保一个工作节点宕机时不会同时删除两个副本，你添加了一个约束，即两个副本不应该在同一个工作节点上运行。然后你将此请求发送到控制平面，控制平面存储该请求并返回 OK。在后台，这个控制平面将会计算在哪里调度新软件，找到两个具有足够可用资源的工作节点，并通知这些工作节点启动你的软件。图 10.3 说明了整个过程。

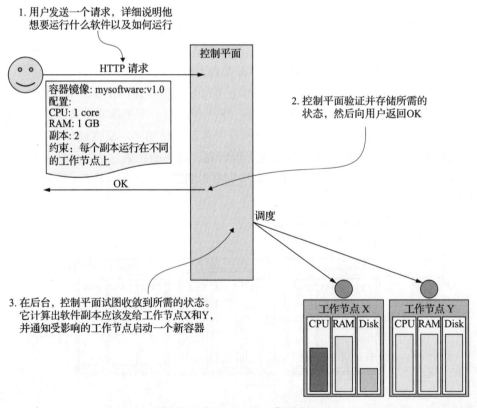

图 10.3　与 Kubernetes 集群交互

这就是 Kubernetes 能为你做的，你可以告诉集群找出完成你需要它做的事情的方法，而不是让你的机器执行特定的、低层级的任务，比如启动进程。这是1万英尺⊖的鸟瞰图，但不要担心，我们将在本章后面讨论细节。现在，我打赌你已经迫不及待地想要亲身体验一下。让我们来搭建一个测试集群。

> **突击测验：Kubernetes是什么？**
>
> 选择一个：
>
> 1. 解决你的所有问题的方案。
> 2. 自动使在其上运行的系统免受故障影响的软件。
> 3. 一个容器编排器，可以管理数千个VM，并会不断尝试将当前状态收敛到所需状态。
> 4. 水手的东西。
>
> 答案见附录B。

10.3　搭建 Kubernetes 集群

在继续我们的场景之前，你需要访问一个正在运行的Kubernetes集群。Kubernetes的美妙之处在于你可以从不同的供应商那里获得集群，而且它的行为应该完全一样！本章中的所有示例都适用于任何符合条件的集群，我也会提及任何潜在的警告。因此，你可以自由选择最方便的Kubernetes进行安装。

10.3.1　使用 Minikube

对于手边没Kubernete集群的人来说，最简单的入门方法是使用Minikube（https://github.com/kubernetes/minikube）在本地机器上部署一个单节点的本地迷你集群。Minikube是Kubernetes本身的官方套件，它允许你在VM上部署一个包含所有Kubernetes控制平面组件的单个实例的单个节点。它还负责处理一些虽然小但是很重要的事情，例如帮助你轻松访问集群内运行的进程。

在继续之前，请按照附录A安装Minikube。在本章中，我假设你已经在笔记本电脑上安装了Minikube。如果不是的话，我也会提醒任何可能产生不同的地方。本章中的所有内容都在Minikube 1.12.3和Kubernetes 1.18.3上进行了测试。

10.3.2　启动一个集群

根据平台的不同，Minikube支持多种虚拟化选项，以使用Kubernetes运行实际的VM。每个平台下的选项会有所不同：

❑ Linux——KVM或VirtualBox（也支持直接在主机上运行进程）

❑ macOS——HyperKit、VMware Fusion、Parallels或VirtualBox

⊖　1英尺 = 0.3048米。——编辑注

❑ Windows——Hyper-V 或 VirtualBox

这里你可以选择任何受支持的选项，Kubernetes 的工作方式应该没有什么区别。但是因为我已经让你在前面的章节中安装了 VirtualBox，并且它对所有三个平台都是支持的，所以我建议你坚持使用 VirtualBox。

要启动集群，你只需要运行 minikube start 命令。并且使用 --driver 标志来指定 VirtualBox 驱动程序。在终端运行以下命令以使用 VirtualBox 启动新集群：

```
minikube start --driver=virtualbox
```

该命令可能需要一分钟，因为 Minikube 需要为你的集群下载 VM 镜像，然后使用该镜像启动 VM。命令完成后，你将看到类似如下的输出。有人花时间为每条日志消息选择相关的表情符号，出于尊重，我把它们都复制了过来。你可以看到该命令按照我的要求使用 VirtualBox 驱动程序，并默认为 VM 提供两个 CPU、4 GB 的 RAM 和 2 GB 的存储空间。最终，它在 Docker 19.03.12 上运行了 Kubernetes v1.18.3（全部以粗体显示）。

```
😄  minikube v1.12.3 on Darwin 10.14.6
✨  Using the virtualbox driver based on user configuration
👍  Starting control plane node minikube in cluster minikube
🔥  Creating virtualbox VM (CPUs=2, Memory=4000MB, Disk=20000MB) …
🐳  Preparing Kubernetes v1.18.3 on Docker 19.03.12 …
🔎  Verifying Kubernetes components…
🌟  Enabled addons: default-storageclass, storage-provisioner
🏄  Done! kubectl is now configured to use "minikube"
```

要确认集群启动正常，请尝试列出集群上运行的所有 Pod（10.4.1 节中将会详细解释）。在终端中运行以下命令：

```
kubectl get pods -A
```

你将看到如下所示的输出，其中列出了共同构成 Kubernetes 控制平面的各种组件。我们将在本章后面详细介绍它们是如何工作的。现在，这个命令证明控制平面已经工作了：

```
NAMESPACE     NAME                               READY   STATUS    RESTARTS   AGE
kube-system   coredns-66bff467f8-62g9p           1/1     Running   0          5m44s
kube-system   etcd-minikube                      1/1     Running   0          5m49s
kube-system   kube-apiserver-minikube            1/1     Running   0          5m49s
kube-system   kube-controller-manager-minikube   1/1     Running   0          5m49s
kube-system   kube-proxy-bwzcf                   1/1     Running   0          5m44s
kube-system   kube-scheduler-minikube            1/1     Running   0          5m49s
kube-system   storage-provisioner                1/1     Running   0          5m49s
```

你现在准备好继续了。如果某天你完成了工作想要停止集群时，请使用 minikube stop，而要恢复集群，请使用 minikube start。

提示 你可以使用命令 kubectl --help 获取有关 kubectl 中所有可用命令的帮助。如果你想了解特定命令的更多详细信息，请在该命令后加上 --help。例如，要获取有关 get 命令的可用选项的帮助，只需运行 kubectl get --help。

现在是时候动手继续 High-Profile 项目了。

10.4　测试运行在 Kubernetes 上的软件

有了可用的 Kubernetes 集群，你现在就可以开始 High-Profile 项目（也称 ICANT）的工作了。压力确实很大，你需要拯救这个项目！

与往常一样，第一步是了解事物的运作方式，然后才能推理它们是如何崩溃的。要做到这一点，你可以先了解一下 ICANT 是如何部署和配置的。然后，你将进行两个实验。本章最后，我会带你了解如何让下一次实验变得更容易。让我们从运行实际项目开始。

10.4.1　运行 ICANT 项目

正如之前在阅读你接手的文档时发现的那样，该项目并没有取得多大的进展。最初的团队使用了一个现成的组件（Goldpinger），并对其进行了部署，然后就收工了。所有这些对项目来说都是坏消息，但对我来说是个好消息，我不用解释那么多了！

Goldpinger 的工作原理是查询 Kubernetes 自身的所有实例，然后定期调用这些实例中的每一个并测量响应时间。然后它使用这些数据来生成统计数据（指标）并绘制一幅精美的连接图。每个实例都以相同的方式工作：它会定期获取其对等体的地址并向每个对等体发出请求。图 10.4 说明了这个过程。Goldpinger 的发明是为了检测网络速度慢和其他问题，尤其是在较大的集群中。这种方式很简单有效。

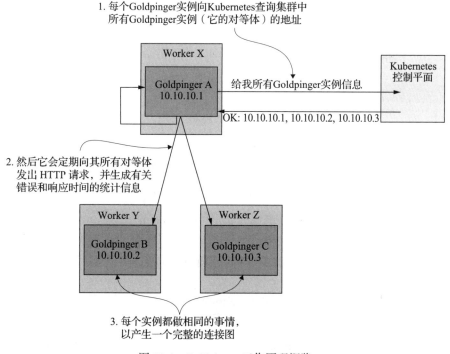

图 10.4　Goldpinger 工作原理概览

你打算如何运行它？分两步完成：

1. 设置正确的权限，以便 Goldpinger 可以向 Kubernetes 查询它的对等体。

2. 在集群上部署 Goldpinger Deployment。

我们即将进入 Kubernetes 的仙境，所以让我给你们介绍一些 Kubernetes 的术语。

了解 Kubernetes 术语

文档中经常提到的 resource（资源）是指 Kubernetes 提供的各种抽象的对象。现在，我将向你介绍用于描述 Kubernetes 上软件的三个基本构建块：

❑ Pod——组合在一起的容器的集合，运行在同一主机上并共享一些系统资源（例如，IP 地址）。这是你可以在 Kubernetes 上调度的软件单元。你可以直接调度 Pod，但大多数情况下你将使用更高级别的抽象，例如 Deployment。

❑ Deployment——创建 Pod 的蓝图，包括额外的元数据，例如要运行的副本数量。 重要的是，它还管理它所创建 Pod 的生命周期。例如，如果你修改 Deployment 以更新要运行的镜像的版本，则 Deployment 可以滚动更新，删除旧 Pod 并逐个创建新 Pod 以避免中断。它还提供了其他选项，例如在滚动更新失败时回滚。

❑ Service——Service 匹配任意一组 Pod，并提供解析到匹配 Pod 的单个 IP 地址。该 IP 对集群所做的更改保持同步。例如，如果 Pod 发生故障，则将它从池中取出来。

你可以在图 10.5 中看到它们如何组合在一起的直观表示。为了理解 Goldpinger 的工作原理，你需要知道的另一件事是查询 Kubernetes 需要正确的权限。

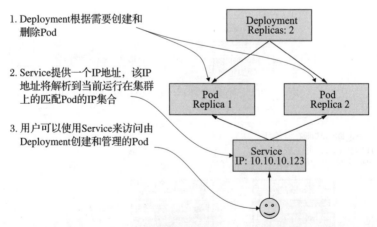

图 10.5　Kubernetes 中的 Pod、Deployment 和 Service 示例

突击测验：什么是 Kubernetes Deployment？

选择一个：

1. 描述如何访问集群上运行的软件。

2. 描述如何在你的集群上部署一些软件。

3. 描述如何构建容器。

答案见附录 B。

设置权限

Kubernetes 有一种优雅的权限管理方式。首先，它提供了一个叫 ClusterRole 的属性，通过它可以定义一个角色和一组相应的权限，以在各种资源上执行一些动词（例如：创建（create）、获取（get）、删除（delete）、列出（list）等）。其次，它提供了 ServiceAccount，可以把它链接到 Kubernetes 上运行的任何软件，这样软件就继承了 ServiceAccount 被授予的所有权限。最后，要在 ServiceAccount 和 ClusterRole 之间建立链接，你可以使用 ClusterRoleBinding。

如果你对权限不太熟悉，这可能听起来有点抽象，可以查看图 10.6 以了解所有这些是如何组合在一起的。

在这个场景中，你希望允许 Goldpinger Pod 列出它们的对等体，因此你只需要一个 ClusterRole 以及相应的 ServiceAccount 和 ClusterRoleBinding。稍后，你将使用该 ServiceAccount 来给 Goldpinger Pod 授予权限。

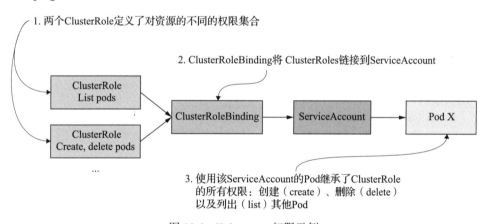

图 10.6　Kubernetes 权限示例

创建资源

是时候编写代码了！在 Kubernetes 中，可以使用一个 YAML（.yml）文件（https://yaml.org/）来描述你想要创建的所有资源，该文件需要遵循 Kubernetes 接受的特定格式。清单 10.1 展示了所有这些权限是如何转换为 YAML 的。

对于描述的每个元素，都会有一个 YAML 对象，用于指定相应的类型和预期参数。首先，名为 `goldpinger-clusterrole` 的 ClusterRole 允许列出 Pod（以粗体显示）。然后是一个名为 `goldpinger-serviceaccount`（以粗体显示）的 ServiceAccount。最后，一个 ClusterRoleBinding 将 ClusterRole 链接到 ServiceAccount。如果你还不熟悉 YAML，

我说明一下，--- 分隔符表示允许在单个文件中描述多个资源。

清单 10.1 建立权限对等体（goldpinger-rbac.yaml）

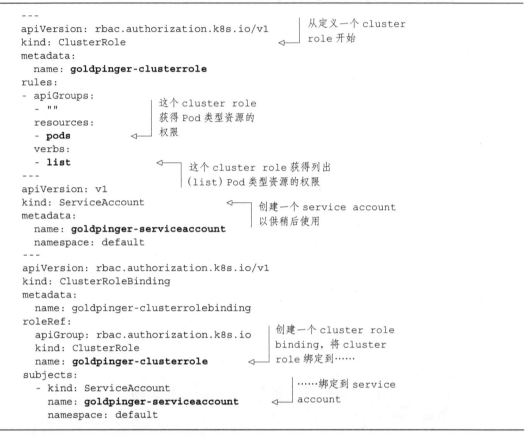

这是涉及权限的部分。现在让我们来看看真正的 Goldpinger 是什么样子的。

创建 Goldpinger YAML 文件

为了顺利部署 Goldpinger，我需要解释到目前为止跳过的更多细节：标签（label）和匹配（matching）。

Kubernetes 广泛使用标签，标签是字符串类型的简单键值对。每个资源都可以附加包括标签在内的任意元数据。Kubernetes 使用它们来匹配资源集合，不仅相当灵活且易于使用。

例如，假设你有两个带有以下标签的 Pod：

❑ Pod A，标签为 app=goldpinger 和 stage=dev

❑ Pod B，标签为 app=goldpinger 和 stage=prod

如果你匹配（选择）带有标签 app=goldpinger 的所有 Pod，将获得以上这两个 Pod。但是如果你匹配标签 stage=dev，将只得到 Pod A。你也可以通过多个标签进行查询，在这种情况下，Kubernetes 将返回匹配所有请求标签（逻辑 AND）的 Pod。

标签对于手动分组资源很有用，对于 Kubernetes 本身来说也同样有用。例如，在创建 Deployment 时，你需要指定选择器（一组要匹配的标签），并且该选择器需要匹配到 Deployment 所创建的 Pod。Deployment 与其管理的 Pod 之间的连接正是依赖于标签。

标签匹配也是 Goldpinger 用来查询其对等体的相同机制：它只是向 Kubernetes 查询具有特定标签的所有 Pod（默认情况下，使用标签 app=goldpinger）。图 10.7 以图形方式说明了这一点。

将所有这些结合起来，你最终可以编写一个描述两个资源的 YAML 文件：一个 Deployment 和一个匹配的 Service。在 Deployment 中，你需要指定以下内容：

❑ 副本的数量（为了演示目的，我们将使用三个）
❑ 选择器（同样使用默认的 app=goldpinger）
❑ 要创建的 Pod 的实际模板

图 10.7　Goldpinger 所需的 Kubernetes 权限

在 Pod 模板中，你将指定要运行的容器镜像、Goldpinger 工作所需的一些环境值，以及要公开的端口，以便其他实例能够访问它。重要的一点是，你需要指定一个与 PORT 环境变量相匹配的任意端口（Goldpinger 要知道侦听哪个端口）。这里使用 8080。最后，还需要指定之前创建的 service account，以允许 Goldpinger Pod 查询 Kubernetes 获取它的对等体。

在 Service 内部，你将再次使用相同的选择器（app=goldpinger），以便 Service 匹配由 Deployment 创建的 Pod，以及在 Deployment 中指定的相同端口 8080。

注意　在典型的安装中，你希望集群中的每个节点（物理机、VM）有一个 Goldpinger Pod。这可以通过使用 DaemonSet 轻松实现。它的工作方式很像 Deployment，但不需要指定副本数量，而是假设每个节点有一个副本（查看 http://mng.bz/d4Jz 以了解更多信息）。在我们的示例中，因为只有一个节点，使用 DaemonSet 的话 Goldpinger 只会有一个 Pod，这和本演示的目的不符，因此改为使用 Deployment。

清单 10.2 包含可用于创建 Deployment 和 Service 的 YAML 文件，让我们看一看。

清单 10.2　创建一个 Goldpinger Deployment (goldpinger.yml)

```
---
apiVersion: apps/v1
kind: Deployment
metadata:
  name: goldpinger                    Deployment 将
  namespace: default                  创建 Pod 的三个
  labels:                             副本 (三个 Pod)
    app: goldpinger
spec:                                 Deployment 将被配
  replicas: 3            ◁──┐         置为匹配标签 app=
  selector:             ◁──┘          goldpinger 的 Pod
    matchLabels:
      app: goldpinger                 Pod 模板实际上获得了标
  template:                           签 app=goldpinger
    metadata:           ◁──┘
      labels:
        app: goldpinger
    spec:
      serviceAccount: "goldpinger-serviceaccount"
      containers:
      - name: goldpinger
        image: "docker.io/bloomberg/goldpinger:v3.0.0"
        env:
        - name: REFRESH_INTERVAL
          value: "2"
        - name: HOST                   将 Goldpinger
          value: "0.0.0.0"             Pod 配置为在端口
        - name: PORT                   8080 上运行
          value: "8080"    ◁──┘
        # injecting real pod IP will make things easier to understand
        - name: POD_IP
          valueFrom:
            fieldRef:
              fieldPath: status.podIP
        ports:
        - containerPort: 8080  ◁──┐    在 Pod 上开放端口 8080,
          name: http               │   使它可以被访问
---
apiVersion: v1
kind: Service
metadata:
  name: goldpinger
  namespace: default
  labels:
    app: goldpinger
spec:                                 在 service 中,
  type: LoadBalancer                  指定 Pod 上可用
  ports:                              的目标端口 8080
  - port: 8080        ◁──┘
    name: http
  selector:                           service 将根据标签
    app: goldpinger  ◁──┐            app=goldpinger 定
                          └           位 Pod
```

有了这个，你现在就可以实际启动程序了！如果你还没掉队，你可以在 http://mng.bz/ rydE 上找到这两个文件（goldpinger-rbac.yml 和 goldpinger.yml）的源代码。确保这两个文件都在同一个文件夹中，让我们继续运行它们。

部署 Goldpinger

首先创建权限的相关资源（goldpinger-rbac.yml 文件），运行以下命令：

```
kubectl apply -f goldpinger-rbac.yml
```

你将看到 Kubernetes 确认三个资源已成功创建，输出如下：

```
clusterrole.rbac.authorization.k8s.io/goldpinger-clusterrole created
serviceaccount/goldpinger-serviceaccount created
clusterrolebinding.rbac.authorization.k8s.io/goldpinger-clusterrolebinding
    created
```

然后，创建实际的 Deployment 和 Service：

```
kubectl apply -f goldpinger.yml
```

和前面一样，你将看到资源已创建的确认信息：

```
deployment.apps/goldpinger created
service/goldpinger created
```

完成后，让我们确认 Pod 是否按预期运行。运行以下命令列出 Pod：

```
kubectl get pods
```

你应该会看到类似如下的输出，其中三个 Pod 的状态为 Running（以粗体显示）。 如果不是这样的话，你可能需要再等待几秒钟：

```
NAME                          READY   STATUS    RESTARTS   AGE
goldpinger-c86c78448-5kwpp    1/1     Running   0          1m4s
goldpinger-c86c78448-gtbvv    1/1     Running   0          1m4s
goldpinger-c86c78448-vcwx2    1/1     Running   0          1m4s
```

Pod 正在运行，这意味着 Deployment 完成了它的任务。如果 Goldpinger 无法列出其对等体，它就会崩溃，这就意味着你设置的权限也按预期工作了。最后要检查的是 Service 配置是否正确。你可以通过运行以下命令来执行此操作，指定你创建的 Service 的名称（goldpinger）：

```
kubectl describe svc goldpinger
```

你将看到 Service 的详细信息，如下所示（已省略部分内容）。请注意 Endpoints 字段，它指定了三个 IP 地址，分别对应它的配置所匹配的三个 Pod。

```
Name:                goldpinger
Namespace:           default
Labels:              app=goldpinger
(...)
Endpoints:           172.17.0.3:8080,172.17.0.4:8080,172.17.0.5:8080
(...)
```

如果你想 100% 确定 IP 是正确的，可以将它们与 Goldpinger Pod 的 IP 进行比较。这很容易就可以做到，可以通过将 -o wide（用于宽输出）附加到 kubectl get pods 命令来显示 IP：

```
kubectl get pods -o wide
```

你将看到与前面相同的列表，但是包括一些额外的详细信息，包括 IP（以粗体显示）。这些 IP 应该与 Service 中指定的 Endpoints 列表相对应。如果有任何的 IP 地址不匹配，这都意味着配置了错误的标签。根据你的网络速度和设置，Pod 可能需要一点时间才能启动。如果你看到 Pod 处于 Pending 状态，再给它一分钟时间：

```
NAME                           READY STATUS   RESTARTS AGE IP            NODE
     NOMINATED NODE     READINESS GATES
goldpinger-c86c78448-5kwpp 1/1 Running 0       15m 172.17.0.4 minikube <none>
     <none>
goldpinger-c86c78448-gtbvv 1/1 Running 0       15m 172.17.0.3 minikube <none>
     <none>
goldpinger-c86c78448-vcwx2 1/1 Running 0       15m 172.17.0.5 minikube <none>
     <none>
```

一切正常，让我们访问 Goldpinger 看看它到底在做什么。为此，你需要访问之前创建的 Service。

注意 Kubernetes 在运行软件方面的标准化做得很好。不幸的是，并非一切都容易标准化。尽管每个 Kubernetes 集群都支持 Service，但你访问集群以及 Service 的方式取决于集群的设置。本章坚持使用 Minikube，因为它简单易用，任何人都可以轻松访问。如果你正在运行自己的 Kubernetes 集群，或使用来自云提供商的托管解决方案，则访问集群上运行的软件可能需要额外设置（例如，设置 ingress，http://mng.bz/Vdpr）。请参阅相关文档。

在 Minikube 上，你可以使用命令 minikube service，它将找出一种直接从你的主机访问该 Service 并为你打开浏览器的方法。为此，运行以下命令：

```
minikube service goldpinger
```

你将看到类似如下的输出，指定 Minikube 为你准备的特殊 URL（以粗体显示），并将启动你的默认浏览器打开该 URL：

```
|-----------|------------|-------------|------------------------------|
| NAMESPACE |    NAME    | TARGET PORT |             URL              |
|-----------|------------|-------------|------------------------------|
| default   | goldpinger | http/8080   | http://192.168.99.100:30426  |
|-----------|------------|-------------|------------------------------|
🐾 Opening service default/goldpinger in default browser…
```

在新启动的浏览器窗口中，你将看到 Goldpinger 用户界面（UI）。它看起来类似于图 10.8 中所示的内容。这是一个图表，其中每个点代表 Goldpinger 的一个实例，每个箭头代表实例之间的最后一次连接检查（HTTP 请求）。你可以单击一个节点来选择它并显示额外信息。

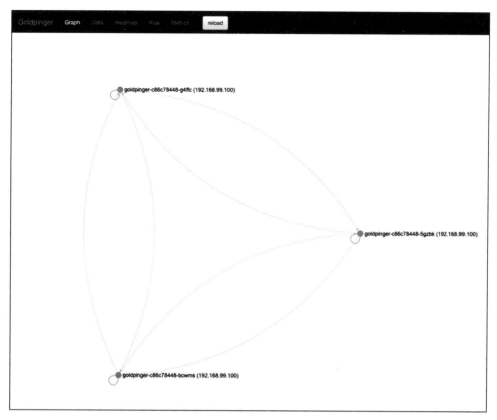

图 10.8　运行中的 Goldpinger 用户界面

该图还提供其他功能，例如热图，显示任何潜在网络缓慢的热点和指标，并提供了统计数据，可用于生成警报和漂亮的面板。Goldpinger 是一个非常方便的检测任何网络问题的工具，它在 Docker Hub 上的下载量超过一百万次！

随意花一些时间来试试，然后你就完成了所有的工作。你有一个可以与之交互的正在运行的应用程序，只需使用两个 `kubectl` 命令部署。

不幸的是，在我们的小测试集群上，所有三个实例都在同一台主机上运行，所以你不太可能看到任何网络缓慢，这有点无聊。但幸运的是，作为混沌工程从业者，我们有能力引入故障并使事情再次变得有趣。让我们从一些最基础的终止 Pod 的实验开始。

10.4.2　实验 1：终止 50% 的 Pod

就像漫画电影中的反派一样，你可能想知道当你终止 50% 的 Goldpinger Pod 时会发生什么。为什么要这样做呢？这虽然是一种成本不高的实验，但是当这些实例中的某个发生故障时（模拟一台机器发生故障），它却可以回答很多问题。例如：

❑ 其他实例是否检测到它发生故障了？

❑ 如果是，它们多久才会被发现？

❑ Goldpinger 配置对这种场景有何影响？

❑ 如果你设置了警报，它会被触发吗？

你应该如何实现这个实验？前面的章节涵盖了解决这个问题的不同方法。例如，你可以登录到要终止 Goldpinger 进程的计算机上，然后像以前一样简单地运行 kill 命令。或者，如果你的集群使用 Docker 来运行容器（稍后会详细介绍），你可以利用第 5 章中介绍的工具。你在前几章中学到的所有技术仍然适用。另外，Kubernetes 为你提供了其他选择，例如直接删除 Pod。这绝对是实现这一目标的最便捷方式，所以让我们选择它。

我们的实验还有另一个关键细节：Goldpinger 通过定期向其所有对等体发出 HTTP 请求来工作。该时间周期由环境变量 REFRESH_INTERVAL 控制。在你部署的 goldpinger.yml 文件中，该值设置为 2 秒：

```
- name: REFRESH_INTERVAL
  value: "2"
```

这意味着一个实例注意到另一个实例宕机所花费的最大时间是 2 秒。这是相当激进的，在大型集群中会导致生成大量的流量，并且消耗大量的 CPU 时间，我选择这个值是出于演示的目的。使其他实例快速检测到变化。至此，你已经拥有了所有的拼图，所以让我们将其转化为一个具体的实验计划。

实验 1 的计划

如果你提出第一个问题（其他 Goldpinger 实例是否检测到对等体宕机），你可以设计一个简单的实验计划，如下所示：

1. 可观测性：使用 Goldpinger 用户界面查看是否有任何 Pod 被标记为不可访问；使用 kubectl 来查看是否有新的 Pod 被创建。

2. 稳态：所有节点都健康。

3. 假设：如果删除一个 Pod，你应该会在 Goldpinger 用户界面中看到它被标记为失败，然后被一个新的、健康的 Pod 替换。

4. 运行实验！

就是这样！让我们看看如何实现它。

实验 1 的实现

为了实现这个实验，Pod 标签再次派上用场。你需要做的就是利用 kubectl get pods 获取标签为 app=goldpinger 的所有 Pod，然后使用 kubectl delete 随机选择一个 Pod 并终止它。为方便起见，你还可以利用 kubectl 的 -o name 标志仅显示 Pod 名称，并使用 sort --random-sort 和 head -n1 的组合来选择输出随机一个 Pod。

将所有这些放在一起，你将获得一个类似清单 10.3 中的 kube-thanos.sh 的脚本。将脚本存储在系统中的某个位置（或从 GitHub 仓库中克隆它）。

清单 10.3　随机终止 Pod (kube-thanos.sh)

```
#!/bin/bash                          使用 kubectl
                                     列出 Pod
kubectl get pods \                        仅列出所有包含标签
  -l app=goldpinger \                      app=goldpinger 的 Pod
  -o name \                          在输出中
    | sort --random-sort \           显示名称
    | head -n 1 \
    | xargs kubectl delete           随机排序

              删除 Pod              选择第一个
```

有了它，你就可以继续了。让我们运行实验。

实验 1 的运行

让我们再次检查稳态。你的 Goldpinger 应该仍然在运行，并且你应该在浏览器窗口中打开了用户界面。如果不是的话，你可以通过运行以下命令来启动它们：

```
kubectl apply -f goldpinger-rbac.yml
kubectl apply -f goldpinger.yml
minikube service goldpinger
```

要确认所有节点都正常，只需单击"Reload"（重新加载）按钮刷新图形，并验证所有三个节点都显示为绿色。到现在为止一切顺利。

为了确认脚本有效，让我们也为删除和创建 Pod 增加一些可观测性。你可以利用 `kubectl get` 命令的 `--watch` 标志来打印所有控制台输出发生变化的 Pod 的名称。你可以通过打开一个新的终端窗口并运行以下命令来做到这一点：

```
kubectl get pods --watch
```

你将看到熟悉的输出，显示所有 Goldpinger 中的 Pod，但这次命令将保持活动状态，从而阻塞了终端。如果需要，你可以随时使用 <Ctrl+C> 退出：

```
NAME                         READY   STATUS    RESTARTS   AGE
goldpinger-c86c78448-6rtw4   1/1     Running   0          20h
goldpinger-c86c78448-mj76q   1/1     Running   0          19h
goldpinger-c86c78448-xbj7s   1/1     Running   0          19h
```

现在，到了有趣的环节！为了进行实验，你将打开另一个终端窗口，运行 kube-thanos.sh 脚本以随机终止一个 Pod，然后快速转到 Goldpinger 用户界面以观察 Goldpinger 中的 Pod 发生了什么变化。请记住，在本地设置中，Pod 将快速恢复，因此你可能需要快速观察 Pod 变得不可用然后又恢复的过程。同时，`kubectl get pods --watch` 命令将记录 Pod 停止运行，然后被新的替换。让我们这样做吧！

打开一个新的终端窗口并运行脚本来随机终止一个 Pod：

```
bash kube-thanos.sh
```

你将看到输出中显示被删除的 Pod 的名称：

```
pod "goldpinger-c86c78448-shtdq" deleted
```

快速转到 Goldpinger 用户界面并刷新。你应该会看到一些错误，如图 10.9 所示。至少有一个其他节点无法访问的节点将被标记为不健康。我在图中标记了不健康的节点，实时用户界面还使用红色来区分它们。你还会注意到出现了四个节点，这是因为在删除 Pod 后，Kubernetes 会尝试重新收敛到所需的状态（三个副本），因此它会创建一个新的 Pod 来替换你删除的那个。

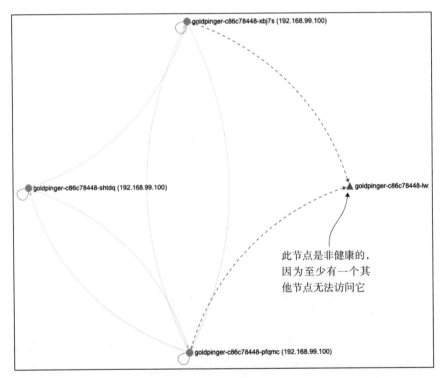

此节点是非健康的，
因为至少有一个其
他节点无法访问它

图 10.9　Goldpinger 用户界面显示一个不可用的 Pod 被一个新的 Pod 替换

注意　如果你没有看到任何错误，则 Pod 可能在你切换到用户界面之前就已经恢复了，因为你的计算机可能比我的要快。如果你重新运行命令，并更快地刷新用户界面，你应该能够看到这个结果。

现在，返回运行 kubectl get pods --watch 的终端窗口。你将看到类似如下的输出。请注意，你终止的 Pod (-shtdq) 进入 Terminating 状态，并且一个新的 Pod (-lwxrq) 取而代之（均以粗体显示）。你还会注意到，新的 Pod 经历了从 Pending 到 ContainerCreating 再到 Running 的生命周期，而旧的 Pod 会进入 Terminating 状态：

```
NAME                          READY   STATUS      RESTARTS      AGE
goldpinger-c86c78448-pfqmc    1/1     Running     0             47s
goldpinger-c86c78448-shtdq    1/1     Running     0             22s
goldpinger-c86c78448-xbj7s    1/1     Running     0             20h
```

goldpinger-c86c78448-shtdq	1/1	Terminating	0	38s
goldpinger-c86c78448-lwxrq	0/1	Pending	0	0s
goldpinger-c86c78448-lwxrq	0/1	Pending	0	0s
goldpinger-c86c78448-lwxrq	0/1	ContainerCreating	0	0s
goldpinger-c86c78448-shtdq	0/1	Terminating	0	39s
goldpinger-c86c78448-lwxrq	1/1	Running	0	2s
goldpinger-c86c78448-shtdq	0/1	Terminating	0	43s
goldpinger-c86c78448-shtdq	0/1	Terminating	0	43s

最后，让我们检查一切是否顺利恢复。返回带有 Goldpinger 用户界面的浏览器窗口，并再次刷新。你现在应该看到三个新的 Pod 可以互相 ping。这意味着我们的假设在两个方面都是正确的。

干得漂亮。在你的努力下又完成了一个实验。但在继续下一个实验之前，让我们讨论几点。

突击测验：当 Kubernetes 集群中的一个 Pod 死亡时会发生什么？

选择一个：

1. Kubernetes 检测到它并向你发送警报。

2. Kubernetes 检测到它，并在必要时重新启动它，以确保运行的副本达到预期数量。

3. 什么也不会发生。

答案见附录 B。

实验 1 的讨论

出于教学目的，我在这里走了一些捷径，我想让你注意一下。第一，当通过用户界面访问 Pod 时，你使用的是一个 Service，每次你进行新调用时，Service 都会解析为 Goldpinger 的一个伪随机实例。这意味着你刚刚终止的实例有可能被路由到，从而在用户界面中出现错误。这也意味着每次刷新视图时，你都会从不同 Pod 的角度获得真实情况。

本实验这么做是为了易于说明，这对小型测试集群来说不是问题，但如果你运行大型集群并希望确保网络分区不会产生误导性的视图，则需要确保查阅所有可用实例，或者至少是一个合理的子集。Goldpinger 通过指标解决了这个问题，你可以在 https://github.com/bloomberg/goldpinger#prometheus 上了解更多信息。

第二，以这种方式使用基于 GUI 的工具有点尴尬。如果你看到了你所期望的，那就太好了。但如果你没看到，并不一定意味着事件没有发生，你可能只是错过了它。同样，这可以通过使用指标来缓解，为简单起见，我在这里跳过了这种方式。

第三，如果你仔细查看图表中所示的故障，你将看到这些 Pod 有时在真正启动之前就开始接收流量。这是因为，同样为简单起见，我跳过了可以处理这种情况的准备探针。如果设置了，准备探针将阻止 Pod 接收任何流量，直到满足某个条件（请参阅 http://mng.bz/xmdq 上的文档）。有关如何使用准备探针的示例，请参见 Goldpinger 的安装文档（https://github.com/bloomberg/goldpinger#installation）。

最后，请注意，根据运行 Goldpinger 的刷新周期，你看到的数据可能会有数秒的延迟，这意味着对于你终止的 Pod，在此之后的一段时间里你将仍然可以看到它们，这段时间的长短等于刷新周期的大小（在此设置中为 2 秒）。

这些是我的律师建议我在本书出版之前澄清的警告。如果你觉得我在派对上不够风趣，那就让我证明你错了。我们来玩《太空侵略者》吧，就像在 1978 年时一样。

10.4.3 派对技巧：时尚地终止 Pod

如果真的想证明混沌工程是有趣的，我向你推荐两个工具。

首先，让我们看看 *KubeInvaders*（https://github.com/lucky-sideburn/KubeInvaders）。它启动一个模拟《太空侵略者》（*Space Invaders*）的游戏，将终止 Pod 的过程游戏化，外星人是指定命名空间中的 Pod。你猜对了：你击落的外星人在 Kubernetes 中将被删除。安装过程包括在集群上部署 Kubernetes，然后连接一个实际显示游戏内容的本地客户端。请参见图 10.10 以了解 *KubeInvaders* 的运行情况。

用外星人来表示 Pod

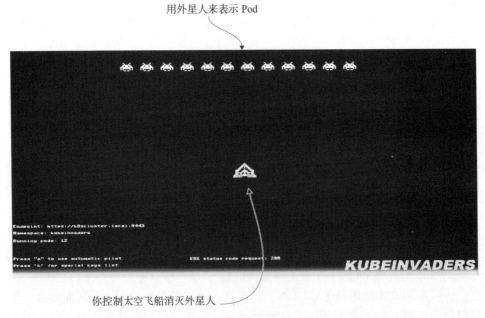

你控制太空飞船消灭外星人

图 10.10　*KubeInvaders*（https://github.com/lucky-sideburn/KubeInvaders）

第二个工具适合第一人称射击类型游戏的粉丝：*Kube DOOM*（https://github.com/storax/kubedoom）。与 *KubeInvaders* 类似，它将 Pod 表示为敌人，并在 Kubernetes 中终止的 Pod 对应于游戏中所消灭的敌人。这里有一个使用它的提示：玩游戏通常比复制和粘贴 Pod 的名称快得多，而且也节省了很多时间（强烈推荐参考：https://xkcd.com/303/）。有关屏幕截图，请参见图 10.11。

用敌人来
表示 Pod

图 10.11　*Kube DOOM*（https://github.com/storax/kubedoom）

Kube DOOM 的安装非常简单：你在主机上运行一个 Pod，将 `kubectl` 配置文件传递给它，然后通过桌面共享客户端连接到游戏。经过一整天的调试，它可能正是你所需要的。我就介绍到这里。

我相信这会对你的下一次家庭聚会有所帮助。当你完成游戏后，让我们看一下另一个实验——我们的老朋友"网络缓慢"。

10.4.4　实验 2：引入网络缓慢

"缓慢"，我的宿敌，我们又见面了。如果你是一名软件工程师，你很可能会花费大量时间来尝试战胜缓慢的问题。当出现问题时，实际的故障通常容易调试，但是如果大部分事物还在正常工作，则很难去排查。而"缓慢"往往属于后一类。

"缓慢"是一个非常重要的话题，我们几乎在本书的每一章中都会谈到它。我在第 4 章中介绍了使用 `tc` 引入缓慢，然后在第 5 章又介绍了如何使用 Docker 中的 Pumba。在其他章节中，你已经在 JVM、应用程序甚至浏览器中引入了缓慢。是时候看看在 Kubernetes 上运行时有什么不同了。

值得一提的是，我们之前介绍的所有内容在这里仍然适用。你可以直接在自己感兴趣的进程的机器上使用 `tc` 或 Pumba，并修改它们以引入你所关心的故障。实际上，使用 `kubectl cp` 和 `kubectl exec`，你可以直接在 Pod 中上传和执行 `tc` 命令，甚至不需要访问主机。或者你可以向 Goldpinger Pod 添加第二个容器，以执行必要的 `tc` 命令。

所有这些方法都是可行的，但都有一个缺点：它们修改了运行在集群上的现有软件，因此根据定义，存在把事情搞砸的风险。一种方便的替代方法是添加额外的软件，通过做一些调整以实现你所关心的故障，但在其他方面则与原来的相同，都是通过引入额外的软件来与系统的其余部分进行集成。Kubernetes 让它变得非常简单。下面我会进一步说明，让我们围绕模拟的网络慢度设计一个实验。

实验 2 的计划

假设你想看看当一个 Goldpinger 实例对其他实例的查询响应缓慢时会发生什么。毕竟，这就是设计该软件的目的，所以在依赖它之前，你应该测试它是否能够如预期的那样工作。

一种方便的方法是部署一个 Goldpinger 的副本，然后可以对其进行修改以添加延迟。你仍然可以用 tc 来实现，但为了向你展示一些新工具，让我们改用独立的网络代理。该代理将位于新 Goldpinger 实例的前面，接收来自其对等体的调用，添加延迟，并将调用中继到 Goldpinger。多亏了 Kubernetes，设置起来非常简单。

让我们解决一些细节问题。Goldpinger 对所有调用的默认超时时间是 300 毫秒，所以让我们为延迟选择一个任意的值 250 毫秒：足以被清楚地看到，但又不会导致超时。多亏了内置的热图，你将能够可视化地显示花费更长时间的连接，因此在可观测性方面得到了解决。这个实验的计划如下。

1. 可观测性：使用 Goldpinger 用户界面的图形和热图来读取延迟。
2. 稳态：所有现有的 Goldpinger 实例都报告健康。
3. 假设：如果你添加了一个具有 250 毫秒延迟的新实例，连接图将显示所有四个实例都健康，并且 250 毫秒延迟将在热图中可见。
4. 运行实验！

听起来不错？让我们看看怎么实现。

实验 2 的实现

是时候深入研究如何实现了。你还记得展示 Goldpinger 工作原理的图 10.4 吗？每个实例都向 Kubernetes 询问其所有对等体，然后定期向它们发送请求以测量延迟并检测问题。

现在，你要做的是添加一个包含我们刚才讨论过的额外代理的 Goldpinger Pod 的副本。Kubernetes 中的 Pod 可以有多个容器一起运行，并能够通过 localhost 进行通信。如果使用相同的标签 app=goldpinger，其他实例将检测到新的 Pod 并开始发送请求。但是在配置端口时，并不是直接到达新实例，而是通过对等体首先到达代理（端口 8080）。代理将添加所需的延迟。新加的 Goldpinger 实例也能够像常规实例一样自由地 ping 其他主机。图 10.12 做了总结。

既然已经了解大致需要怎么设置，现在你需要实际的网络代理。Goldpinger 通过 HTTP/1.1 进行通信，所以你很幸运。这是一个运行在 TCP 之上的基于文本的、相当简单的协议。你所需要的只是按照协议规范（RFC 7230、RFC 7231、RFC 7232、RFC 7233 和

RFC 7234），你应该能够快速实现一个代理⊖。掸一掸 C 编译器上的灰尘，张开双臂，然后我们开始做吧！

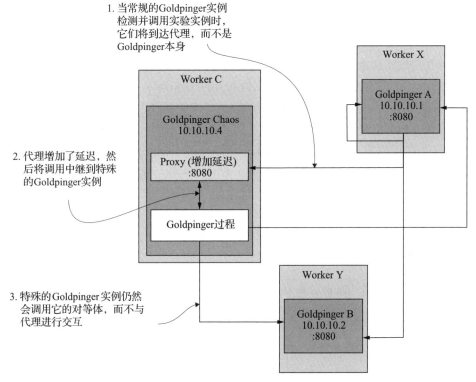

图 10.12 Goldpinger 的修改版，前面多了一个代理

实验 2 Toxiproxy

只是开个玩笑！你将使用一个现有的、专为这类情况设计的开源项目，称为 Toxiproxy（https://github.com/shopify/toxiproxy）。它在 TCP 级别（开放系统互联，也就是 OSI 模型的第 4 层）上作为代理工作，这很好，因为实际上你不需要为了引入一个简单的延迟而去了解 HTTP 级别（第 7 层）上发生的任何事情。额外的好处是，你可以以完全相同的方式将相同的工具用于任何基于 TCP 的协议，所以你将要做的也将同样适用于其他流行的软件，如 Redis、MySQL、PostgreSQL，以及其他更多软件。

Toxiproxy 由两部分组成：

❑ 实际的代理服务器，它公开了一个 API，你可以使用它来配置应该在哪里进行代理，以及预期的故障类型。

⊖ 这些规范可在 IETF 工具页面在线查看：RFC 7230 在 https://tools.ietf.org/html/rfc7230，RFC 7231 在 https://tools.ietf.org/html/rfc7231，RFC 7232 在 https://tools.ietf.org/html/rfc7232，RFC 7233 在 https://tools.ietf.org/html/rfc7233，RFC 7234 在 https://tools.ietf.org/html/rfc7234。

❑ 连接到该 API 并可以实时更改配置的 CLI 客户端。

注意　除了使用 CLI，你还可以直接与 API 进行交互，Toxiproxy 提供了多种语言的随时可用的客户端。

Toxiproxy 的动态特性使它在单元测试和集成测试中非常有用。例如，你的集成测试通过配置代理开始，在连接到数据库时增加延迟，然后你的测试可以验证相应的超时是否被触发。这对我们的实验也很方便。

这里使用的是 2.1.4 版本，是编写本书时可用的最新版本。通过使用 Docker Hub 上的一个预构建的公开可用的镜像，你将把代理服务器作为额外的 Goldpinger Pod 的一部分运行。你还需要在机器上使用本地 CLI。

安装的方式很简单，从 https://github.com/Shopify/toxiproxy/releases/tag/v2.1.4 下载适用于系统（Ubuntu/Debian、Windows、macOS）的 CLI 可执行文件，并将其添加到 `PATH` 中。运行以下命令确认它可以正常工作：

```
toxiproxy-cli --version
```

你应该看到版本显示为 2.1.4：

```
toxiproxy-cli version 2.1.4
```

当 Toxiproxy 服务器启动时，默认情况下，除了运行 HTTP API 之外，它不会做任何事情。 通过调用 API，你可以配置和动态更改代理服务器的行为。可以通过以下方式定义任意配置：

❑ 一个唯一的名称
❑ 要绑定并侦听连接的主机和端口
❑ 要代理的目标服务器

对于每一个这样的配置，你都可以附加故障。在 Toxiproxy 的术语中，这些故障被称为"毒剂"（toxics）。目前，有以下"毒剂"可供使用：

❑ `latency`——向连接添加任意延迟（在任一方向）
❑ `down`——断开连接
❑ `bandwidth`——将连接限制在所需的速度
❑ `slow close`——任意延迟 TCP 套接字关闭的时间
❑ `timeout`——等待任意时间，然后关闭连接
❑ `slicer`——将接收到的数据切片成更小的数据，然后发送到目的地

你可以为定义的每个代理配置附加的任意故障组合。根据我们的需求，`latency`"毒剂"正是我们需要的。让我们看看如何把这些结合在一起。

突击测验：Toxiproxy 是什么？

选择一个：

1. 一个可配置的 TCP 代理，可以模拟各种问题，如数据包丢失或网速慢。

2. 一支韩国流行乐队，唱的是通过代理和空壳公司向发展中国家倾倒大量有毒废物的环境后果。

答案见附录 B。

实验 2 的实现（续）

总而言之，你希望创建一个包含两个容器（Goldpinger 和 Toxiproxy）的新 Pod。你需要将 Goldpinger 配置在不同的端口上运行，以便代理可以侦听默认端口 8080 其他 Goldpinger 实例将尝试连接该默认端口。你还将创建一个 Service，将连接路由到端口 8474 上的代理 API，因此你可以使用 `toxiproxy-cli` 命令来配置代理并添加所需的延迟，如图 10.13 所示。

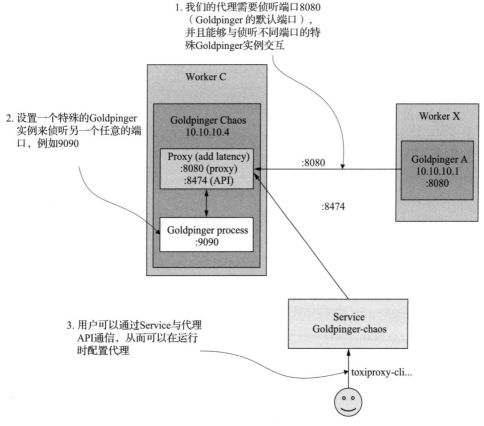

图 10.13　使用 `toxiproxy-cli` 与 Goldpinger 的修改版本进行交互

现在让我们将其转换为 Kubernetes YAML 文件。你可以在清单 10.4 中看到最终的 goldpinger-chaos.yml。你将看到两个资源描述，一个 Pod（带有两个容器）和一个 Service。使用之前创建的相同的 `service account` 来授予 Goldpinger 相同的权限。还可以使用两个环境变量 PORT 和 CLIENT_PORT_OVERRIDE，分别让 Goldpinger 侦听端口 9090，使用端口 8080 和对等体交互。这是因为默认情况下，Goldpinger 在它自己运行的同一端口上调用其对等体。

最后，请注意该 Service 使用标签 chaos=absolutely 来匹配你创建的新 Pod。Goldpinger pod 需要标签 app=goldpinger，这很重要，因为只有这样它的对等体才可以找到它，但你还需要另一个标签以便将连接路由到代理 API。

清单 10.4　Goldpinger 部署（goldpinger-chaos.yml）

```
---
apiVersion: v1
kind: Pod
metadata:
  name: goldpinger-chaos
  namespace: default
  labels:
    app: goldpinger          ◁──  新的 Pod 有相同的标签 app=
    chaos: absolutely              goldpinger，使它可以被
spec:                              对等体检测到，另外还有标签
  serviceAccount: "goldpinger-serviceaccount"    chaos=absolutely 以被代
  containers:                      理 API 服务器匹配到
  - name: goldpinger
    image: docker.io/bloomberg/goldpinger:v3.0.0    ◁── 使用与其他实例相同的 service
    env:                                                 account，从而授予 Goldpinger
    - name: REFRESH_INTERVAL                             列出其对等体的权限
      value: "2"
    - name: HOST
      value: "0.0.0.0"
    - name: PORT               ◁──  使用 HOST 环境变量使 Goldpinger
      value: "9090"                 侦听端口 9090，并使用 CLIENT_
    - name: CLIENT_PORT_OVERRIDE    PORT_OVERRIDE 环境变量使其在默
      value: "8080"                 认端口 8080 上调用其对等体
    - name: POD_IP
      valueFrom:
        fieldRef:
          fieldPath: status.podIP
  - name: toxiproxy
    image: docker.io/shopify/toxiproxy:2.1.4
    ports:
    - containerPort: 8474      ◁──  Toxiproxy 容器展示的两个端口：
      name: toxiproxy-api            Toxiproxy API 使用的 8474，以
    - containerPort: 8080           及 Goldpinger 的代理端口 8080
      name: goldpinger
---
apiVersion: v1
kind: Service
metadata:
  name: goldpinger-chaos
  namespace: default
spec:                          Service 将流量路由到
  type: LoadBalancer           端口 8474（Toxiproxy
  ports:                       API）
    - port: 8474      ◁──
```

```
      name: toxiproxy-api
  selector:
    chaos: absolutely
```

Service 使用标签 chaos=
absolutely 来选择运行
Toxiproxy 的 Pod

这就是你所需要的。确保你有了这个文件（或者像以前一样从仓库中克隆它）。准备好了吗？游戏开始了!

实验 2 的运行

运行此实验，你将使用到 Goldpinger 用户界面。如果你之前关闭了浏览器窗口，请通过在终端中运行以下命令来重新启动它:

```
minikube service goldpinger
```

让我们从稳态开始，确认所有三个节点都可见并且都处于健康状态。在顶部栏中，单击热图。你将看到类似于图 10.14 中的热图。每个方块代表节点之间的连接性，并根据执行请求所花费的时间编码为指定的颜色:

❑ 列代表来源（from）。

❑ 行代表目的地（to）。

❑ 图例说明哪个数字对应于哪个 Pod。

热图中的每个方块代表两个节点之间的连接性。
在这个图中，它们都在"健康的阈值"范围内

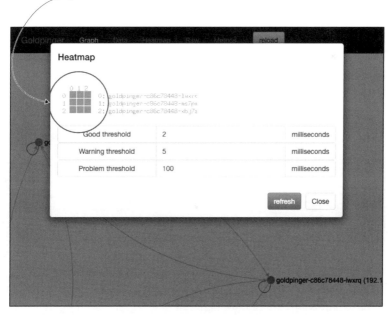

图 10.14　Goldpinger 热图示例

在此示例中，所有方块都具有相同的颜色和阴影，这意味着所有请求的时间都低于 2

毫秒，因为所有这些实例都在同一主机上运行，所以这个时间是预期内的。你还可以根据自己的喜好调整阈值，然后通过刷新来显示新的热图。准备好后关闭它。

让我们引入新的 Pod！为此，你将利用 `kubectl apply` 命令来运行清单 10.4 中的 goldpinger-chaos.yml 文件。运行以下命令：

```
kubectl apply -f goldpinger-chaos.yml
```

你将看到以下输出，确认 Pod 和 Service 被创建了：

```
pod/goldpinger-chaos created
service/goldpinger-chaos created
```

让我们切换到用户界面来确认它正在运行。你现在将看到一个额外的节点，如图 10.15 所示。但请注意，新 Pod 被标记为不健康，因为它的所有对等体都无法连接到它。在实时用户界面中，节点被标记为三角形。

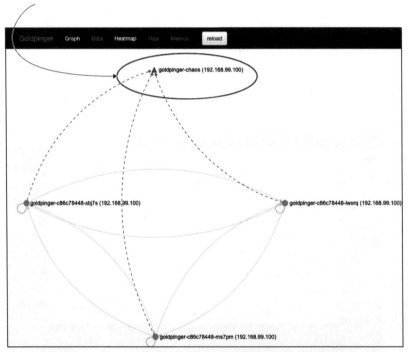

图 10.15　新的 Goldpinger 实例被对等体检测到，但无法访问

我在图中为这个新的、不健康的节点添加了注释。这是因为你还没有配置代理来传递流量。

让我们通过配置 Toxiproxy 来解决这个问题。你部署的额外的 Service 派上了用场：你将使用它通过 `toxiproxy-cli` 连接到 Toxiproxy API。还记得你是如何使用 `minikube` service 获取访问 Goldpinger service 的 URL 的吗？你将再次利用它，但这次使用 --url 标志，仅打印 URL 本身。在 bash 会话中运行以下命令以将 URL 存储在变量中：

```
TOXIPROXY_URL=$(minikube service --url goldpinger-chaos)
```

你现在可以使用该变量将 toxiproxy-cli 指向正确的 Toxiproxy API。这需要使用 -h 标志。这有可能会让你感到困惑，因为 -h 不是 help 的意思，而是 host。让我们通过列出现有的代理配置来确认它是否有效：

```
toxiproxy-cli -h $TOXIPROXY_URL list
```

你将看到以下输出，它表示未配置代理。它甚至暗示你应该创建一些代理（以粗体显示）：

```
Name          Listen          Upstream            Enabled         Toxics
================================================================================
no proxies

Hint: create a proxy with `toxiproxy-cli create`
```

让我们配置一个。将其命名为 chaos，让它路由到 localhost:9090（你配置的 Goldpinger 侦听的端口），并侦听 0.0.0.0:8080 以使其对等体可以调用它。运行以下命令来实现：

```
toxiproxy-cli \          ← 连接到指定代理
    -h $TOXIPROXY_URL \
    create chaos \       ← 创建一个名为"chaos"的新代理配置
        -l 0.0.0.0:8080 \   ← 侦听 0.0.0.0:8080（Goldpinger 的默认端口）
        -u localhost:9090   ← 将连接中继到 localhost:9090（你配置 Goldpinger 运行的地方）
```

你将看到以下简单的输出，确认代理已创建：

```
Created new proxy chaos
```

重新运行 toxiproxy-cli list 命令，可以看到这次出现了新的代理：

```
toxiproxy-cli -h $TOXIPROXY_URL list
```

你将看到以下输出，其中列出了名为 chaos（以粗体显示）的新代理配置：

```
Name          Listen          Upstream            Enabled         Toxics
===============================================
chaos         [::]:8080       localhost:9090      enabled         None

Hint: inspect toxics with `toxiproxy-cli inspect <proxyName>`
```

如果返回到用户界面并刷新，你将看到 goldpinger-chaos 的新实例现在是绿色的，并且所有实例各个方向的报告都为健康状态。如果你检查热图，它也会全部显示为绿色。

让我们改变一下。使用命令 toxiproxy-cli toxic add，添加一个延迟为 250 毫秒的"毒剂"：

向现有代理配置
添加"毒剂"

"毒剂"类型为 latency

增加 250 毫秒的延迟

将其设置在上游方向，
指向 Goldpinger 实例

将此"毒剂"附加到名为
"chaos"的代理配置中

```
toxiproxy-cli \
    -h $TOXIPROXY_URL \
    toxic add \
            --type latency \
            --a latency=250 \
            --upstream \
    chaos
```

你将会看到一条确认信息：

```
Added upstream latency toxic 'latency_upstream' on proxy 'chaos'
```

要确认代理是否正确，可以检查你的 chaos 代理。运行以下命令：

```
toxiproxy-cli -h $TOXIPROXY_URL inspect chaos
```

你将看到如下输出，其中列出了你的全新"毒剂"（以粗体显示）：

```
Name: chaos       Listen: [::]:8080         Upstream: localhost:9090
======================================================================
Upstream toxics:
latency_upstream:          type=latency      stream=upstream toxicity=1.00
attributes=[    jitter=0           latency=250        ]

Downstream toxics:
Proxy has no Downstream toxics enabled.
```

现在，返回浏览器中的 Goldpinger 用户界面并刷新。你仍然会看到所有四个实例都为健康状态（250 毫秒延迟仍然在默认的 300 毫秒超时范围之内）。但是如果打开热图，你会发现与之前有所不同。带有 Pod goldpinger-chaos 的那一行将被标记为红色（超过了有问题的阈值），这意味着它的所有对等体都检测到速度缓慢，如图 10.16 所示。

图 10.16　Goldpinger 热图，显示访问 Pod goldpinger-chaos 缓慢

我们的假设是正确的：Goldpinger 检测正确并报告了缓慢问题，并且在延迟（250 毫秒）低于默认超时 300 毫秒的情况下，Goldpinger 用户界面中的热图报告一切正常。你在不修改现有 Pod 的情况下完成了所有这些工作。

实验到此结束，但在继续下面的讨论之前，让我们清理额外的 Pod。运行以下命令以删除你使用 goldpinger-chaos.yml 文件创建的所有内容：

```
kubectl delete -f goldpinger-chaos.yml
```

让我们讨论一下这次实验的一些发现。

实验 2 的讨论

你做得如何？你花了一些时间学习新的工具，但是整个实验的实现归结为一个 YAML 文件和 Toxiproxy 中的一些命令。你在想要测试的软件的新副本上工作，在不修改现有运行过程的情况下获得了收益。你有效地扩展了额外的容量，然后让正在运行的软件的 25% 部分受到影响，从而限制了爆炸半径。

这是否意味着你可以在生产环境中这样做？与任何足够复杂的问题一样，答案是"视情况而定"。在此示例中，如果你想验证依赖 Goldpinger 的指标来触发的某些警报的鲁棒性，这可能是一个很好的方法。但额外的软件也可能以更深刻的方式影响现有实例，使其风险更大。归根结底，这实际上取决于你的应用程序。

当然，还有改进的空间。例如，你用来访问 Goldpinger 用户界面的 service 以伪随机的方式将流量路由到匹配的任何实例，所以它也可能会路由到延迟为 250ms 的实例。对我们来说，很难肉眼发现，但如果你测试的是更大的延迟，这可能是个问题。

总结

❏ Kubernetes 有助于大规模管理容器编排，但在此过程中，它也引入了自身的复杂性，这需要理解和管理。

❏ 可以很容易地通过使用 `kubectl` 终止 Pod 来引入故障。

❏ 多亏了 Kubernetes，通过添加额外的网络代理来注入网络问题是切实可行的。这样做也可以更好地控制爆炸半径。

Chapter 11 第 11 章

自动化 Kubernetes 实验

本章涵盖以下内容：
- □ 使用 PowerfulSeal 为 Kubernetes 自动化混沌实验
- □ 认识到一次性实验和持续 SLO 验证之间的区别
- □ 使用云提供商的 API 在 VM 级别设计混沌实验

在 Kubernetes 的第二个帮助中，你将看到如何使用更高级别的工具来实现混沌实验。在第 10 章中，你通过手动设置实验了解了如何实现该实验。但是现在我想向你展示使用正确的工具可以提高多少速度。进入 PowerfulSeal。

11.1　使用 PowerfulSeal 自动化混沌

人们常说，软件工程是为数不多的认为懒惰是件好事的工作之一。我倾向于同意这一点，很多自动化或劳动减少可以看作懒得做体力劳动的表现。自动化还可以减少操作人员错误并提高速度和准确性。

用于混沌实验自动化的工具正在稳步发展，变得更加先进和成熟。可以查看 Awesome Chaos Engineering 列表（https://github.com/dastergon/awesome-chaos engineering）获得最新的可用工具列表。对于 Kubernetes，我推荐 PowerfulSeal（https://github.com/powerfulseal/powerfulseal），它由我创建，我们将在本章使用。其他不错的选择包括 Chaos Toolkit（https://github.com/chaostoolkit/chaostoolkit）和 Litmus（https://litmuschaos.io/）。

在本节中，我们将基于你在第 10 章中手动实现的两个实验进行重新实现，但这次效率

　　⊖　另外也推荐 Chaos Mesh（https://chaos-mesh.org/）。——译者注

更高。事实上，我们重新实现这些实验时有一些细微的变化，每一个只需要 5 分钟。那么，PowerfulSeal 到底是什么？

11.1.1 PowerfulSeal 是什么

PowerfulSeal 是一个针对 Kubernetes 的混沌工程工具。它有以下几个特性：

❑ 交互模式，帮助你了解集群上的软件是如何工作的，并手动破坏它。

❑ 与云提供商集成，实现 VM 的启动和关闭。

❑ 自动终止标有特殊标签的 Pod。

❑ 支持复杂场景的自主模式。

此列表中的最后一项是我们将在此处关注的功能。

自主模式允许你通过编写一个简单的 YAML 文件来实现混沌实验。在该文件中，你可以编写任意数量的场景，每个场景都列出了实现、验证和实验后清理所需的步骤。有很多选项可供你使用（文档参见 https://powerfulseal.github.io/powerfulseal/policies），但实际上，自主模式具有非常简单的格式。包含场景的 YAML 文件称为策略文件。

举个例子，让我们看一下清单 11.1。它包含一个简单的策略文件、一个场景，并且只有一个步骤。这个步骤是进行 HTTP 探测，它将尝试向指定服务的指定端点发出 HTTP 请求，如果探测失败，则该场景失败。

清单 11.1 简单的策略（powerfulseal-policy-minimal.yml）

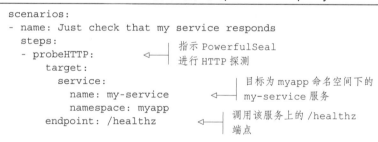

准备好策略文件后，你可以通过多种方式运行 PowerfulSeal。通常将它在本地机器上使用——与你用来与 Kubernetes 集群交互的同一台机器（用于开发），或作为 Deployment 直接在集群上运行（用于持续、连续的实验）。

PowerfulSeal 需要与 Kubernetes 集群交互的权限以运行，可以通过 ServiceAccount（就像你在第 10 章中对 Goldpinger 所做的那样）或者通过指定 kubectl 配置文件来完成。如果要操作集群中的 VM，还需要配置对云提供商的访问。这样，你就可以在自主模式下启动 PowerfulSeal，让它执行你的场景。

PowerfulSeal 将仔细检查该策略并一步一步地执行场景，酌情终止 Pod 或者关闭 VM。图 11.1 展示了这个程序的样子。

就是这样。将 PowerfulSeal 指向一个集群，告诉它你的实验是什么样的，然后看着它为你干活！我们几乎准备好动手了，但在此之前，你需要安装 PowerfulSeal。

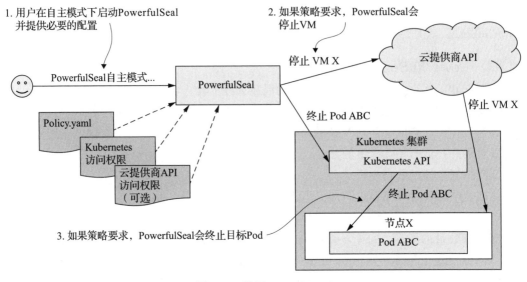

图 11.1 设置 PowerfulSeal

突击测验：PowerfulSeal 是做什么的?

选择一个:

1. 说明在软件中挑选好名字的重要性。

2. 通过查看 Kubernetes 集群，猜测你可能需要什么样的混沌。

3. 允许你写一个 YAML 文件来描述如何运行和验证混沌实验。

答案见附录 B。

11.1.2 安装 PowerfulSeal

PowerfulSeal 是用 Python 编写的，它有两种分发方式：

❑ 名为 `powerfulseal` 的 pip 包

❑ Docker Hub 上名为 `powerfulseal/powerfulseal` 的 Docker 镜像

对于我们的两个例子，在本地运行 PowerfulSeal 会容易得多，所以我们通过 pip 安装它。它需要 Python3.7+ 和 pip。

推荐使用 `virtualenv` 安装它，请在终端窗口中运行以下命令创建一个名为 env 的子文件夹，并在其中安装所有内容：

```
python3 --version
python3 -m virtualenv env
source env/bin/activate
pip install powerfulseal
```

检查 Python 确认是
3.7 或以上版本

在当前工作目录中创建一个名
为 env 的新 virtualenv

激活新的 virtualenv

从 pip 安装 PowerfulSeal

根据你的网络连接情况，最后一步可能需要一到两分钟。完成后，你将拥有一个新命令，正是 powerfulseal。让我们试一试：

```
powerfulseal --version
```

你将看到打印的版本，对应于可用的最新版本。如果你在任何时候需要帮助，请随时通过运行以下命令来查看 PowerfulSeal 的帮助页面：

```
powerfulseal --help
```

有了它，我们就可以开始了。让我们看看如何使用 PowerfulSeal 进行实验 1。

11.1.3 实验1b：终止50%的Pod

提醒一下，这是我们的实验 1 的计划：

1. 可观测性：使用 Goldpinger 用户界面查看是否有 Pod 被标记为不可访问，使用 kubectl 来查看是否有新的 Pod 被创建。

2. 稳态：所有节点都健康。

3. 假设：如果删除一个 Pod，你应该会在 Goldpinger 用户界面中看到它被标记为失败，然后被一个新的、健康的 Pod 替换。

4. 运行实验！

我们已经介绍了可观测性，但是如果你关闭了包含 Goldpinger 用户界面的浏览器窗口，这里提醒你如何打开它。在终端窗口中运行以下命令：

```
minikube service goldpinger
```

和以前一样，你希望有一种方法可以查看有哪些 Pod 被创建和删除了。为此，你可以使用 kubectl get pods 命令的 --watch 标志。在另一个终端窗口中，启动 kubectl 命令以打印所有更改：

```
kubectl get pods --watch
```

现在，进入实际的实验。幸运的是，它将一对一地转换为 PowerfulSeal 的内置功能。Pod 上的操作是使用 PodAction 完成的（我很擅长这样命名）。每个 PodAction 都包含三个步骤：

1. 匹配一些 Pod，例如，基于标签。

2. 过滤 Pod（有各种过滤器可用，例如，取 50% 的子集）。

3. 对 Pod 应用一个操作（例如，终止它们）。

这直接转换为 experiment1b.yml，你可以在以下清单中看到。在文件中保存以下清单，或者从仓库中克隆一份。

清单 11.2　实现实验 1b 的 PowerfulSeal 场景（experiment1b.yml）

```
config:
  runStrategy:         只运行场景一次
    runs: 1            然后退出
```

```
scenarios:
- name: Kill 50% of Goldpinger nodes
  steps:
  - podAction:
      matches:
        - labels:                              选择 default 命名空间下所有包
            selector: app=goldpinger          含标签 app=goldpinger 的 Pod
            namespace: default
      filters:                                 过滤掉 50% 所匹配的 Pod
        - randomSample:
            ratio: 0.5
      actions:                                 终止所有 Pod
        - kill:
            force: true
```

你一定等不及要运行它了。在 Minikube 上，`kubectl` 配置存储在 ~/.kube/config 中，当你运行 PowerfulSeal 时会自动获取它。因此，你需要指定的唯一参数是策略文件标志（`--policy-file`）。运行以下命令，指向 Experiment1b.yml 文件：

```
powerfulseal autonomous --policy-file experiment1b.yml
```

你将看到类似如下的输出（已省略部分内容）。请注意这些信息表明它找到了三个 Pod，过滤掉了其中两个，并选择了一个要终止的 Pod（以粗体显示）：

```
(...)
2020-08-25 09:51:20 INFO __main__ STARTING AUTONOMOUS MODE
2020-08-25 09:51:20 INFO scenario.Kill 50% of Gol Starting scenario 'Kill 50%
    of Goldpinger nodes' (1 steps)
2020-08-25 09:51:20 INFO action_nodes_pods.Kill 50% of Gol Matching 'labels'
    {'labels': {'selector': 'app=goldpinger', 'namespace': 'default'}}
2020-08-25 09:51:20 INFO action_nodes_pods.Kill 50% of Gol Matched 3 pods for
    selector app=goldpinger in namespace default
2020-08-25 09:51:20 INFO action_nodes_pods.Kill 50% of Gol Initial set
    length: 3
2020-08-25 09:51:20 INFO action_nodes_pods.Kill 50% of Gol Filtered set
    length: 1
2020-08-25 09:51:20 INFO action_nodes_pods.Kill 50% of Gol Pod killed: [pod
    #0 name=goldpinger-c86c78448-8lfqd namespace=default containers=1
    ip=172.17.0.3 host_ip=192.168.99.100 state=Running
    labels:app=goldpinger,pod-template-hash=c86c78448 annotations:]
2020-08-25 09:51:20 INFO scenario.Kill 50% of Gol Scenario finished
(...)
```

如果你足够快，你会看到一个 Pod 变得不可用，然后在 Goldpinger 用户界面中被一个新 Pod 替换，就像你第一次运行此实验时所看到的那样。在运行 `kubectl` 的终端窗口中，你会看到熟悉的景象，确认一个 Pod 被终止（`goldpinger-c86c78448-8lfqd`），然后被替换为一个新的 Pod（`goldpinger-c86c78448-czbkx`）：

```
NAME                          READY   STATUS      RESTARTS   AGE
goldpinger-c86c78448-lwxrq    1/1     Running     1          45h
goldpinger-c86c78448-tl9xq    1/1     Running     0          40m
goldpinger-c86c78448-xqfvc    1/1     Running     0          8m33s
```

```
goldpinger-c86c78448-8lfqd    1/1    Terminating         0    41m
goldpinger-c86c78448-8lfqd    1/1    Terminating         0    41m
goldpinger-c86c78448-czbkx    0/1    Pending             0    0s
goldpinger-c86c78448-czbkx    0/1    Pending             0    0s
goldpinger-c86c78448-czbkx    0/1    ContainerCreating   0    0s
goldpinger-c86c78448-czbkx    1/1    Running             0    2s
```

第一个实验到此结束，它向你展示了诸如 PowerfulSeal 之类的高级工具是多么的易用。我们仅仅是在热身。让我们再看一下实验 2，这次使用的是新玩具。

11.1.4 实验 2b：引入网络缓慢

提醒一下，这是实验 2 的计划：

1. 可观测性：使用 Goldpinger 用户界面的图形和热图来读取延迟。

2. 稳态：所有现有的 Goldpinger 实例都报告健康。

3. 假设：如果你添加一个具有 250 毫秒延迟的新实例，连接图将显示所有四个实例都健康，并且 250 毫秒延迟将在热图中可见。

4. 运行实验！

这是一个非常好的计划，所以让我们再次使用它。但这一次，你无须手动设置新的 Deployment 并将正确的端口指向正确的位置，而是利用 PowerfulSeal 的克隆功能。

它是这样工作的。你将 PowerfulSeal 指向一个源 Deployment，它将在运行时复制一份（该 Deployment 必须存在于集群上）。这是为了像以前一样添加额外的实例，并确保你不会破坏现有的正在运行的软件。然后，你可以指定一个变更列表，PowerfulSeal 将变更应用于 Deployment 以实现特定目标。特别令人感兴趣的是 Toxiproxy 变更。PowerfulSeal 所做的与你所做的几乎完全相同：

❑ 将 Toxiproxy 容器添加到 Deployment 中。

❑ 配置 Toxiproxy 为 Deployment 中每个指定的端口创建代理配置。

❑ 自动将进入原始 Deployment 中每个指定的端口的流量重定向到其相应的代理端口。

❑ 配置任何要求的"毒剂"。

你之前所做的与 PowerfulSeal 所做的唯一真正的区别是端口的自动重定向，这意味着你无须更改 Deployment 中的任何端口配置。

要使用 PowerfulSeal 实现此场景，你需要编写另一个策略文件。这很简单。你需要使用克隆功能并指定要克隆的源 Deployment。为了引入网络缓慢，你可以添加类型为 toxiproxy 的变更，在 8080 端口上施加"毒剂"，类型为 latency，该属性设置为 250 毫秒。这里仅向你展示它的易用性，我们将受影响的副本数量设置为 2。这意味着总共五个副本中的两个（原始 Deployment 中的三个加上这两个），或者说 40% 的流量，会受到影响。另外请注意，在场景结束时，PowerfulSeal 通过删除它创建的克隆来清理自己。为了让你有足够的时间去观察，让我们在此之前添加 120 秒的等待时间。

让我们把以上配置转换为 YAML，如以下清单文件 experiment2b.yml 所示。让我们看一看。

清单 11.3 实现实验 2b 的 PowerfulSeal 场景（experiment2b.yml）

```
config:
  runStrategy:
    runs: 1
scenarios:
- name: Toxiproxy latency          使用 PowerfulSeal
  steps:                            的克隆功能
  - clone:
      source:                       克隆 default 命名空间
        deployment:                 中名为 "goldpinger"
          name: goldpinger          的 deployment
          namespace: default
      replicas: 2
      mutations:                    克隆两个副本
        - toxiproxy:
            toxics:
            - targetProxy: "8080"   目标端口 8080（Goldpinger
              toxicType: latency    运行的端口）
              toxicAttributes:
                - name: latency     指定 250 毫秒延迟
                  value: 250
  - wait:
      seconds: 120                  等待 120 秒
```

提示 如果你在实验 2 中删除了 Goldpinger Deployment，你可以通过在终端窗口中运行以下命令将其重新启动：

```
kubectl apply -f goldpinger-rbac.yml
kubectl apply -f goldpinger.yml
```

你将看到资源已创建的确认信息。几秒钟后，你将能够通过运行以下命令在浏览器中看到 Goldpinger 用户界面：

```
minikube service goldpinger
```

你将看到熟悉的带有三个 Goldpinger 节点的图形，就像在第 10 章中所看到的一样，如图 11.2 所示。

让我们执行实验。在终端窗口中运行以下命令：

```
powerfulseal autonomous --policy-file experiment2b.yml
```

你将看到 PowerfulSeal 创建了克隆，然后最终将其删除，输出如下所示：

```
(...)
2020-08-31 10:49:32 INFO __main__ STARTING AUTONOMOUS MODE
2020-08-31 10:49:33 INFO scenario.Toxiproxy laten Starting scenario
    'Toxiproxy latency' (2 steps)
2020-08-31 10:49:33 INFO action_clone.Toxiproxy laten Clone deployment
    created successfully
```

```
2020-08-31 10:49:33 INFO scenario.Toxiproxy laten Sleeping for 120 seconds
2020-08-31 10:51:33 INFO scenario.Toxiproxy laten Scenario finished
2020-08-31 10:51:33 INFO scenario.Toxiproxy laten Cleanup started (1 items)
2020-08-31 10:51:33 INFO action_clone Clone deployment deleted successfully:
    goldpinger-chaos in default
2020-08-31 10:51:33 INFO scenario.Toxiproxy laten Cleanup done
2020-08-31 10:51:33 INFO policy_runner All done here!
```

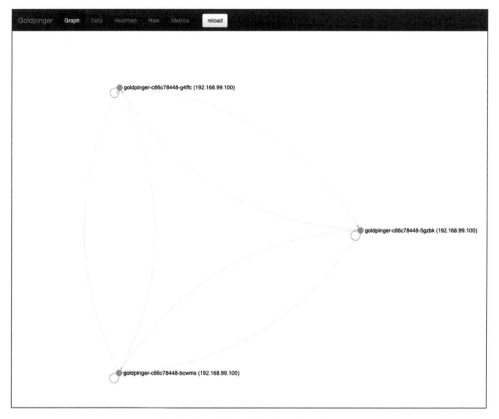

图 11.2　运行中的 Goldpinger 用户界面

在你配置的 2 分钟等待期间，检查 Goldpinger 用户界面。你将看到一个包含五个节点的图表。当所有 Pod 出现时，图表将显示所有 Pod 都处于健康状态。还需要看更多信息。单击热图，你将看到克隆的 Pod（它们的名称中带有 chaos）响应缓慢。但是如果你仔细观察，你会注意到它们与自己建立的连接没有受到影响。这是因为 PowerfulSeal 不会将自己注入本地主机上的通信中。

单击热图按钮，你将看到类似于图 11.3 的热图。请注意，对角线上的方块（Pod 调用自身）不受增加的延迟影响。

实验到此结束。等待 PowerfulSeal 自行清理，然后删除克隆的 Deployment。完成后（它将退出），让我们继续下一个主题：持续测试。

由 PowerfulSeal 创建的两个新的 Goldpinger 节点响应缓慢，因此在热图中进行了标记。
请注意，对角线上的方块不受影响

图 11.3　Goldpinger 热图显示了两个增加了延迟（由 PowerfulSeal 注入）的 Pod

11.2　持续测试和服务水准目标

到目前为止，我们进行的所有实验都旨在验证假设，然后就到此为止了。就像科学中的一切事物一样，一个反例足以证明一个假设是错误的，但这样的反例不存在并不能证明任何事情。有时我们的假设是关于系统的正常功能，其中可能会发生各种事件并影响结果。

为了说明我的意思，让我举个例子。想像一个你可能会看到的平台即服务（PaaS）的典型 SLA。假设你的产品要提供托管服务，类似于 AWS Lambda（https://aws.amazon.com/lambda/）：客户可以进行 API 调用来指定某些代码的位置，你的平台将为其构建、部署和运行该服务。你的客户非常关心他们部署新版本服务的速度，因此他们需要一个 SLA，以反映从请求到流量服务准备完毕所需的时间。为简单起见，假设不包括构建代码的时间，将其部署到你的平台上的时间约定为 1 分钟。

作为负责该系统的工程师，你需要从该约束反向工作，以能够满足这些要求的方式构建系统。你设计了一个实验来验证你希望在客户中看到的典型请求是否符合该时间约束。你运行了，结果只需要大约 30 秒，打开香槟瓶塞，派对开始了！然而真的这么简单吗？

当你像这样运行实验并且成功了，你实际上证明的是系统在实验期间按预期方式运行。但这能保证它在不同条件（峰值流量、不同使用模式、不同数据）下以相同的方式工作吗？

通常，系统越大、越复杂，回答这个问题就越困难。这是一个问题，特别是如果你签署了若未达到目标就会受到经济处罚的SLA。

幸运的是，混沌工程在这种场景下确实会大放异彩。不同于仅运行一次实验，你可以连续运行实验以检测任何异常，每次都在处于不同状态的系统上进行实验，并在你希望看到的故障类型生效期间进行实验。这种方式简单而有效。

让我们回到我们的例子。你有一分钟的期限来启动一个新的服务。让我们自动化一个持续实验，每隔几分钟启动一个新的服务，测量它到可用所需要花费的时间，并在它超过某个阈值时发出警报。这个阈值将是你内部制定的SLO，它比你签署的SLA中具有法律约束力的版本更为严格，因此当你遇到问题时可以得到警告。

这是一个常见的场景，所以让我们慢慢来，让它成为现实。

11.2.1 实验3：验证Pod在创建后几秒内是否准备就绪

你构建的PaaS很可能运行在Kubernetes上。当你的客户向你的系统发出请求时，它将转换为在Kubernetes创建Deployment。最后你需要向你的客户确认请求已完成，但这就是事情棘手的地方。你怎么知道服务准备好了？

在之前的一个实验中，你使用 `kubectl get pods --watch` 将你关心的Pod状态的所有更改打印到控制台。所有这些都是在后台异步发生的，Kubernetes正试图收敛到所需的状态。在Kubernetes中，Pod处于以下状态之一：

❏ `pending`——Pod已被Kubernetes接受，但尚未构建。
❏ `running`——Pod已经构建好了，至少有一个容器还在运行。
❏ `succeeded`——Pod中的所有容器都已成功终止。
❏ `failed`——Pod中的所有容器都已终止，其中至少有一个失败了。
❏ `unknown`——Pod的状态未知（通常，这是由于运行它的节点停止向Kubernetes报告其状态）。

如果一切顺利，一个Pod将从 `pending` 状态开始，然后转向 `running` 状态。但在这之前，有很多事情需要发生，其中很多步骤每次都需要不同的时间，例如：

❏ 镜像下载——除非镜像已经存在于主机上，否则每个容器的镜像都需要下载，并且可能是从远程位置下载的。根据镜像的大小以及下载位置当时的繁忙程度，每次可能都需要不同的时间。此外，与网络上的所有内容一样，下载容易失败，可能需要重试。
❏ 准备依赖项——在Pod运行之前，Kubernetes可能需要准备它的依赖项，例如（可能很大的）卷、配置文件等。
❏ 实际运行容器——启动容器的时间会因主机的繁忙程度而异。

这也可能不太顺利，例如，如果镜像下载被中断，可能最终会导致Pod的状态从 `pending` 到 `failed`，最后再到 `running`。关键是你无法轻松预测到其实际运行需要多长时间。因此，接下来你最好不断地测试它，并在时间太接近你关心的阈值时发出警报。

有了 PowerfulSeal，这很容易做到。你可以编写一个策略来部署示例应用程序在集群上运行，等待你期望的时间，然后执行 HTTP 请求以验证应用程序是否正确运行。它还可以在完成后自动清理应用程序，并提供方法在实验失败时发送警报。

通常，你将添加某种类型的故障，并测试系统是否能够承受这种故障。但现在，我只是想说明持续进行实验的想法，所以让我们保持简单，坚持在没有任何干扰的情况下验证我们的 SLO。

利用这一点，你可以设计以下实验：

1. 可观测性：读取 PowerfulSeal 输出（或指标）。

2. 稳态：N/A。

3. 假设：当你调度一个新的 Pod 和一个 Service 时，它在 30 秒内可用于 HTTP 调用。

4. 运行实验！

转化为 PowerfulSeal 的策略，循环运行以下步骤：

1. 创建一个 Pod 和一个 Service。

2. 等待 30 秒。

3. 调用该服务以验证它是否可用。如果不可用，则实验失败。

4. 移除 Pod 和 Service。

5. 清理环境并重复以上步骤。

图 11.4 说明了整个过程。要编写实际的 PowerfulSeal 策略文件，你将使用另外三个功能：

❏ 使用 kubectl 类型的步骤，它的行为与你期望的一样：执行附加的 YAML，就像你使用 kubectl apply 或 kubectl delete 一样。你将使用它来创建问题中的 Pod，还将在场景结束时使用叫作 autoDelete 的选项自动清理。

❏ 你将使用 wait 功能来等待 30 秒，这足以部署和启动 Pod。

❏ 你将使用 probeHTTP 发出 HTTP 请求并检测它是否有效。probeHTTP 相当灵活，它支持调用服务或任意 URL、使用代理等。

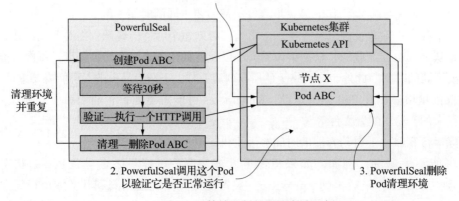

图 11.4　持续运行的混沌实验示例

你还需要部署和调用一个实际的测试应用程序。理想情况下,你应该选择一些近似该平台应该处理的软件类型的东西。为了简单起见,你可以再次部署一个简单版本的Goldpinger。它有一个端点 /healthz,你可以通过它来确认应用程序已正确启动。

上面的列表被翻译成 YAML 文件 experiment3.yml,如清单 11.4 所示。之前的策略配置为仅运行一次,这次不同,你将其配置为持续运行(默认),每次运行之间有 5 ～ 10 秒的等待时间。看一看,然后我们随后会运行该文件。

清单 11.4　实现实验 3 的 PowerfulSeal 场景(experiment3.yml)

```
config:
  runStrategy:
    minSecondsBetweenRuns: 5       将 PowerfulSeal 配置为持续运行,
    maxSecondsBetweenRuns: 10      每次运行之间等待 5 ～ 10 秒
scenarios:
- name: Verify pod start SLO       kubectl 命令等效于
  steps:                           kubectl apply -f
  - kubectl:
      autoDelete: true
      # equivalent to `kubectl apply -f -`    在场景结束时清理
      action: apply                            创建的任何东西
      payload: |
        ---
        apiVersion: v1
        kind: Pod
        metadata:
        name: slo-test
        labels:
          app: slo-test
        spec:
          containers:
          - name: goldpinger
            image: docker.io/bloomberg/goldpinger:v3.0.0
            env:
            - name: HOST
              value: "0.0.0.0"
            - name: PORT
              value: "8080"
            ports:
            - containerPort: 8080
              name: goldpinger
        ---
        apiVersion: v1
        kind: Service
        metadata:
          name: slo-test
        spec:
          type: LoadBalancer
          ports:
            - port: 8080
              name: goldpinger
          selector:
            app: slo-test
# wait the minimal time for the SLO      等待任意选择
  - wait:                                  的 30 秒
```

```
        seconds: 30
# make sure the service responds
- probeHTTP:
    target:
      service:
        name: slo-test
        namespace: default
        port: 8080
    endpoint: /healthz
```

对指定的 Service（上面在 kubectl 部分创建的 Service）进行 HTTP 调用

调用 /healthz 端点只是为了验证服务器已启动并正在运行

我们差不多已经准备好运行这个实验了，但还有一点要提醒大家。如果你使用 Minikube 运行，那么 PowerfulSeal 用于在 probeHTTP 中进行调用的服务 IP 需要能够在你的本地机器访问。幸运的是，Minikube 二进制文件可以处理这个问题。要使它们可访问，在终端窗口中运行以下命令（需要 sudo 密码）：

```
minikube tunnel
```

几秒钟后，你将看到它开始周期性地打印类似如下的确认消息。这是为了向你展示它检测到一个服务，并对你的机器进行本地路由变更以使 IP 路由正确。当你停止进程时，变更将被撤销：

```
Status:
        machine: minikube
        pid: 10091
        route: 10.96.0.0/12 -> 192.168.99.100
        minikube: Running
        services: [goldpinger]
    errors:
                minikube: no errors
                router: no errors
                loadbalancer emulator: no errors
```

有了这个，你就可以运行实验了。再强调一下，为了更好地了解集群发生的情况，让我们启动一个终端窗口并运行 kubectl 命令来观察变化：

```
kubectl get pods --watch
```

在另一个窗口中，运行实际的实验：

```
powerfulseal autonomous --policy-file experiment3.yml
```

PowerfulSeal 将开始运行，你需要在某个时候按 <Ctrl+C> 来停止。实验运行的完整周期的输出如下所示。请注意创建 Pod、进行调用、获取响应和进行清理的行（均以粗体显示）：

```
(...)
2020-08-26 09:52:23 INFO scenario.Verify pod star Starting scenario 'Verify
    pod start SLO' (3 steps)
2020-08-26 09:52:23 INFO action_kubectl.Verify pod star pod/slo-test created
    service/slo-test created
2020-08-26 09:52:23 INFO action_kubectl.Verify pod star Return code: 0
2020-08-26 09:52:23 INFO scenario.Verify pod star Sleeping for 30 seconds
```

```
2020-08-26 09:52:53 INFO action_probe_http.Verify pod star Making a call:
    http://10.101.237.29:8080/healthz, get, {}, 1000, 200, , , True
2020-08-26 09:52:53 INFO action_probe_http.Verify pod star Response:
    {"OK":true,"duration-ns":260,"generated-at":"2020-08-26T08:52:53.572Z"}
2020-08-26 09:52:53 INFO scenario.Verify pod star Scenario finished
2020-08-26 09:52:53 INFO scenario.Verify pod star Cleanup started (1 items)
2020-08-26 09:53:06 INFO action_kubectl.Verify pod star pod "slo-test"
    deleted
service "slo-test" deleted
2020-08-26 09:53:06 INFO action_kubectl.Verify pod star Return code: 0
2020-08-26 09:53:06 INFO scenario.Verify pod star Cleanup done
2020-08-26 09:53:06 INFO policy_runner Sleeping for 8 seconds
```

PowerfulSeal 表示 SLO 得到了保证，这很好。但我们才刚开始使用这个功能，所以让我们仔细检查一下它是否在集群上部署（并清理）了正确的东西。请返回运行 kubectl 的终端窗口，你应该会看到新的 Pod 出现、运行和消失，类似于以下输出：

```
slo-test                0/1    Pending              0    0s
slo-test                0/1    Pending              0    0s
slo-test                0/1    ContainerCreating    0    0s
slo-test                1/1    Running              0    1s
slo-test                1/1    Terminating          0    30s
slo-test                0/1    Terminating          0    31s
```

现在确认没问题了。使用大约 50 行详细的 YAML，你可以描述持续运行的实验，并在启动 Pod 超过 30 秒时检测到。Goldpinger 的镜像非常小，所以在现实世界中，你会选择更类似于在平台上运行的东西。你还可以为你希望处理的多种类型的镜像运行多个场景。如果你想确保每次都下载镜像，以便处理最坏的情况，可以通过在 Pod 的模板中指定 imagePullPolicy: Always 来轻松实现（http://mng.bz/A0lE）。

这应该让你了解了持续验证的实验可以为你做什么。你可以在此基础上测试其他内容，包括但不限于以下内容：

❑ 有关 Pod 修复的 SLO——如果终止一个 Pod，那么重新调度并再次准备好需要多长时间？

❑ 有关扩展的 SLO——如果扩展部署，那么新 Pod 需要多长时间才能可用？

当我写到这里的时候，外面的天气正在变化，有点多"云"。现在让我们来看看。

突击测验：什么时候持续进行混沌实验是有意义的?

选择一个：

1. 当你想要检测什么时候 SLO 没有得到满足时。

2. 当没有问题不能证明系统运行良好时。

3. 当你想要引入随机性元素时。

4. 当你想要确保在新版本的系统中没有回退时。

5. 以上所有。

答案见附录 B。

11.3 云层

到目前为止，我们一直专注于为在 Kubernetes 集群上运行的特定 Pod 引入故障——有点像逆向外科手术，以高精度插入问题。Kubernetes 使我们能够轻松做到这一点。

但还有更多场景。如果你在私有云或公有云中运行集群，只需启动或关闭机器即可轻松模拟 VM 级别的故障。在 Kubernetes 中，很多时候你可以不再考虑构建集群的机器和数据中心。但这并不意味着它们不再存在。它们仍然在那里，你仍然需要遵守控制它们行为的物理规则。规模越大，问题越大。让我给你看一些餐巾纸数学来解释我的意思。

表示硬件可靠性的指标之一是平均无故障时间（Mean Time To Failure，MTTF）。它是硬件无故障运行的平均时间，通常是通过查看历史数据凭经验建立的。例如，假设你的数据中心中的服务器质量良好，其 MTTF 为 5 年。平均而言，每台服务器在两次故障之间将运行大约 5 年。粗略地说，在任何一天，每台服务器发生故障的概率是 1/1826[5 × 365+1（闰年）]，也就是大约 0.05% 的机会。当然，这是一种简化，在进行严肃的概率计算时需要考虑其他因素，但对于我们的需求来说，这是一个足够好的估计。

现在，根据你的集群规模，你或多或少会接触到它。如果故障在数学意义上是真正独立的，那么在只有 20 台服务器的情况下，你每天出现故障的可能性为 1%，在有 200 台服务器的情况下为 10%。如果该故障服务器正在运行多个用作 Kubernetes 节点的 VM，那么最终将导致集群中的一大部分宕机。如果你的规模为数千台服务器，则故障几乎每天都会发生。

从混沌工程实践 SRE 的角度来看，这意味着一件事——你应该使用硬件故障测试你的系统：
- ❑ 一台机器的宕机和恢复。
- ❑ 一组机器的宕机和恢复。
- ❑ 整个地区 / 数据中心 / 区域的宕机和恢复。
- ❑ 网络分区，导致机器认为其他机器不可用。

让我们来看看如何为此类问题做准备。

11.3.1 云提供商 API、可用区

每个云提供商都提供了一个 API，你可以使用它来创建和修改 VM，包括启动和关闭它们。这包括像 OpenStack 这样的自托管的开源解决方案。它们还提供 GUI、CLI、库等，以便更好地与你现有的工作流集成。

为了对中断进行有效的规划，云提供商还通过将硬件划分为 region（地区，或其他等价的东西），然后在 region 内使用可用性 zone（区域，或其他等价的东西）来构建硬件结构。这是为什么呢？

通常，region 代表不同的物理位置，彼此相距很远，接入不同的公共设施提供商（互联

网、电力、水、冷却系统等）。这是为了确保当某个地区发生重大事件（风暴、地震、洪水）时，其他地区不受影响。这种方法将爆炸半径限制在单个 region。

可用 zone 可进一步在单个 region 内限制爆炸半径。虽然实际实现方式有所不同，但其想法都是利用机器所依赖的共用的东西（电源、互联网提供商、网络硬件）将它们划分到不同的组中。例如，如果你的数据中心有两个服务器机架，每个机架都插入单独的电源和互联网接入，那么你可以将每个机架标记为可用 zone，因为一个 zone 中的组件发生故障不会影响其他 zone。

图 11.5 展示了 region 和可用 zone 的示例。西海岸 region 有两个可用 zone（W1 和 W2），每个可用 zone 运行两台机器。同样，东海岸 region 也有两个可用 zone（E1 和 E2），每个可用 zone 运行两台机器。一个 region 的故障会影响四台机器，一个可用 zone 的故障会影响两台机器。

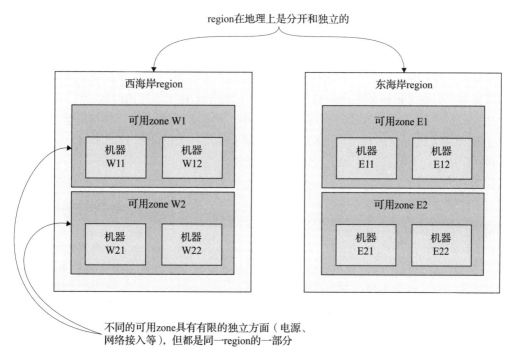

图 11.5　region 和可用 zone

通过这种划分，软件工程师可以设计他们的应用程序来应对我们之前提到的不同问题：

❏ 将你的应用程序分布在多个 region，可以使其免受整个 region 宕机的影响。

❏ 在一个 region 内，将你的应用程序分布在多个可用 zone。这有助于使其免受可用 zone 故障的影响。

为了自动实现这种扩展，我们经常谈论关联和反关联。将两台机器标记为相同的关联组仅意味着它们应该（软关联）或必须（硬关联）在同一分区（可用 zone、region 或其他）

中运行。反关联则相反：同一组内的项目不应或不得在同一分区中运行。

为了使规划更容易，云服务提供商通常通过使用 region 和可用 zone 来表达他们的SLO——例如，承诺每个 region 在 95% 的时间内保持正常运行，且在 99.99% 的时间内至少有一个 region 正常运行。

让我们看看如何通过按需宕机来验证应用程序。

11.3.2　实验 4：关闭 VM

在 Kubernetes 上，你部署的应用程序将在某个物理机器上运行。大多数情况下，你并不关心是哪台机器，除非你想通过合理的分区来应对中断。为了确保同一应用程序的多个副本不在同一可用 zone 上运行，大多数 Kubernetes 提供商为每个节点设置了可用于反关联的标签。Kubernetes 还允许你设置自己的反关联标准，并会尝试以尊重它们的方式调度 Pod。

让我们假设你有一个合理的扩展，并希望看到你的应用程序在丢失某些机器时仍然能工作。以上一节中的 Goldpinger 为例。在真正的集群中，你将在每个节点上运行一个实例。早些时候，你终止了一个 Pod，并调查了它的对等体是如何检测到它的。另一种方法是关闭VM 并查看系统如何反应。会不会很快被发现？实例会被重新调度到其他地方吗？ VM 恢复后需要多长时间才能恢复实例？这些都是你可以使用此技术研究的问题。

从实现的角度来看，这些实验可能非常简单。最简单的方法是：你可以登录 GUI，从列表中选择相关机器，然后单击 Shutdown。或者编写一个简单的 bash 脚本，该脚本使用CLI 对特定的云进行操作。这些步骤绝对可以做到。

这两种方法的唯一问题是它们是特定于云提供商的，你最终可能每次都要重新造轮子。如果有一个开源解决方案能支持所有主流的云就好了。哦，等等，PowerfulSeal 可以做到！让我告诉你如何使用它。

PowerfulSeal 支持 OpenStack、AWS、Microsoft Azure 和 Google Cloud Platform（GCP），添加一个新的驱动程序也很简单，仅需要实现一个带有少量方法的类。要让 PowerfulSeal关闭并恢复 VM，你需要做以下两件事：

1. 配置相关的云驱动程序（参见 `powerfulseal autonomous --help`）。

2. 编写一个执行 VM 操作的策略文件。

云驱动程序的配置方式与其各自的 CLI 相同。不幸的是，你的 Minikube 只有一个VM，因此在本节中不好作为示例。让我举两个例子来说明关闭 VM 的两种不同方法。

第一种方法，类似于你在之前的实验中使用的 `podAction`，这里使用 `nodeAction`。它的工作方式也类似：它匹配、过滤一组节点，然后在这组节点上执行操作。你可以根据名称、IP 地址、可用 zone、组和状态来匹配。

看一下清单 11.5，它是一个示例策略，用于从以 `WEST` 为前缀的任何可用 zone 中删除一个节点，然后发出示例 HTTP 请求以验证服务是否可以继续工作，最后通过重新启动节点进行实验的自我清理。

清单 11.5　实现实验 4a 的 PowerfulSeal 场景（experiment4a.yml）

```
config:
  runStrategy:
    runs: 1
scenarios:
- name: Test load-balancing on master nodes
  steps:
  - nodeAction:
      matches:
        - property:
            name: "az"
            value: "WEST.*"
      filters:
        - randomSample:
            size: 1
      actions:
        - stop:
            autoRestart: true
  - probeHTTP:
      target:
        url: "http://load-balancer.example.com"
```

从以 WEST 为前缀
的任何可用 zone
选择一个 VM

从匹配的集合中随
机选择一个 VM

停止 VM，在场景结束
时自动重新启动它

向某个 URL 发出 HTTP 请求，
以确认系统可以继续工作

第二种方法，你还可以停止运行特定 Pod 的 VM。使用 podAction 选择 Pod，然后使用 stopHost 操作停止运行 Pod 的节点。清单 11.6 给出了一个例子。该场景从 mynamespace 命名空间中随机选择一个 Pod 并停止运行它的 VM。PowerfulSeal 会自动重新启动它关闭的机器。

清单 11.6　实现实验 4b 的 PowerfulSeal 场景（experiment4b.yml）

```
scenarios:
- name: Stop that host!
  steps:
  - podAction:
      matches:
        - namespace: mynamespace
      filters:
        - randomSample:
            size: 1
      actions:
        - stopHost:
            autoRestart: true
```

匹配命名空间 mynamespace
中的所有 Pod

从匹配的集合中随机
选择一个 Pod

停止 VM，在场景结束时
自动重新启动它

这两个策略文件都适用于任何 PowerfulSeal 支持的云提供商。如果你想添加其他的云提供商，请随时在 GitHub 上向 https://github.com/powerfulseal/powerfulseal 提交 pull request !

是时候结束本章了。希望本章为你提供了足够的工具和想法来提高基于云的应用程序的可靠性。在第 12 章中，你将通过查看 Kubernetes 的底层工作原理，更深入地了解 Kubernetes。

突击测验：PowerfulSeal 不能为你做什么？

选择一个：

1. 终止 Pod 以模拟进程崩溃。

2. 启动和关闭 VM 以模拟 VM 管理程序故障。

3. 克隆 Deployment 并将模拟网络延迟注入副本。

4. 通过生成 HTTP 请求验证服务是否正确响应。

5. 如果你意识到，如果真的存在无限的宇宙，那么无论你多么努力，理论上都存在一个更好的你，PowerfulSeal 可以减少你的不安。

答案见附录 B。

总结

❑ 像 PowerfulSeal 这样的高级工具可以轻松实现复杂的混沌工程场景，但在开始使用它们之前，了解底层技术的工作原理很重要。

❑ 一些混沌实验最适合用于持续验证，例如验证是否违反了 SLO。

❑ 你可以使用云提供商的 API 来轻松模拟机器故障，将 VM 关闭并重新启动，就像最初的 Chaos Monkey 所做的那样。

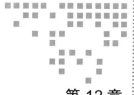

第 12 章 Chapter 12

Kubernetes 底层工作原理

本章涵盖以下内容：

❑ 了解 Kubernetes 组件如何在后台协同工作

❑ 调试 Kubernetes 并了解如何破坏组件

❑ 设计混沌实验，让你的 Kubernetes 集群更可靠

在本章中，让我们深入了解 Kubernetes 真正的工作原理。如果我做得足够好，在本章结束时，你将对组成 Kubernetes 集群的组件、它们如何一起工作以及它们的脆弱点有一个深入的理解。这部分内容是最先进的，但我保证它也会是最令人满意的。深吸一口气，让我们直接进入底层。解剖课的时间到了。

12.1 Kubernetes 集群剖析以及如何破坏它

在我撰写本文时，Kubernetes 是最热门的技术之一。这是有充分原因的：它解决了在大型集群上运行大量应用程序所带来的许多问题。但就像生活中的其他一切事物一样，它也是有代价的。

其中之一是 Kubernetes 底层工作的复杂性。尽管可以通过使用托管 Kubernetes 集群在一定程度上缓解这种情况，这样的话 Kubernetes 的大多数日常管理是其他人的问题，但你永远无法完全避免后果。也许你阅读本书时正在前往管理 Kubernetes 集群的工作途中，这也是你需要了解事物如何运作的另一个原因。

不管这是谁的问题，了解 Kubernetes 在后台如何工作以及如何测试它是否工作良好都大有裨益。正如你即将看到的，混沌工程非常适合。

注意　在本节中，我是基于 Kubernetes v1.18.3 版本来描述的。Kubernetes 发展迅猛，因此尽管我特别注意让本节中的细节尽可能面向未来，但是在 Kubernetes 的土地上唯一不变的是变化。

让我们从头开始——控制平面（control plane）。

12.1.1　控制平面

Kubernetes 控制平面是集群的大脑。它由以下组件组成：

❑ etcd——存储集群所有信息的数据库
❑ kube-apiserver——与集群进行所有交互的服务，并将信息存储在 etcd 中
❑ kube-controller-manager——实现一个无限循环，用于读取当前状态，并尝试修改它以收敛到所需状态
❑ kube-scheduler——检测新创建的 Pod 并将它们分配给节点，同时考虑各种约束（关联、资源需求、策略等）
❑ kube-cloud-manager（可选）——控制特定于云的资源（VM、路由）

在上一章中，你为 Goldpinger 创建了一个 Deployment。让我们从更高的层级上看看，当你运行 kubectl apply 命令时，控制平面的后台会发生什么。

首先，你的请求会到达集群的 kube-apiserver。服务验证请求并在 etcd 中存储新的资源，或修改已有的资源。在这种情况下，它会创建一个新的 Deployment 资源。完成后，kube-controller-manager 会收到新 Deployment 的通知。它读取当前状态以查看需要做什么，并最终通过对 kube-apiserver 的另一个调用创建新的 Pod。一旦 kube-apiserver 将请求存储在 etcd 中，kube-scheduler 就会收到有关新 Pod 的通知，选择最佳节点来运行它们，将节点分配给它们，然后在 kube-apiserver 中更新它们的信息。

如你所见，kube-apiserver 处于这一切的中心，所有逻辑都是在松散连接的组件中以异步、最终一致的循环实现的。图 12.1 通过图形化的方式展示了运行逻辑。

让我们从 etcd 开始，仔细看看每一个组件，以及它们的优缺点。

etcd

传说 etcd（https://etcd.io/）最初是由 CoreOS 公司的一名实习生编写的，该公司后来被 Red Hat 公司收购，Red Hat 后来又被 IBM 收购。这是一个大鱼吃小鱼的故事。如果这个传说是可信的，那么它是一个实现名为 Raft（https://raft.github.io/）的分布式共识算法的运用。共识与 etcd 有什么关系？

两个词：容错性和可用性。在第 11 章中，我谈到了 MTTF 以及如何在仅 20 个服务器的情况下玩俄罗斯轮盘赌：每天丢失数据的概率为 0.05%。如果你只有一份数据副本，那么当它消失时，它就真消失了。你需要一个不受此影响的系统，这就是容错性。

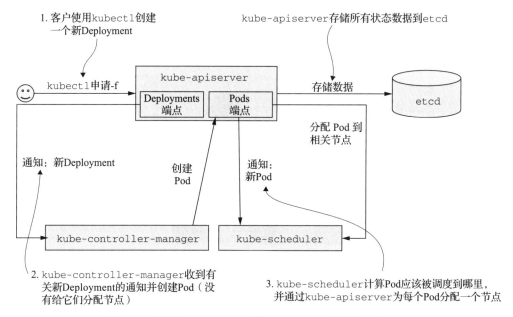

图12.1 创建 Deployment 时的 Kubernetes 控制平面交互图

类似地，如果你有一台服务器并且它宕机了，那么你的系统也宕机了。你需要一个对此免疫的系统。这就是可用性。

为了实现容错性和可用性，除了运行多个副本之外，你真的无能为力。这就是你遇到麻烦的地方：多个副本必须以某种方式在版本上达成一致。换句话说，它们需要达成共识。

同意在 Netflix 上观看一部电影也是一种共识。如果只有你一个人，没有人可以争论。当你和你的伙伴在一起时，达成共识几乎是不可能的，因为你们俩都无法特定的选择上获得多数支持。这就是权力转移和易货交易发挥作用的时候。但是，如果有了第三个人，那么说服他的人将获得多数支持并赢得争论。

这几乎就是 Raft（以及它的扩展，例如 etcd）的工作原理。不是只运行单个 etcd 实例，而是运行具有奇数个节点（通常为三个或五个）的集群，然后实例使用共识算法来决定 leader，leader 基本上在掌权时做出所有决定。如果 leader 停止响应（Raft 使用心跳系统或所有实例之间的定期调用来检测到），新的选举开始，每个集群都宣布它们的候选资格，为自己投票，并等待其他投票进来。谁得到多数选票将获得权力。Raft 最大的优点是它相对容易理解；Raft 的第二个优点是它可以工作。

如果你想看到算法的实际效果，Raft 官方网站提供了一个很好的动画，大球代表节点，小球代表心跳，小球在大球之间飞行（https://raft.github.io/）。我截取了一个屏幕截图，展示了五个节点的集群（S1 到 S5），如图 12.2 所示。动画是交互式的，因此你可以关闭节点并查看系统的其余部分如何应对。

我可以谈论（并且我已经在谈论了）etcd 和 Raft 一整天，但让我们专注从混沌工程的角度来看什么是重要的。etcd 保存了几乎所有关于 Kubernetes 集群的数据。它是强一致性的，这意味着你写入 etcd 的数据会复制到所有节点，并且无论你连接到哪个节点，你都会获得最新数据。

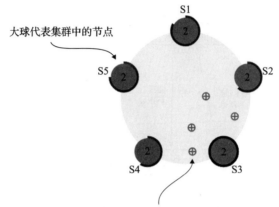

图 12.2　动画展示了 Raft 共识算法的运行情况（https://raft.github.io/）

你为此付出的代价是性能。通常，你将在由三个或五个节点组成的集群中运行，因为这往往会提供足够的容错能力，而任何额外的节点只会减慢集群的速度，几乎没有什么好处。奇数成员更好，因为它们实际上提高了容错能力。

以三节点集群为例。要达到多数派，你需要两个节点作为大多数（$n / 2 + 1 = 3 / 2 + 1 = 2$）。 或者从可用性的角度来看，你可能会丢失一个节点，而你的集群会继续工作。现在，如果你添加一个额外的节点，总共四个节点，则需要三个作为大多数才能运行。你仍然一次只能在单个节点发生故障时幸免于难，但现在集群中有更多可能发生故障的节点，因此总体而言，你在容错方面变得更糟。

可靠地运行 etcd 并不容易。你需要了解你的硬件配置，相应地调整各种参数，持续监控，并与 etcd 本身的错误修复和改进保持同步。你还需要了解产生故障时实际发生的情况以及集群是否正确修复。

这就是混沌工程真正发挥作用的地方。Kubernetes 提供的 etcd 的运行方式各不相同，所以细节也会有所不同，但这里有一些高层级的想法：

❏ 实验 1——在三节点集群中，删除一个 etcd 实例。

● kubectl 还能用吗？你可以调度、修改和扩展新的 Pod 吗？

● 你是否看到 etcd 连接的任何错误？如果客户端连接的那个实例没有响应，客户端应该重试发送请求另一个实例。

● 当你恢复节点时，etcd 集群是否恢复？花了多长时间？

● 你能在你的监控中看到新的 leader 选举、流量的小幅增长吗？

❏ 实验 2——限制 etcd 实例可用的资源（CPU），模拟运行该实例的机器上异常高的负载。

- 集群还工作吗？
- 集群是否变慢？慢了多少？

❑ 实验 3——为单个 etcd 实例添加网络延迟。

- 单个实例网络慢是否会影响整体性能？
- 你能看到监控设置的缓慢吗？如果发生这种情况，你会收到警报吗？你的面板是否显示值与阈值（导致超时的值）的接近程度？

❑ 实验 4——为 etcd 集群移除大多数节点（无法满足多数派）。

- kubectl 还能用吗？
- 集群上已有的 Pod 是否继续运行？
- 恢复有效吗？
  - ○ 如果你终止一个 Pod，它会重新启动吗？
  - ○ 如果删除 Deployment 管理的 Pod，是否会创建新的 Pod？

本书为你提供了实现所有这些实验以及更多所需的所有工具。etcd 是你集群的存储器，所以好好测试它很重要。如果你使用的是托管 Kubernetes 产品，你就要相信负责运行集群的人员知道所有这些问题的答案（并且他们可以用实验数据证明这一点）。尽管问他们，如果他们拿了你的钱，他们就应该能够给你合理的答案！

希望这些内容足以让你入门 etcd。让我们再深入一点，看看集群中唯一真正与 etcd 交互的东西：kube-apiserver。

kube-apiserver

kube-apiserver 顾名思义，提供了一组 API 来读取和修改集群的状态。与集群交互的每个组件都通过 kube-apiserver 进行。出于可用性原因，kube-apiserver 也需要在多个副本中运行。但是因为所有状态都存储在 etcd 中，并且 etcd 负责其一致性，所以 kube-apiserver 可以是无状态的。

这意味着运行它要简单得多，只要运行足够多的实例来处理请求负载，集群就是好的。没有必要担心多数或类似的事情。这也意味着它们可以进行负载平衡，尽管一些内部组件通常被配置为跳过负载平衡器。图 12.3 显示了通常情况下的样子。

从混沌工程的角度来看，你可能有兴趣了解 kube-apiserver 上的缓慢如何影响集群的整体性能。这里有一些想法：

❑ 实验 1——创建到 kube-apiserver 的流量。

- 由于所有内容（包括负责创建、更新和调度资源的内部组件）都与 kube-apiserver 通信，因此创建足够的流量，使其保持繁忙可能会影响集群的行为方式。

❑ 实验 2——增加网络延迟。

- 同样，在代理前添加网络延迟可能会导致请求排队的累积，并对集群产生不利影响。

总体而言，你会发现 `kube-apiserver` 启动速度快且性能良好。尽管它做了大量的工作，但运行它是非常轻量级的。下一个我将介绍的是 `kube-controller-manager`。

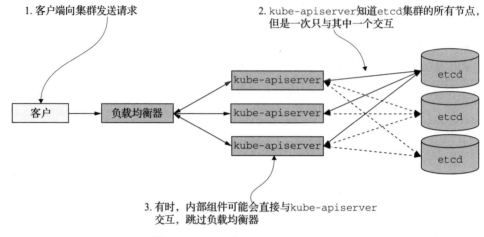

图 12.3 `etcd` 和 `kube-apiserver`

kube-controller-manager

`kube-controller-manager` 实现了无限控制循环，不断检测集群状态的变化并对其做出反应，以使其达到所需状态。你可以将其视为循环的集合，每个循环处理特定类型的资源。

你还记得在第 11 章中使用 `kubectl` 创建 Deployment 时的情景吗？实际发生的情况是，`kubectl` 连接到 `kube-apiserver` 的一个实例，并请求创建一个 Deployment 类型的新资源。这是由 `kube-controller-manager` 获取的，它又创建了一个 ReplicaSet。后者的目的是管理一组 Pod，确保所需的数量在集群上运行。这是怎么做到的？你猜对了：副本集控制器（`kube-controller-manager` 的一部分）接受请求并创建 Pod。通知机制（在 Kubernetes 中称为 `watch`）和更新都由 `kube-apiserver` 提供服务。

参见图 12.4 中的图形表示。在更新或删除 Deployment 时也会发生类似的级联；相应的控制器获得关于更改的通知，并执行相应的任务。

这种松散耦合的设置允许职责分离，每个控制器只做一件事。它也是 Kubernetes 从故障中恢复的能力的核心。Kubernetes 将尝试无限制地纠正与所需状态的任何差异。

与 `kube-apiserver` 一样，`kube-controller-manager` 通常使用多个副本中运行，以保证故障恢复能力。与 `kube-apiserver` 不同的是，每次只有一个副本在工作。通过在 `etcd` 上获得租约，这些实例之间就谁是 leader 达成了一致。

这是如何运作的？由于其强一致性的特性，`etcd` 可以用作 leader 的选举机制。事实上，它的 API 允许获取锁——一个具有到期日期的分布式互斥锁。假设你运行了三个 `kube-controller-manager` 实例，如果三者同时尝试获得租约，只有一个（也就是 leader）会成功。租约需要在到期前续订。如果 leader 停止工作或消失，租约将到期，则另一个副本将获得它（成为 leader）。etcd 再次派上了用场，解决了一个棘手的问题（leader 选举）并保持组件相对简单。

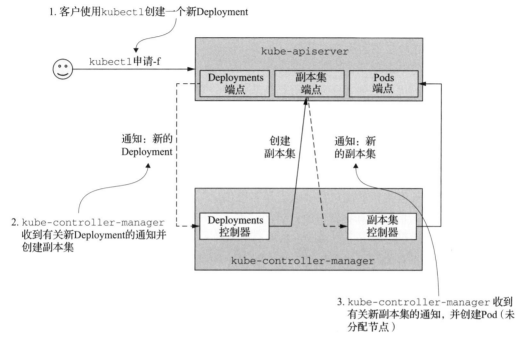

图 12.4 创建 Deployment 时的 Kubernetes 控制平面交互图（包含更多细节）

从混沌工程的角度，这里有一些实验的想法：

❑ 实验 1——kube-apiserver 的流量如何影响集群向预期状态收敛的速度？

- kube-controller-manager 从 kube-apiserver 获取关于集群的所有信息。有必要了解 kube-apiserver 上的任何额外流量如何影响集群向所需状态收敛的速度。kube-controller-manager 在什么时候开始超时，导致集群崩溃？

❑ 实验 2——你的租约到期如何影响集群从失去 kube-controller-manager 的 leader 实例中恢复的速度？

- 如果你运行自己的 Kubernetes 集群，则可以为此组件选择各种超时设置。这包括 leader 租约的到期时间。较短的值将提高集群在失去 leader kube-controller-manager 后重新启动向所需状态收敛的速度，但其代价是 kube-apiserver 和 etcd 的负载增加。

当 kube-controller-manager 完成对新 Deployment 的反应后，Pod 会被创建，但不会被随意安排在某个地方。这就是 kube-scheduler 的用武之地。

kube-scheduler

正如我之前提到的，kube-scheduler 的工作是检测尚未调度到任何节点上的 Pod 并为它们找到新家。它们可能是新的 Pod，或者可能是用于运行 Pod 的节点出现故障，因此需要换一个。

每次 kube-scheduler 分配一个 Pod 在集群中的特定节点上运行时，它都会尝试找到最合适的。这个选择过程包括两个步骤：

1. 过滤掉不满足 Pod 要求的节点。

2. 根据预定义的优先级列表，通过给剩余节点评分来对它们进行排名。

注意　如果想了解最新版本的 kube-scheduler 所使用算法的详细信息，你可以在 http://mng.bz/ZPoj 上查看。

让我们快速看一下，过滤器包括以下内容：

❑ 检查 Pod 请求的资源（CPU、RAM、磁盘）是否匹配节点。

❑ 检查请求的任何主机的端口在节点上是否可用。

❑ 检查 Pod 是否应该在具有特定主机名的节点上运行。

❑ 检查 Pod 请求的关联（或反关联）是否与节点匹配（或不匹配）。

❑ 检查节点是否有内存或磁盘压力。

对节点进行排序时考虑的优先级包括：

❑ 调度后的最大空闲资源量——越高越好，这有强制传播的效果。

❑ CPU 和内存使用之间的平衡——越平衡越好。

❑ 反关联——匹配反关联设置的节点优先。

❑ 本地镜像——已经拥有镜像的节点优先，这将使镜像下载的数量最小。

就像 kube-controller-manager 一样，集群通常运行 kube-scheduler 的多个副本，但在任何指定时间只有 leader 进行调度。从混沌工程的角度来看，这个组件容易出现与 kube-controller-manager 基本相同的问题。

从你运行 kubectl apply 命令的那一刻起，你刚刚看到的组件就在协同工作，以确定如何将你的集群达到你请求的新状态（具有新 Deployment 的状态）。在该过程结束时，新的 Pod 被调度并分配了一个节点来运行。但到目前为止，我们还没有看到启动新调度过程的实际组件。是时候看看 Kubelet 了。

突击测验：集群数据存储在哪里？

选择一个：

1. 分布在集群上的各个组件中。

2. 在 /var/kubernetes/state.json。

3. 在 etcd。

4. 在云端，使用最新的人工智能和机器学习算法，利用区块链技术的革命性力量上传数据。

　　答案见附录 B。

突击测验：Kubernetes 术语中的控制平面是什么？

选择一个：

1. 实现 Kubernetes 向所需状态收敛逻辑的一组组件。
2. 遥控飞机，用于宣传 Kubernetes 广告。
3. Kubelet 和 Docker 的名称。

答案见附录 B。

12.1.2　Kubelet 和 pause 容器

　　Kubelet 是一个代理，用于在主机上启动和停止容器以实现你请求的 Pod。在计算机上运行 Kubelet 守护进程会将其变成 Kubernetes 集群的一部分。不要被深情的名字所迷惑；Kubelet 是一个真正的主力，执行控制平面下达的脏活累活命令。

　　与集群上的其他一切一样，Kubelet 读取状态并从 kube-apiserver 接收命令。它还报告有关节点上正在运行的内容的实际状态的数据，包括它是正在运行还是崩溃，实际使用了多少 CPU 和 RAM 等。控制平面随后利用这些数据来做出决策，并将其提供给用户。

　　为了说明 Kubelet 的工作原理，让我们做一个思想上的实验。假设你之前创建的 Deployment 总是在启动后几秒钟内崩溃。Pod 被调度在特定节点上运行。Kubelet 守护进程会收到有关新 Pod 的通知。首先，它下载请求的镜像。然后，它使用该镜像和指定的配置创建一个新容器。实际上，它创建了两个容器：一个是你请求的容器，另一个是称为 pause 的特殊容器。pause 容器的目的是什么？

　　这是一个非常巧妙的技巧。在 Kubernetes 中，软件单元是一个 Pod，而不是容器。Pod 内的容器需要共享某些资源而不是所有资源。例如，一个 Pod 内两个容器中的进程共享相同的 IP 地址，并且可以通过 localhost 进行通信。你还记得第 5 章中关于 Docker 的命名空间吗？ IP 地址共享是通过共享网络命名空间来实现的。

　　但是其他的东西（例如，CPU 限制）分别适用于每个容器。pause 的存在只是为了在其他容器可能崩溃并重新启动时保留这些资源。pause 容器没有做太多事情。它启动并立即进入睡眠状态。这个名字很贴切。

　　一旦容器启动，Kubelet 将监控它。如果容器崩溃，Kubelet 会将其恢复。整个过程的图形表示，请参见图 12.5。

　　当你删除 Pod 或将其重新调度在其他地方时，Kubelet 会负责删除相关容器。如果没有 Kubelet，控制平面创建和调度的所有资源都将仅仅为抽象的概念。

　　这也使得 Kubelet 成为单点故障。如果它崩溃了，无论出于何种原因，都不会对该节点上运行的容器进行任何更改，即使 Kubernetes 会很乐意接受你的更改，只是永远不会在那个节点上实现。

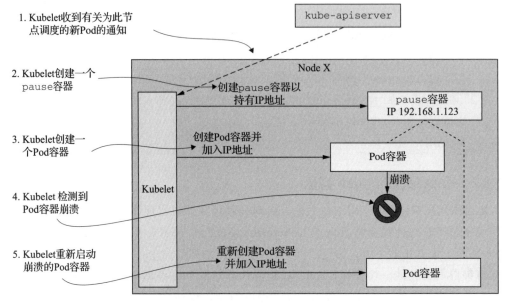

图 12.5 Kubelet 启动一个新的 Pod

从混沌工程的角度来看，如果 Kubelet 停止工作，了解集群实际发生的情况很重要。这里有一些想法：

❑ 实验 1——Kubelet 奔溃后，Pod 需要多长时间才能重新调度到其他地方？

- 当 Kubelet 停止向控制平面报告其就绪状态时，经过一定的超时时间后，它将被标记为不可用（NotReady）。该超时是可配置的，在撰写本文时默认为 5 分钟。Pod 不会立即从该节点中删除。在开始将 Pod 分配给另一个节点之前，控制平面将等待另一个超时（可配置）。

- 如果一个节点消失了（例如，如果运行 VM 的管理程序崩溃），你将需要等待一定的最短时间让 Pod 开始在其他地方运行。

- 如果 Pod 仍在运行，但由于某种原因 Kubelet 无法连接到控制平面（网络分区）或死亡，那么你将最终看到一个节点在继续运行故障之前它所运行的任何内容，并且它不会得到任何更新。其中一个可能的副作用是使用旧的配置运行了一个多余软件副本。

- 上一章介绍了启动和关闭 VM、终止进程的工具。PowerfulSeal 还支持通过 SSH 执行命令，例如，终止或关闭 Kubelet。

❑ 实验 2——Kubelet 崩溃后能正确重启吗？

- Kubelet 通常直接在主机上运行，以尽量减少依赖项的数量。如果它崩溃了，它应该重新启动。

- 正如你在第 2 章中看到的，有时设置重启比最初看起来更难，因此值得检查是否涵盖了不同的崩溃模式（连续崩溃、时间间隔崩溃等）。这只需要很少的时间，但是可以避免非常严重的中断。

所以现在的问题是：Kubelet 到底是如何运行这些容器的？现在让我们来看看。

突击测验：哪个组件负责在主机上启动和停止进程？

选择一个：

1. kube-apiserver
2. etcd
3. kubelet
4. docker

答案见附录 B。

12.1.3　Kubernetes、Docker 以及容器运行时

Kubelet 利用底层软件来启动和停止容器来实现你要求它创建的 Pod。这种较低层级的软件通常称为容器运行时。第 5 章介绍了 Linux 容器和 Docker（最受欢迎的容器代表），这是有充分理由的。最初，Kubernetes 是针对使用 Docker 而编写的，你仍然可以看到一些与 Docker 一对一匹配的命名，甚至 kubectl CLI 也看上去类似于 Docker CLI。

今天，Docker 仍然是 Kubernetes 中使用的最流行的容器运行时之一，但它绝不是唯一的选择。最初，对新运行时的支持直接融入 Kubernetes 内部。为了更轻松地添加新的受支持的容器运行时，引入了一个新的 API 来标准化 Kubernetes 和容器运行时之间的接口。它被称为容器运行时接口（CRI），你可以在 http://mng.bz/RXln 上阅读更多关于它在 2016 年 Kubernetes 1.5 中的介绍。

多亏了这个新接口，有趣的事情发生了。例如，从 1.14 版开始，Kubernetes 就提供了对 Windows 的支持。Kubernetes 使用 Windows 容器（http://mng.bz/2eaN）在运行 Windows 的机器上启动和停止容器。在 Linux 上，也有了其他选择，例如，以下运行时利用与 Docker 基本相同的一组底层技术：

- ❑ containerd（https://containerd.io/）——新兴的行业标准，似乎有望最终取代 Docker。更令人困惑的是，Docker 1.11.0 及更高版本在后台使用 containerd 来运行容器。
- ❑ CRI-O（https://cri-o.io/）——旨在提供一个简单、轻量级的容器运行时，并对与 Kubernetes 一起使用进行了针对性的优化。
- ❑ rkt（https://coreos.com/rkt）——最初由 CoreOS 开发，该项目现在似乎不再维护。它被公布为 rocket。

这个生态系统为你提供了更多惊喜。首先，containerd（以及依赖它的 Docker）和

CRIO-O 通过另一个名为 runc（https://github.com/opencontainers/runc）的开源项目共享一些代码，该项目管理运行 Linux 容器较低层级的方面。从视觉上看，当你将这些部分堆叠在一起时，它看起来像图 12.6。用户请求一个 Pod，Kubernetes 会访问它配置的容器运行时。它可能会转到 Docker、containerd 或 CRI-O，但最终都使用 runc。

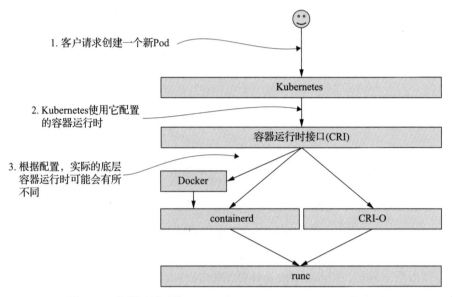

图 12.6　容器运行时接口、Docker、containerd、CRI-O 和 runc

第二个惊喜是，为了避免不同实体推动不同的标准，以 Docker 为首的一群公司联合起来形成了开放容器计划（Open Container Initiative，OCI，https://opencontainers.org/）。它提供了两个规格：

❑ 运行时规范——描述如何运行文件系统包（描述过去被称为 Docker 镜像下载和解压的新术语）。

❑ 镜像规范——描述 OCI 镜像（Docker 镜像的一个新术语）的样子，以及如何构建、上传和下载镜像。

正如你可能想象的那样，大多数人并没有停止使用 Docker 镜像之类的名称，而是开始给所有名词加上 OCI 前缀，因此有时事情会变得有点混乱。不过没关系，至少现在有标准了！

又一个情节转折。近年来，我们看到了一些实现 CRI 的有趣项目，但不是运行 Docker 风格的 Linux 容器，包含很多新的创意：

❑ Kata 容器（https://katacontainers.io/）——运行"轻量级 VM"，而不是为速度进行了优化的容器，以提供"类似容器"的体验，但不同的管理程序提供了更强的隔离。

❑ Firecracker（https://github.com/firecracker-microvm/firecracker）——运行"微型VM"，也是一种轻量级的 VM，使用 Linux 内核 VM 或 KVM（http://mng.bz/aozm）实现。这个想法与 Kata 容器相同，但实现方式不同。

❑ gVisor（https://github.com/google/gvisor）——以一种与 Docker 风格的项目不同的方式实现容器隔离。它运行一个用户空间内核，该内核实现了一个系统调用子集，使运行在沙箱中的进程可以使用这些系统调用子集。然后，它设置程序来捕获进程发出的系统调用，并在用户空间内核中执行它们。不幸的是，系统调用的捕获和重定向会带来性能损失。你可以对捕获使用多种机制，但默认情况下会使用 ptrace（在第 6 章中曾简单提到），因此会造成严重的性能损失。

现在，如果我们将这些加到图 12.6 中，我们最终会得到图 12.7 所示的结果。用户再次请求一个 Pod，Kubernetes 通过 CRI 进行调用。但这一次，根据你使用的容器运行时，最终进程可能在容器或 VM 中运行。

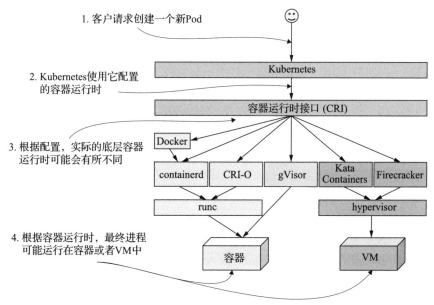

图 12.7　基于 runc 的容器运行时，以及 Kata Containers、Firecracker 和 gVisor

如果你将 Docker 作为容器运行时运行，那么你在第 5 章中学到的所有内容都将直接适用于你的 Kubernetes 集群。如果你使用的是 containerd 或 CRI-O，体验将大体相同，因为它们都使用相同的底层技术。gVisor 将在许多方面有所不同，因为它实现隔离的方法不同。如果你的集群使用 Kata Containers 或 Firecracker，你将运行 VM 而不是容器。这是一个快速变化的技术，因此值得关注这个领域的新发展。不幸的是，尽管我很喜欢这些技术，但我们需要总结一下。我强烈建议你至少尝试一下。

让我们来看看最后一块拼图：Kubernetes 网络模型。

突击测验：你能使用与 Docker 不同的容器运行时吗?

选择一个：

1. 如果你在美国，则取决于你在哪个州。有些州允许。

2. 不行，运行 Kubernetes 需要 Docker。

3. 是的，你可以使用许多替代容器运行时，例如 CRI-O、containerd 等。

答案见附录 B。

12.1.4 Kubernetes 网络

作为混沌工程从业者，你需要了解 Kubernetes 网络的三个部分：

❑ Pod 到 Pod 网络

❑ Service 网络

❑ ingress 网络

我将带你一一了解它们。让我们从 Pod 到 Pod 的网络开始。

Pod 到 Pod 网络

要在 Pod 之间进行通信，或将任何流量路由到它们，Pod 需要能够解析彼此的 IP 地址。在讨论 Kubelet 时，我提到 pause 容器持有整个 Pod 共用的 IP 地址。但是这个 IP 地址来自哪里，它是如何工作的？

答案很简单：它是一个虚构的 IP 地址，由 Kubelet 在 Pod 启动时分配给它。配置 Kubernetes 集群时，配置一定范围的 IP 地址，然后给集群中的每个节点分配子范围。然后 Kubelet 知道该子范围，并且当它通过 CRI 创建一个 Pod 时，它会为其提供一个来自其范围的 IP 地址。从该 Pod 中运行的进程的角度来看，它们会将该 IP 地址视为其网络接口的地址。到现在为止一切顺利。

不幸的是，这本身并没有实现任何 Pod 到 Pod 的网络。它只是为每个 Pod 分配一个假 IP 地址，然后将其存储在 kube-apiserver 中。

然后 Kubernetes 期望你独立配置网络。事实上，它只给了两个你需要满足的条件，并不关心你是如何实现的（http://mng.bz/1rMZ）：

❑ 所有 Pod 都可以直接与集群上的所有其他 Pod 通信。

❑ 在节点上运行的进程可以与该节点上的所有 Pod 通信。

这通常是通过覆盖网络完成的（https://en.wikipedia.org/wiki/Overlay_network），集群中的节点被配置为在它们之间路由假 IP 地址，并将它们传送到正确的容器。

和容器一样，处理网络的接口已经标准化。它被称为容器网络接口（Container Networking Interface，CNI）。在编写本书时，官方文档列出了 29 个实现网络层的选项（http://mng.bz/PPx2）。为了简单起见，我将向你展示一个最基本的工作原理示例：Flannel（https://github.com/coreos/flannel）。

Flannel 在每个 Kubernetes 节点上运行一个守护进程（flanneld），并就每个节点应该可用的 IP 地址子范围达成一致。它将该信息存储在 etcd 中。然后守护进程的每个实例确保网络配置，该网络将来自不同范围的数据包转发到它们各自的节点。在另一端，接收

`flanneld`守护进程将接收到的数据包传送到正确的容器。转发功能是使用现有支持的后端之一完成的，例如，虚拟可扩展 LAN 或 VXLAN（https://en.wikipedia.org/wiki/Virtual_Extensible_LAN）。

为了更容易理解，让我们来看一个具体的例子。假设你的集群有两个节点，整个 Pod 的 IP 地址范围是 192.168.0.0/16。为简单起见，假设节点 A 分配的范围为 192.168.1.0/24，节点 B 分配的范围为 192.168.2.0/24。节点 A 有一个 Pod A1，地址为 192.168.1.1，它想向节点 B 上运行的地址为 192.168.2.2 的 Pod B2 发送数据包。

当 Pod A1 尝试连接到 Pod B2 时，Flannel 设置的转发将匹配节点 B 的节点 IP 地址范围，并将节点 B 的报文封装转发。在接收端，运行在节点 B 上的 Flannel 实例将接收数据包，解开封装，并将它们发送给 Pod B。从 Pod 的角度来看，我们的假 IP 地址和其他任何东西一样真实。图 12.8 以图形方式展示了这一点。

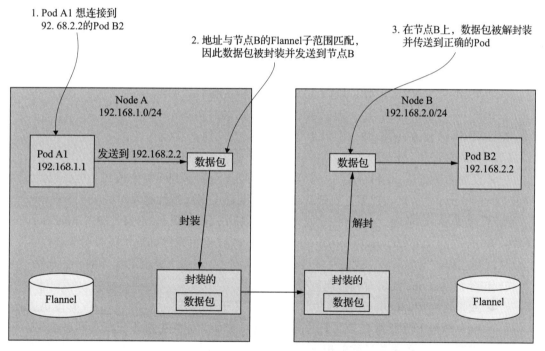

图 12.8　使用 Flannel 进行 Pod 网络的高级概述

Flannel 是非常简单的。还有更高级的解决方案，比如允许动态策略来规定哪些 Pod 可以在什么情况下与其他 Pod 通信等。但他们高层级上的思想是相同的：Pod IP 地址被路由，并且在每个节点上运行一个守护进程以确保这一切的发生。该守护进程将始终是系统中的一个脆弱部分。如果它停止工作，网络设置就会过时，并且可能是错误的。

简而言之，这就是 Pod 网络。Kubernetes 中还有另一组假 IP 地址：Service IP 地址。现在让我们来看看。

Service 网络

提醒一下，Kubernetes 中的 Service 为一组 Pod 提供了一个共享 IP 地址，你可以根据标签混合和匹配这些 Pod。在前面的示例中，你有一些标签为 `app=goldpinger` 的 Pod。该 Service 使用相同的标签来匹配 Pod 并为它们提供一个 IP 地址。

和 Pod IP 地址一样，Service 的 IP 地址也是完全编造的。它们是由一个名为 kube-proxy 的组件实现的，该组件也运行在 Kubernetes 集群的每个节点上。kube-proxy 监视与特定标签匹配的 Pod 的变化，并重新配置主机以将这些假 IP 地址路由到它们各自的目的地。它们还提供一些负载均衡功能。单个 Service IP 地址将解析为多个 Pod IP 地址，根据 kube-proxy 的配置方式，可以以不同的方式对它们进行负载均衡。

kube-proxy 可以使用多个后端工具来实现网络更改。其中之一是使用 iptables（https://en.wikipedia.org/wiki/Iptables）。我们没有时间深入研究 iptables 是如何工作的，总的来说，它允许你编写一组规则来修改机器上的数据包。

在这种模式下，kube-proxy 将创建将数据包转发到特定 Pod IP 地址的规则。如果有多个 Pod，每个 Pod 都会有规则，并有相应的概率。第一个匹配的规则获胜。假设你有一个解析到三个 Pod 的 Service。在高层级上来看，它们看起来像这样：

1. 如果 IP == SERVICE_IP，则以 33% 的概率转发到 Pod A。
2. 如果 IP == SERVICE_IP，则以 50% 的概率转发到 Pod B。
3. 如果 IP == SERVICE_IP，则以 100% 的概率转发到 Pod C。

这样，平均而言，流量应该大致相等地路由到这三个 Pod。

这种设置的缺点是 iptables 会一一评估所有规则，直到遇到匹配的规则。可以想象，集群上运行的 Service 和 Pod 越多，规则就越多，因此产生的开销就越大。

为了缓解这个问题，kube-proxy 还可以使用 IP 虚拟服务器（IP Virtual Server，IPVS，https://en.wikipedia.org/wiki/IP_Virtual_Server），它可以更好地扩展大型部署。

从混沌工程的角度来看，这是你需要注意的事情之一。以下是混沌实验的一些想法：

☐ 实验 1：Service 数量对网络速度有影响吗？
- 如果你使用 iptables，你会发现仅仅创建几千个 Service（即使它们没有提供服务）会突然显著降低所有节点上的网络速度。你认为你的集群不应该受到影响吗？你需要一个实验来验证你的想法。

☐ 实验 2：负载均衡有多有效？
- 使用基于概率的负载平衡，你有时可能会在流量切分方面发现有趣的结果。验证一下你的假设可能是个好主意。

☐ 实验 3：当 kube-proxy 宕机时会发生什么？
- 如果网络没有更新，很可能不仅会导致旧的路由不起作用，而且还会路由到错误的服务。这种情况发生时你的设置能否检测到？如果请求开始流向错误的目的地，你会收到警报吗？

配置服务后，你要做的最后一件事就是使其可在集群外访问。这就是 Ingress 的设计目的。现在让我们来看看。

ingress 网络

在集群内部进行路由工作很好，但是如果你无法从外部访问在集群上运行的软件，则集群将没有多大用处。这就是 ingress 的用武之地。

在 Kubernetes 中，ingress 是原生支持的资源，它有效地描述了一组主机和这些主机应该路由到的目标服务。例如，ingress 可以告诉你 example.com 的请求应该转到 mynamespace 的命名空间中的名为 example 的 Service，并路由到端口 8080。它是一等公民，由 Kubernetes API 原生支持。

但是再特殊说明一下，创建这种资源本身并没有做任何事情。你需要安装一个 ingress 控制器，该控制器将侦听此类资源的更改并实现它们。是的，你猜对了，有多种选择。正如我现在所看到的，官方文档在 http://mng.bz/JDlp 上列出了 15 个选项。

让我以 NGINX ingress 控制器（https://github.com/kubernetes/ingress-nginx）为例。你在前几章中看到了 NGINX。它通常用作反向代理，接收流量并将其发送到上游的某个服务器。这正是它在 ingress 控制器中的使用方式。

当你部署它时，它会在每个主机上运行一个 Pod。在每个 Pod 中，它运行一个 NGINX 实例，以及一个额外的进程，用于侦听 ingress 类型资源的变化。每次检测到更改时，它都会为 NGINX 重新生成配置，并要求 NGINX 重新加载配置。然后 NGINX 知道要侦听哪些主机，以及向哪转发代理的流量。就这么简单。

不用说，ingress 控制器通常是集群的单一入口点，因此所有阻止其正常工作的因素都会对集群产生深远的影响。和任何代理一样，很容易弄乱它的参数。从混沌工程的角度来看，以下是一些帮助你入门的想法：

1. 创建或修改 ingress 并重新加载配置时会发生什么？现有连接是否会断开？像 WebSockets 这样的临界情况呢？

2. 你的代理是否具有与其代理的服务相同的超时时间？如果代理超时更快，不仅会造成在代理断开连接后很长时间后服务还在处理未完成的请求，而且随后的重试可能会累积，并最终导致目标服务宕机。

我们还可以讨论一整天，但这应该足够让你开始测试了。不幸的是，天下没有不散的筵席。最后，让我们总结一下本章中涉及的关键组件。

> **突击测验：我刚才介绍的是哪个部分？**
> 选择一个：
> 1. kube-apiserver
> 2. kube-controller-manager
> 3. kube-scheduler

4. `kube-converge-loop`

5. `kubelet`

6. `etcd`

7. `kube-proxy`

答案见附录 B。

12.2 关键组件总结

我们在这一章中介绍了相当多的组件，在离开之前，我有一个小礼物送给你：这些组件的关键功能的参考手册。请看表 12.1。如果你还不熟悉这些，不要担心，你很快就会有家的感觉。

表 12.1 Kubernetes 关键组件汇总

组件	关键功能
`kube-apiserver`	提供用于与 Kubernetes 集群交互的 API
`etcd`	Kubernetes 用来存储所有数据的数据库
`kube-controller-manager`	实现将当前状态收敛到所需状态的无限循环
`kube-scheduler`	将 Pod 调度到节点上，试图找到最合适的节点
`kube-proxy`	为 Kubernetes Service 实现网络
容器网络接口（CNI）	在 Kubernetes 中实现 Pod 到 Pod 的网络，例如 Flannel、Calico
Kubelet	在主机上使用容器运行时启动和停止容器
容器运行时	实际运行主机上的进程（容器、VM），例如 Docker、containerd、CRI-O、Kata、gVisor

说到这里，本章该结束了！

总结

- ❑ Kubernetes 使用一组松散耦合的组件来实现，使用 `etcd` 作为所有数据的存储。
- ❑ Kubernetes 持续收敛到所需状态的能力是通过各种组件对明确定义的情况做出反应，并更新它们负责部分的状态来实现的。
- ❑ 可以通过多种方式配置 Kubernetes，因此实现细节可能会有所不同，但无论你怎么配置，Kubernetes API 的工作方式都大致相同。
- ❑ 通过设计混沌实验，将各种 Kubernetes 组件暴露于预期的故障类型，你可以找到集群中的脆弱点，并使集群更加可靠。

第 13 章 *Chapter 13*

混沌工程与人

本章涵盖以下内容：

❑ 理解有效的混沌工程所需的思维转变

❑ 获得团队和管理层对混沌工程的支持

❑ 将混沌工程应用于团队，使他们更可靠

让我们关注任何项目取得成功所必需的另一种类型的资源：人。在许多方面，人类以及我们形成的网络比我们编写的软件更复杂、动态，也更难诊断和调试。谈论混沌工程而不涉及人的复杂性，这样是不完整的。

在本章中，我想向大家介绍混沌工程与人类大脑碰撞的三个方面：

❑ 首先，我们将讨论成为一名高效的混沌工程师所需要的心态，以及为什么有时很难做出这种转变。

❑ 其次，你很难获得周围人的支持。你将看到如何清楚地传达这种方法的收益。

❑ 最后，我们将人类团队作为分布式系统来讨论，以及如何应用与机器相同的混沌工程方法来使团队更具弹性。

如果这听起来正中你的下怀，那么我们可以成为朋友。第一站：混沌工程思维。

13.1 混沌工程思维

找一个舒适的姿势，向后靠，然后放松。控制你的呼吸，试着用鼻子深深地、缓慢地呼吸，然后用嘴释放空气。现在，闭上你的眼睛，试着不去想任何事情。我敢打赌你发现这很难，想法只是不断涌现。别担心，我不会推销我最新的瑜伽和正念课程（它们今年都卖完了）！

我只是想提醒你注意，很多你认为"你"的事情都是在你不知情的情况下发生的。从你体内产生的化学物质来帮助处理你吃的食物，并让你在夜间的正确时间感到困倦，到基于视觉线索对他人的友善和吸引力瞬间下意识的决定，我们都是理性决策和合理化自动决策的混合物。

换句话说，构成你的身份的部分来自大脑的通用意识部分，而其他部分则来自潜意识。有意识的大脑很像在软件中执行任务——很容易适配任何类型的问题，但成本更高、速度更慢。这与硬件中实现的更快、更便宜、更难以更改的逻辑相反。

这种二元性的一个有趣方面是我们对风险和回报的看法。我们能够有意识地思考和估计风险，但很多这种评估是自动完成的，甚至没有达到有意识的水平。问题在于，其中的一些自动反应可能是为了让早期人类在所接触的恶劣环境中生存而优化的——而不是让他们去从事计算机科学。

混沌工程的思维方式就是用部分信息来估计风险和回报，而不是依赖于自动响应和直觉。 这种心态要求在仔细考虑风险回报比之后，做一开始感觉违反直觉的事情——比如将故障引入计算机系统。它需要一种科学的、以证据为基础的方法，以及对潜在问题的敏锐洞察力。在本章的其余部分，我将说明原因。

> **计算风险：电车问题**
>
> 如果你认为自己擅长风险数学，那就再想一想。你可能熟悉电车问题（https://en.wikipedia.org/wiki/Trolley_problem）。 在实验中，参与者被要求做出一个会影响其他人的选择——要么让他们活着，要么让他们死。
>
> 一辆电车正在轨道上疾驰。前方，五个人被绑在铁轨上。如果电车撞到他们，他们就会死。 电车根本停不下来，连一个人都来不及松绑。但是，你注意到了一个拉杆。拉动控制杆会将电车重定向到另一组轨道，该轨道上只有一个人。你会怎么做？
>
> 你可能认为大多数人会计算死一个人比死五个人好，然后拉动杠杆。但现实是，大多数人不会这样做。有一些东西让基本的运算被抛到了九天之外。

让我们来看看一个高效的混沌工程从业者的心态，从故障开始。

13.1.1 故障不是一种可能：它会发生

假设我们使用的是优质服务器。以科学方式表达优质质量的一种方式是平均故障间隔时间（Mean Time Between Failure, MTBF）。例如，如果服务器的 MTBF 非常长，为 10 年，这意味着平均而言，它们每 10 年都会出现故障。或者换句话说，今天机器出现故障的概率是 1/（10 年 × 每年 365.25 天）≈ 0.0003，即 0.03%。如果我们谈论的是我写这些文字的笔记本电脑，我只有 0.03% 担心它今天会在我这抛锚。

问题是，像这样的小样本给我们一个错误的印象，使我们对事物的可靠性有了错误的认识。想象一个拥有 10 000 台服务器的数据中心。在任何一天，预计有多少台服务器会发生故障？它是 $0.0003 \times 10\ 000 \approx 3$。即使只有其中三分之一，即 3333 个服务器上，这个数字也会是 $0.0003 \times 3333 \approx 1$。我们正在构建的现代系统的规模使得像这样的小错误率更加明显，正如你看到的，你不需要成为谷歌或 Facebook 这样的公司才能体验到。

一旦你掌握了它的窍门，乘百分比将变得很有趣。这有另一个例子。假设你有一个神话般的全明星团队，98% 的时间都在交付没有 bug 的代码。这意味着，平均来说，在每周的发布周期中，团队每年将发布错误不止一次。如果你的公司有 25 个团队，每个团队 98% 的时间都没有 bug，那么平均每隔一周你就会遇到一个问题。

在混沌工程的实践中，重要的是从这个角度来看待事物——一个可计算的风险，并相应地进行规划。现在，有了这些明确定义的值和小学水平的乘法，我们可以估计很多事情并做出明智的决定。但是，如果数据不容易获得，并且很难给出具体的数字，会发生什么？

13.1.2　早失败与晚失败

当我们开始混沌工程时，一个常见的思维障碍是，混沌实验可能会造成中断，而不做的话我们很可能会侥幸逃脱。我们在第 4 章中讨论了如何最小化这种风险，所以现在我想集中讨论这种思维的心理部分。其理由是："它目前正在工作，它的生命周期是 X 年，所以即使它有漏洞，我们可能不会在这个周期内碰到。"

每个人这样想的原因各不相同。比如，可能公司文化比较严格，会因错误而受到惩罚；他们的软件可能已经在生产中运行了多年，只有在软件退役时才能发现 bug；或者他们可能只是对自己（或其他人）的代码缺乏信心。可能还有很多其他原因。

然而，一个普遍的原因是，我们很难比较两个我们不知道如何评估的概率。由于中断是一种不愉快的经历，我们往往会高估它发生的可能性。这和人们害怕死于鲨鱼袭击的道理是一样的。2019 年，全世界有两人死于鲨鱼袭击（http://mng.bz/goDv）。考虑到 2019 年 6 月全世界估计有 75 亿人口（www.census.gov/popclock/world），那一年任何特定的人死于鲨鱼袭击的可能性是 32.5 亿分之一。但是因为人们看过电影《大白鲨》，如果在街上接受采访，他们会估计这种可能性非常高。

不幸的是，这似乎就是我们的样子。因此，与其试图说服人们在鲨鱼水域多游泳，不如换个说法。让我们谈谈早失败的成本与晚失败的成本。在最好的情况下（从可能的中断的角度来看，而不是从学习的角度），混沌工程没有发现任何问题，一切都正常。在最坏的情况下，软件有问题。如果我们现在进行实验，可能会导致系统出现故障并影响我们爆炸半径内的用户，我们称之为早失败。如果我们不对其进行试验，它仍然可能会失败，但可能会晚得多（晚失败）。

早失败有几个好处：

❑ 工程师们正在积极地寻找 bug，并准备好工具来诊断问题并帮助尽快修复它。晚失败的话可能会发生在一个不太方便的时间。

❑ 这同样适用于开发团队。距离编写的代码越久远，修复 bug 的人需要切换上下文的代价就越大。

❑ 随着产品（或公司）的成熟，用户通常希望随着时间的推移，系统的稳定性会提高，问题的数量会减少。

❑ 随着时间的推移，依赖系统的数量逐渐增加。

但是因为你正在阅读本书，所以你很可能已经意识到进行混沌工程和尽早失败的优势。下一个障碍是让你周围的人也看到光明。让我们来看看如何以最有效的方式实现这一目标。

13.2　获得支持

为了让你的团队从零成为混沌工程英雄，你需要团队成员了解它带来的好处。为了让他们了解这些好处，你需要能够清楚地传达它们。通常，你将向两组人推销：你的同事 / 团队成员和你的经理。让我们先看看如何与后者交谈。

13.2.1　经理

你要站在经理的位置上思考。你负责的项目越多，你就越有可能需要规避风险。毕竟，你想要的是最大限度地减少救火的次数，同时实现你的长期目标。混沌工程可以帮助解决这个问题。

所以，要想让你的经理听你的迷魂曲，最好不要在这个过程中故意地破坏东西。以下是一些管理者更有可能做出良好反应的因素：

❑ 良好的投资回报（Return On Investment，ROI）——混沌工程可能是一项相对便宜的投资（如果系统文档良好，即使是一个工程师也可以在一个复杂的系统上试验几天），并具有巨大的潜在回报。结果是双赢的局面：

● 如果实验没有发现任何东西，输出是双重的：第一，增加对系统的信心；第二，你得到了一组自动化测试，可以在以后重新运行以检测任何回归。

● 如果实验发现问题，则可以修复。

❑ 可控的爆炸半径——再次提醒他们，你不会随意破坏东西，而是在一个确定的爆炸半径下进行一个良好控制的实验。显然，事情仍然可能会偏离正轨，但我们的想法并不是让世界着火，然后看看会发生什么。相反，它是为了一个巨大的潜在回报而承担一个经过计算的风险。

❑ 尽早失败——解决较早发现的问题的成本通常低于较晚发现相同问题的成本。然后，你可以更快地响应故意发现的问题，而不是在不方便的时候做出响应。

❑ 质量更好的软件——你的工程师知道软件将进行实验，因此更有可能在流程的早期考虑故障场景，并编写更具弹性的软件。

- ❑ 团队建设——越来越多的人意识到互动和知识共享的重要性，这有可能使团队变得更强大（在本章后面会有更多的内容）。
- ❑ 增加招聘潜力——你将拥有构建可靠软件的真实证据。所有公司都在吹嘘他们的产品质量。但是当涉及资助测试中的工程项目时，只有一小部分人会说到做到。
  - 可靠的软件意味着工作时间之外的电话更少，这意味着工程师更快乐。
  - 亮点因素：使用最新的技术有助于吸引想要学习它们，并将它们写在简历上的工程师。

如果想法传递得正确，定制的信息应该很容易推销。它有可能让你的经理的生活更轻松，让团队更强大，软件质量更好，招聘更容易。那么你为什么不做混沌工程呢？！

你的团队成员呢？

13.2.2 团队成员

在与你的团队成员交谈时，我们刚刚讨论的许多论点同样适用。早失败比晚失败少痛苦一点，考虑极端情况并在设计所有软件时考虑到失败通常是有趣且有益的。哦，办公室游戏（我们马上就会讲到）也非常有趣。

但通常情况下，真正能与团队产生共鸣的，只是被电话骚扰的更低的可能性。如果你是随叫随到的待命人员，所有能让你在半夜接到电话的次数最小化的事情都是有帮助的。所以，围绕这个角度展开对话，真的有助于让团队参与进来。以下是一些如何进行这种对话的想法：

- ❑ 在工作时间早失败——如果有问题，最好在你准备去学校接孩子或在舒适的家中睡觉之前触发它。
- ❑ 为故障去污名——即使对一支明星团队来说，故障也是不可避免的。思考它，积极寻找问题，可以消除或减少故障造成的社会压力。从故障中学习总是胜过逃避和隐藏故障。相反，对于一个表现不佳的团队来说，故障很可能是常见的事情。混沌工程可以用于前期生产阶段，作为额外的测试层，从而减少意外故障。
- ❑ 混沌工程是一项新技能，而且并不难掌握——对某些人来说，个人进步本身就是一种奖励。这是简历上的一个新项目。

有了这个，你应该有能力在你的团队和老板中传播混沌工程。你现在可以去传播好消息了！但在你走之前，让我再给你一个工具。让我们谈谈游戏日。

13.2.3 游戏日

你可能听说过有团队举办游戏日。游戏日是获得团队支持的好工具。它们有点像你当地汽车经销商的那些活动。五颜六色的大气球，免费的饼干，大量的试驾和给你的孩子的微型汽车模型，然后突然间你就需要一辆新车。它会让你慢慢上瘾，真的。

游戏日可以采取任何形式，形式并不重要。我们的目标是让整个团队进行互动，对系统的弱点进行头脑风暴，并在混沌工程中获得乐趣。"气球"和"试驾"都让你想要使用一种新的混沌工程工具。

你可以设置循环游戏日。你可以让你的团队从一个事件开始，向他们介绍这个想法。你可以买一些漂亮的卡片来写下混沌实验的想法，或者你可以使用便利贴。无论你认为如何，只要能让你的团队欣赏到这些好处，而不觉得这是强加给他们的，就可以了。让他们觉得自己不是在浪费时间，也不要浪费他们的时间。

这就是我能获取支持的全部方法，是时候进一步深入了。让我们看看如果将混沌工程应用于团队本身会发生什么。

13.3 将团队当成分布式系统

什么是分布式系统？维基百科将其定义为"一个系统，其组件位于不同的联网计算机上，通过相互传递消息来通信并协调它们的操作"（https://en.wikipedia.org/wiki/Distributed_computing）。如果你仔细想想，团队的行为就像一个分布式系统，但不同于计算机，是由个人来做事情并相互传递信息。

让我们想象一个团队负责为航空公司运行面向客户的购票软件。团队需要各种技能才能取得成功，而且由于它是更大组织的一部分，因此需要为他们做出一些技术决策。让我们来看看这个团队所需的核心能力的具体例子：

❑ Microsoft SQL 数据库集群管理——所有购买数据落地的地方，这就是为什么它对门票销售的运作至关重要。这还包括在 VM 上安装和配置 Windows 操作系统。

❑ 全栈 Python 开发——用于开发接收有关可用票证和采购订单的查询的后端，这还包括打包软件并将其部署在 Linux VM 上。因此需要基本的 Linux 管理技能。

❑ 前端，基于 JavaScript 开发——负责呈现和展示面向用户的用户界面的代码。

❑ 设计——提供由前端开发人员集成到软件中的艺术作品。

❑ 与第三方软件集成——通常，航空公司可以出售另一家航空公司运营的航班，因此团队需要保持与其他航空公司系统的集成。这所涉及的内容因情况而异。

现在，团队由个人组成，随着时间的推移，他们都根据个人选择积累了各种技能。假设我们的一些 Windows 数据库管理员还负责与第三方（例如基于 Windows 的系统）集成。同样，一些全栈开发人员也处理与基于 Linux 的第三方的集成。最后，一些前端开发人员也可以做一些设计工作。图 13.1 展示了这些技能重叠的韦恩图。

团队也很轻量。事实上，它只有六个人。Alice 和 Bob 都是 Windows 和 Microsoft SQL 专家。Alice 还支持一些集成工作。Caroline 和 David 都是全栈开发人员，都致力于集成。Esther 是一名前端开发人员，他也可以做一些设计工作。Franklin 是设计师。图 13.2 将这些个体置于技能重叠的韦恩图上。

你能看出我要做什么吗？就像任何其他分布式系统一样，我们可以通过查看架构图来识别薄弱环节。你看到任何薄弱环节吗？例如，如果 Esther 有大量积压，团队中没有其他人可以接手，因为没有其他人具备此技能，她是单点故障。相比之下，如果 Caroline 或 David 被其他事情分心，另一个可以覆盖：他们之间有冗余。人们需要假期，他们会生病，他们会更换团队和公司，因此为了让团队长期取得成功，识别和修复单点故障非常重要。在准备好韦恩图之后就可以非常方便地看出来！

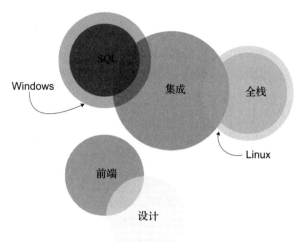

现实生活的一个问题是它很混乱。另一个问题是团队很少在包装盒上附上韦恩图。数百种不同的技能（硬技能和软技能）、不断变化的技术格局、不断变化的需求、人员周转以及某些组织的庞大规模都是确保没有单点故障的难度的因素。真希望有一种方法可以发现分布式系统中的系统问题……等一下！

图 13.1 示例团队中重叠技能的韦恩图

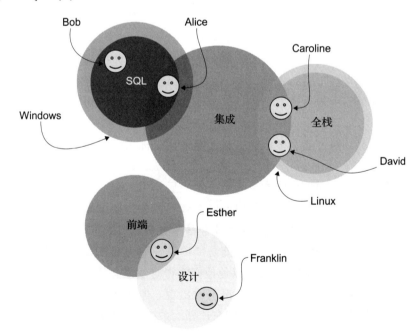

图 13.2 重叠技能韦恩图上的个人

为了发现团队内部的系统性问题，让我们做一些混沌实验。以下实验深受 Dave

Rensin 的启发，他在他的演讲"Chaos Engineering for People Systems"（https://youtu.be/sn6wokyCZSA）中描述了这些实验。我强烈建议观看那个演讲。你最好将它作为"游戏"而不是实验推荐给团队。不是每个人都想成为小白鼠，但游戏听起来很有趣，如果做得好，可以成为团队建设的练习。你甚至可以获得奖品！

让我们从识别团队中的单点故障开始。

13.3.1 查找知识单点故障：宅度假

为了了解在缺少某些人的情况下，团队会发生什么，混沌工程方法是模拟该事件，并观察团队成员如何应对。最轻量级的方法是只提名一个人，并要求他不要处理任何与他的职责有关的问题，而是做一些与他当天计划不同的事情。因此，"宅度假"这个名字就诞生了。当然，这只是个游戏，如果真的发生紧急情况，事件就会取消，所有人都在一条船上。

如果团队能够以最大（剩余）容量继续工作，那就太棒了。这意味着这个团队在传播知识方面做得非常好。但有时候，其他团队成员可能需要等待这个"宅度假"的人回归，因为一些知识没有被充分复制。可能是在进行中的工作没有被很好地记录下来，某个领域的专业知识突然变得相关，团队中新成员还没有掌握的部落知识[⊖]，或者任何其他原因。如果是这样的话，恭喜你：你已经发现了如何让你的团队作为一个系统变得更强大！

人是不同的，有些人会比其他人更喜欢这类游戏。你需要找到适合团队成员的方法。要做到这一点，不管是多么公平的游戏，都没有唯一的最佳方法。为了更好地为你的团队创造一种体验，以下是一些其他需要调整的地方：

- ❑ 常规的假期有一个问题：其他团队成员可以预测问题并执行一些知识转移来避免问题。出其不意地运行这个游戏可能会很有趣。比如模拟某人生病，而不是休假。
- ❑ 你可以把这个实验告诉或者不告诉其他团队成员。告诉他们将有一个好处，即他们可以主动思考如果某个人不在他们将无法解决的事情。事后才告诉他们更接近现实生活中的情况，但可能会被认为你在消遣他们。你了解你的团队，建议以你认为最有效的方法进行。
- ❑ 明智地选择时机。如果团队成员为了赶在最后期限前完成任务而努力工作，他们可能就不会喜欢玩那些占用了他们时间的游戏。或者，如果他们很有好胜心，他们可能会喜欢这样，有更多的事情发生可能会暴露更多的知识共享问题。

无论哪种方式适合你的团队，这都可能是一项非常廉价的投资，并且具有巨大的潜在回报。确保你花时间与团队讨论结果，以免他们觉得游戏没有任何效果。参与其中的每个人都是成年人，应该意识到真正的紧急情况何时出现。但即使游戏的结果不太好，早点暴露故障很可能比晚暴露故障更好，就像我们在计算机系统中运行的混沌实验一样。

让我们来看看另一个变体，这次不是关注缺席，而是关注虚假信息。

⊖ 部落知识是指一个组织或社区所拥有的特定范围内的非正式知识。——译者注

13.3.2 团队内部的错误信息和信任

在一个团队中，信息从一个团队成员流向另一个团队成员。为了有效的合作和沟通，成员之间必须存在一定的信任，但也肯定存在一定的不信任，这样我们就需要反复检查和核实事情，而不是只看表面。毕竟，犯错是人之常情。

我们都是复杂的人，我们可以在一个话题上更信任某个人，而在另一个话题上可能就不太信任同一个人。这是非常有用的。你读了这本书，这就对我的混沌工程专业知识表示出了一定的信任，但这并不意味着你应该信任我的胡萝卜蛋糕（最后一个看起来不像蛋糕，更别说胡萝卜了！）。这完全没问题，你应该确认到位，以便最终能够排除错误信息。我们希望团队有这样的属性，我们希望团队强大。

"骗子，骗子"是一款旨在测试你的团队处理虚假信息传播情况的游戏。基本规则很简单：提名一个人，当被问及与工作相关的事情时，他会花一天时间说非常有道理的谎言。一些安全措施：写下谎言，如果谎言没有被人发现，在一天结束时将其纠正，并且通常需要跟他们讲清楚来龙去脉。注意，不要告诉其他人在整个系统上单击"删除"这样的谎言，这样造成大规模中断。

这个游戏有可能揭示其他团队成员跳过验证他们输入的精神努力，而只接受他们所听到的表面情况。每个人都会犯错，每个人的工作都是在实施之前对所听到的内容进行真实性检查。以下是有关如何自定义此游戏的一些想法：

- ❑ 明智地选择骗子。团队越依赖他们的专业知识，爆炸半径就越大，但学习的潜力也越大。
- ❑ 骗子的演技在这里很有用。能够保持一整天的诡计，而不会露馅，应该对其他团队成员产生非常强大的"惊喜"。
- ❑ 你可能希望团队中的另一个人知道骗子，观察并在他们认为可能出现一些他们没有想到的后果时介入。至少，团队负责人应该始终知道这一点！

花点时间在团队内讨论发现的结果。如果人们看到了这样做的价值，就会很有趣。说到乐趣，你还记得第4章我们在与数据库的通信中注入延迟时发生了什么吗？让我们看看当你将延迟注入团队时会发生什么。

13.3.3 团队中的瓶颈：慢车道上的生活

慢车道上的生活，是关于在不同的环境中找出谁是团队中的瓶颈。在团队中，人们分享各自的专业知识以推动团队前进。但是每个人都有他们可以处理的最大吞吐量。当一些团队成员需要等待其他人才能继续他们的工作时，瓶颈就形成了。在复杂的社交互动网络中，通常很难预测和观察这些瓶颈，除非它们变得非常明显。

这个游戏背后的想法是：要求指定的团队成员至少花 X 分钟来响应其他团队成员的询问来增加延迟。通过人为地增加响应时间，你将能够更容易地发现瓶颈：它们会更加明显，其他人可能会直接抱怨！以下是一些值得思考的提示：

- 如果可能，在家工作时增加额外的延迟，可能会很有用。它限制了社交互动的数量，并可能看起来不那么奇怪。
- 当别人寻求帮助时保持沉默是可疑的，可能会让你感到不舒服，甚至会被视为没有礼貌。可以像这样回答问题："我会就此回复你，但是抱歉，我现在正忙其他事情。"可能会有很大帮助。
- 有时候，解决发现的瓶颈可能比较棘手。政策可能已经到位，文化规范或其他限制因素可能需要考虑在内，但即使只是了解潜在的瓶颈也有助于提前规划。
- 有时团队的经理会成为瓶颈。对此做出反应可能需要更多的自我反省和成熟度，但它可以提供宝贵的见解。

所以这个很简单，你不需要记住 tc 的语法就可以实现这个实验！既然我们进展很顺利，让我再讲一个。让我们看看如何使用混沌工程来测试你的修复程序。

13.3.4 测试你的流程：内部工作

你的团队，除非它是今天早上才组建的，否则会有一套处理问题的规则。这些规则可能结构良好并被记录下来，可能是团队集体思想中的部落知识，或者像大多数团队那样，介于两者之间。不管它们是什么，这些处理不同类型事件的"流程"应该是可靠的。毕竟，这就是你在遇到压力时所依赖的东西。鉴于你正在阅读一本关于混沌工程的书，你认为我们如何对其进行测试？

当然是通过游戏化的混沌实验！我鼓励你偶尔执行可控的破坏行为，秘密破坏一个子系统，你合理地期望团队能够使用现有流程修复它，然后坐视他们修复它。

现在，这是一把大枪，所以这里有一些注意事项：

- 你破坏的东西要合理。别弄坏任何会给你带来麻烦的东西。
- 明智地挑选团队内的人。你可能想让团队中更强大的人知道这个秘密，并让他们通过让其他团队成员遵循程序来"帮助"解决问题。
- 派一些人参加培训或其他项目也可能是一个好主意，以确保即使有人不在也能解决问题。
- 在破坏系统之前，仔细检查现有流程是否是最新的。
- 在观察团队应对情况时做笔记。看看什么占用了他们的时间，程序的哪一部分容易出错，以及谁可能是事件中的单点故障。
- 不一定要严重的中断。这可能是一个中等严重性的问题，需要在它变得严重之前进行修复。

如果做得好，这可能是一条非常有用的信息。它增加了团队解决特定类型问题能力的信心。再说一次，在午饭后处理问题比在凌晨 2 点处理要好得多。

你会在生产中做内部工作吗？答案将取决于我们在第 4 章中提到的许多因素以及风险 /

回报计算。在最糟糕的情况下，你的团队未能及时修复你创造的问题，你需要取消游戏并修复问题。你知道你的流程是不充分的，可以采取行动来改进它们。在许多情况下，这可能是非常好的机会。

通过将混沌工程原理应用于人类团队及其内部的交互，你可以想出无数其他游戏。我在这里的目标是向你介绍其中一部分，用来说明人类系统与计算机系统具有许多相同的特征。希望我激起了你的兴趣。现在，去和你的团队一起实验吧！

总结

❑ 混沌工程需要将思维方式从风险规避转变为风险计算。
❑ 良好的沟通和定制你的信息有助于获得团队和管理层的支持。
❑ 团队是分布式系统，也可以通过实验和办公室游戏的实践来变得更加可靠。

附　　录

■ 附录A　安装混沌工程工具
■ 附录B　突击测验答案
■ 附录C　导演剪辑
■ 附录D　混沌工程食谱

安装混沌工程工具

本附录将帮助你安装实现本书中的混沌工程实验所需的工具。我们在此讨论的所有工具（Kubernetes 除外）也预装在本书随附的 VM 中，因此从本书中受益的最简单方法就是启动 VM。

如果你想直接在任何主机上使用这些工具，现在让我们看看如何来安装。

A.1　先决条件

你将需要一台 Linux 机器。本书中的所有工具和示例都在内核 5.4.0 版本上进行了测试。本书使用 Ubuntu（https://ubuntu.com/），这是一个流行的 Linux 发行版，使用的版本是 20.04 LTS，但书中使用的工具都不是特定于 Ubuntu 的。

本书采用 x86 架构，所有示例均未在其他架构上进行过测试。

本书没有特定的机器规格要求，但我建议使用至少具有 8 GB RAM 和多核的机器。最耗电的章节（第 10 ～ 12 章）使用小型 VM 来运行 Kubernetes，我建议为该机器配备 4 GB 的 RAM。

你还需要连接互联网才能下载我们在此处介绍的所有工具。有了这些注意事项，让我们继续吧。

A.2　安装 Linux 工具

在整本书中，你将需要通过 Ubuntu 包管理系统获得工具。要安装它们，你可以在终端窗口中运行以下命令（用正确的值替换 PACKAGE 和 VERSION）：

```
sudo apt-get install PACKAGE=VERSION
```

例如，要安装 1:2.25.1-1ubuntu3 版本的 Git，运行以下命令：

```
sudo apt-get install git=1:2.25.1-1ubuntu3
```

表 A.1 总结了包名称、我在测试中使用的版本以及包使用的地方的简短描述。

注意　为了完整起见，我添加了这个表，但是在快速发展的开源的狂野西部世界，这里使用的版本可能在这些字印刷出来的时候已经过时了。其中一些版本可能不再可用（这是我为你预构建 VM 映像的原因之一）。当有疑问时，尝试使用最新的软件包。

表 A.1　本书中使用的包

包名	包版本	说明
git	1:2.25.1-1ubuntu3	用于下载本书附带的代码
vim	2:8.1.2269-1ubuntu5	一个流行的文本编辑器。是的，你也可以使用 Emacs
curl	7.68.0-1ubuntu2.2	在各个章节中用于从终端窗口进行 HTTP 调用
nginx	1.18.0-0ubuntu1	第 2 章和第 4 章中使用的 HTTP 服务器
apache2-utils	2.4.41-4ubuntu3.1	一套工具，包括 Apache Bench（ab），在多个章节中用于在 HTTP 服务器上生成负载
docker.io	19.03.8-0ubuntu1.20.04	Docker 是一个 Linux 的容器运行时。在第 5 章中介绍过
sysstat	12.2.0-2	用于测量系统性能的工具的集合。包括像 iostat、mpstat 和 sar 这样的命令。在第 3 章中介绍过，我们在整本书中都在使用它们
python3-pip	20.0.2-5ubuntu1	Pip 是 Python 的包管理器。我们在第 11 章中使用它来安装包
stress	1.0.4-6	stress 是一个工具，用于生成负载（CPU, RAM, I/O）对 Linux 系统进行压力测试。在第 3 章中涉及，并在许多章节中使用
bpfcc-tools	0.12.0-2	BCC 工具包（https://github.com/iovisor/bcc），使用 eBPF 提供对 Linux 内核的各种洞察能力。在第 3 章中介绍过
cgroup-lite	1.15	Cgroups 实用工具。在第 5 章中介绍过
cgroup-tools	0.41-10	Cgroups 实用工具。在第 5 章中介绍过
cgroupfs-mount	1.4	Cgroups 实用工具。在第 5 章中介绍过
apache2	2.4.41-4ubuntu3.1	一个 HTTP 服务器。在第 4 章中使用
php	2:7.4+75	PHP 语言安装程序。在第 4 章中使用
wordpress	5.3.2+dfsg1-1ubuntu1	一个博客引擎。在第 4 章中使用
manpages	5.05-1	各种命令的手册页。全书都使用到
manpages-dev	5.05-1	第 2 节（Linux 系统调用）和第 3 节（库调用）的手册页。在第 6 章中使用
manpages-posix	2013a-2	POSIX 风格的手册页。在第 6 章使用
manpages-posix-dev	2013a-2	第 2 节（Linux 系统调用）和第 3 节（库调用）的 POSIX 风格的手册页。在第 6 章使用

(续)

包名	包版本	说明
libseccomp-dev	2.4.3-1ubuntu3.20.04.3	使用 seccomp 编译代码所需的库。见第 6 章
openjdk-8-jdk	8u265-b01-0ubuntu2~20.04	Java 开发工具包（OpenJDK 风格）。用于运行第 7 章中的 Java 代码
postgresql	12+214ubuntu0.1	PostgreSQL 是一种非常流行的开源 SQL 数据库。在第 9 章中使用

最重要的是，本书使用了一些其他未打包的工具，需要通过下载进行安装。现在让我们来看看怎么做。

A.2.1　Pumba

要安装 Pumba，你需要从网络上下载它，使其可执行，然后将其放置在 PATH 中的某个位置。例如，你可以运行以下命令：

```
curl -Lo ./pumba \
"https://github.com/alexei-led/pumba/releases/download/0.6.8/
    pumba_linux_amd64"
chmod +x ./pumba
sudo mv ./pumba /usr/bin/pumba
```

A.2.2　带有 DTrace 选项的 Python 3.7

在第 3 章中，你将使用以特殊方式编译的 Python 二进制文件。借助 DTrace，你可以更深入地了解其内部工作原理。要从源代码下载和编译 Python 3.7，请运行以下命令（请注意，这可能需要一段时间，具体取决于你的计算机的处理能力）：

```
# install the dependencies
sudo apt-get install -y build-essential
sudo apt-get install -y checkinstall
sudo apt-get install -y libreadline-gplv2-dev
sudo apt-get install -y libncursesw5-dev
sudo apt-get install -y libssl-dev
sudo apt-get install -y libsqlite3-dev
sudo apt-get install -y tk-dev
sudo apt-get install -y libgdbm-dev
sudo apt-get install -y libc6-dev
sudo apt-get install -y libbz2-dev
sudo apt-get install -y zlib1g-dev
sudo apt-get install -y openssl
sudo apt-get install -y libffi-dev
sudo apt-get install -y python3-dev
sudo apt-get install -y python3-setuptools
sudo apt-get install -y curl
sudo apt-get install -y wget
sudo apt-get install -y systemtap-sdt-dev
# download
cd ~
```

```
curl -o Python-3.7.0.tgz \
    https://www.python.org/ftp/python/3.7.0/Python-3.7.0.tgz
tar -xzf Python-3.7.0.tgz
cd Python-3.7.0
./configure --with-dtrace
make
make test
sudo make install
make clean
./python –version
cd ..
rm Python-3.7.0.tgz
```

A.2.3 Pgweb

安装 pgweb 的最简单方法是从 GitHub 下载。在命令行提示符下，使用以下命令获取可用的最新版本：

```
sudo apt-get install -y unzip
curl -s https://api.github.com/repos/sosedoff/pgweb/releases/latest \
| grep linux_amd64.zip \
| grep download \
| cut -d '"' -f 4 \
| wget -qi - \
&& unzip pgweb_linux_amd64.zip \
&& rm pgweb_linux_amd64.zip \
&& sudo mv pgweb_linux_amd64 /usr/local/bin/pgweb
```

A.2.4 Pip 依赖

要安装第 3 章中使用的 freegames 包，请运行以下命令：

```
pip3 install freegames
```

A.2.5 查看 pgweb 的示例数据

在第 9 章中，你将了解刚才在 A.2 节中安装的 PostgreSQL。一个空的数据库并不是特别令人兴奋，所以为了让它更有趣，让我们用一些数据填充它。你可以使用 pgweb 附带的示例。要克隆它们并将它们应用到你的数据库，请运行以下命令：

```
git clone https://github.com/sosedoff/pgweb.git /tmp/pgweb
cd /tmp/pgweb
git checkout v0.11.6
sudo -u postgres psql -f ./data/booktown.sql
```

A.3 配置 WordPress

在第 4 章中，你将涉及 WordPress 博客以及如何对其应用混沌工程。在 A.2 节中，你安装了正确的软件包，但你仍然需要配置 Apache 和 MySQL 才能与 WordPress 一起使用。为此，还需要几个步骤。

第一，创建一个新的文件 /etc/apache2/sites-available/wordpress.conf，为 WordPress 的 Apache 配置文件，内容如下：

```
Alias /blog /usr/share/wordpress
<Directory /usr/share/wordpress>
    Options FollowSymLinks
    AllowOverride Limit Options FileInfo
    DirectoryIndex index.php
    Order allow,deny
    Allow from all
</Directory>
<Directory /usr/share/wordpress/wp-content>
    Options FollowSymLinks
    Order allow,deny
    Allow from all
</Directory>
```

第二，你需要在 Apache 中激活 WordPress 配置，以便将新文件考虑在内。运行以下命令：

```
a2ensite wordpress
service apache2 reload || true
```

第三，你需要配置 WordPress 以使用 MySQL。在 /etc/wordpress/config-localhost.php 中创建一个包含以下内容的新文件：

```
<?php
define('DB_NAME', 'wordpress'); define('DB_USER', 'wordpress');
define('DB_PASSWORD', 'wordpress');
define('DB_HOST', '127.0.0.1');
define('WP_CONTENT_DIR', '/usr/share/wordpress/wp-content');
define('WP_DEBUG', true);
Finally, you need to create a new database in MySQL for WordPress to use:
cat <<EOF | sudo mysql -u root
CREATE DATABASE wordpress;
CREATE USER 'wordpress'@'localhost' IDENTIFIED BY 'wordpress';
GRANT SELECT,INSERT,UPDATE,DELETE,CREATE,DROP,ALTER
ON wordpress.* TO wordpress@localhost;
FLUSH PRIVILEGES;
quit
EOF
```

之后，你将能够浏览 localhost/blog 并看到 WordPress 博客配置页面。

A.4 检出本书的源代码

在本书中，我参考了 VM 和 GitHub 上提供的各种示例。要在你的机器上克隆它们，需要使用 git。运行以下命令将本书附带的所有代码复制到你的主目录中名为 src 的文件夹中：

```
git clone https://github.com/seeker89/chaos-engineering-book.git ~/src
```

A.5　安装 Minikube（Kubernetes）

对于第 10 ～ 12 章，你需要一个 Kubernetes 集群。与之前的所有章节不同，我建议不要在本书附带的 VM 中这样做。这有两个原因：

❏ Minikube（https://github.com/kubernetes/minikube）由 Kubernetes 团队官方支持，可运行在 Windows、Linux 和 macOS 上，无须重新发明轮子。

❏ Minikube 通过启动一个预先配置了所有 Kubernetes 组件的 VM 来工作，我们希望避免在 VM 内运行 VM。

此外，如果你以前没有使用过 Minikube，并且是 Kubernetes 的新手，那么知道如何使用 Minikube 本身就是一项宝贵的技能。让我们继续安装它。

Minikube 可以在 Linux、macOS 和 Windows 上运行，安装非常简单。接下来详细介绍在各个操作系统上安装的必要步骤。有关故障排除说明，请查询 https://minikube.sigs.k8s.io/docs/。

A.5.1　Linux

首先，检查你的系统是否支持虚拟化。为此，请在终端窗口中运行以下命令：

```
grep -E --color 'vmx|svm' /proc/cpuinfo
```

你应该会看到一个非空的输出。如果它是空的，你的系统将无法运行任何 VM，所以你不能使用 Minikube，除非你乐意直接在主机上运行进程（有一些警告，如果你想这么做，请阅读 https://minikube.sigs.k8s.io/docs/drivers/none/ 了解更多）。

下一步是下载并安装 kubectl：

```
curl -LO https://storage.googleapis.com/kubernetes-release/release/$(curl -s
    https://storage.googleapis.com/kubernetes-release/release/stable.txt)/
    bin/linux/amd64/kubectl
chmod +x ./kubectl
sudo mkdir -p /usr/local/bin/
sudo mv ./kubectl /usr/local/bin/kubectl
kubectl version --client
```

你将看到 kubectl 版本打印到了控制台。最后，你可以安装实际的 Minikube CLI：

```
curl -Lo minikube https://storage.googleapis.com/minikube/releases/latest/
    minikube-linux-amd64
chmod +x minikube
sudo install minikube /usr/local/bin/
minikube version
```

如果你看到 Minikube 版本打印出来，那么到这里就大功告成了。否则，要进行故障排除，请参阅 https://github.com/kubernetes/minikube 上的文档。

A.5.2　macOS

就像在 Linux 上一样，检查你的系统是否支持虚拟化。在终端窗口中运行以下命令：

```
sysctl -a | grep -E --color 'machdep.cpu.features|VMX'
```

在任何现代 Mac 上，你应该会在输出中看到 VMX，这表示你的系统支持运行 VM。下一步是下载并安装 kubectl。命令看起来类似于 Linux。运行以下命令：

```
curl -LO https://storage.googleapis.com/kubernetes-release/release/$(curl -s
    https://storage.googleapis.com/kubernetes-release/release/stable.txt)/
    bin/darwin/amd64/kubectl
chmod +x ./kubectl
sudo mv ./kubectl /usr/local/bin/kubectl
kubectl version --client
```

你将看到 kubectl 版本打印到控制台。最后，你可以安装实际的 Minikube CLI：

```
curl -Lo minikube https://storage.googleapis.com/minikube/releases/latest/
    minikube-darwin-amd64
chmod +x minikube
sudo install minikube /usr/local/bin/
minikube version
```

你将看到打印出来的版本，这样就可以开始工作了。最后，让我们讨论一下 Windows。

A.5.3　Windows

同样，首先你需要检查你的系统是否支持虚拟化。在 Windows 上，这可以通过在 Windows 终端中运行以下命令来完成：

```
systeminfo
```

找到 Hyper-V Requirements 部分，它会提到是否支持虚拟化。如果不是的话，你将无法运行 Minikube。

其次，你需要安装 kubectl。这是通过从官方链接（http://mng.bz/w9P7）下载文件，并将二进制文件添加到 PATH 中来实现的。要确认它能正常工作，运行以下命令：

```
kubectl version --client
```

你将看到 kubectl 版本打印到控制台。现在让我们安装实际的 Minikube。与 kubectl 类似，可以从谷歌服务器（http://mng.bz/q9dK）中下载，然后将其添加到你的 PATH 中。通过在终端中运行以下命令来确认它是否有效：

```
minikube version
```

你将看到版本打印出来，然后就可以开始工作了。让我们一起摇摆。

突击测验答案

本附录提供了贯穿全书的练习的答案。正确答案以黑体标出。

第 2 章

选择错误的陈述：

1. Linux 进程提供的一个数字，用来表示退出的原因。

2. 数字 0 表示成功退出。

3. 数字 143 对应于 SIGTERM。

4. 有 32 种可能的退出码。

什么是 OOM？

1. 用于对任何给定的进程调节分配 RAM 大小的机制。

2. 当系统资源不足时终止进程的机制。

3. 瑜伽唱诵。

4. Linux 管理员看到进程终止时发出的声音。

以下哪个不属于混沌实验的步骤？

1. 可观测性。

2. 稳态。

3. 假设。

4. 当实验失败时，找个角落哭泣。

爆炸半径是什么？

1. 能被我们的行为影响的事物的数量。

2. 在混沌实验中我们想要破坏的事物的数量。

3. 当坐在你旁边的人意识到他们的混沌实验出了问题，突然站起来掀翻桌子时，咖啡洒出来不至于溅到自己衣服上的最小安全距离，这就是爆炸半径，以米为单位。

第 3 章

USE 是什么？

1. USA 的一个错误拼写。

2. 一种调试性能问题的方法，基于检测利用率（utilization）、严重程度（severity）和退出（exiting）。

3. 显示 Linux 机器上资源使用情况的命令。

4. 一种调试性能问题的方法，基于检测利用率（utilization）、饱和度（saturation）和错误（error）。

在哪里可以找到内核日志？

1. /var/log/kernel

2. dmesg

3. `kernel --logs`

下面哪个命令不能帮助你查看有关磁盘的统计信息？

1. `df`

2. `du`

3. `iostat`

4. `biotop`

5. top

下面哪个命令不能帮助你查看有关网络的统计信息？

1. `sar`

2. `tcptop`

3. free

下面哪个命令不能帮助你查看有关 CPU 的统计信息？

1. `top`

2. free

3. `mpstat`

第 4 章

流量控制（`tc`）不能为你做什么？

1. 为网络设备引入各种延迟。

2. 为网络设备引入各种故障。

3. 授予你降落飞机的许可。

什么时候才应该在生产环境中进行测试？

1. 当你赶时间的时候。

2. 当你想升职的时候。

3. 当你完成了"作业"，并在其他阶段进行了测试（都没问题）时，根据经验，预计在生产环境测试的收益会高于潜在的问题。

4. 因为它在测试阶段只是间歇性地失败，所以它可能会在生产环境中通过。

哪种说法是正确的？

1. 混沌工程使得其他测试方法失效。

2. 混沌工程只在生产中才有意义。

3. 混沌工程是随机破坏事物的。

4. 混沌工程是在现有测试方法之外来改进软件的方法。

第 5 章

下面哪个使用了操作系统级虚拟化？

1. Docker 容器。

2. VMware VM。

下面哪个说法是正确的？

1. 容器比 VM 更安全。

2. VM 通常比容器提供更好的安全性。

3. 容器与 VM 一样安全。

下面哪个说法是正确的？

1. Docker 为 Linux 发明了容器。

2. Docker 建立在现有的 Linux 技术之上，提供了一种使用容器的可访问方式，使其更

受欢迎。

3. Docker 是《黑客帝国》三部曲中被选中的角色。

chroot 有什么作用？

1. 更改机器的 root 用户。

2. 更改机器上根文件系统的访问权限。

3. 从进程的角度更改文件系统的根目录。

命名空间有什么作用？

1. 限制进程对特定类型资源的查看和访问。

2. 限制进程可以消耗的资源（CPU、内存等）。

3. 强制命名约定以避免命名冲突。

cgroups 有什么作用？

1. 赋予用户组额外的控制权。

2. 对于特定类型的资源，限制进程是否可以看到和访问。

3. 限制进程可以消耗的资源（CPU、内存等）。

Pumba 是什么？

1. 一个非常讨人喜欢的电影角色。

2. 一个方便的命名空间包装器，有助于使用 Docker 容器。

3. 一个方便的 cgroups 包装器，有助于使用 Docker 容器。

4. 一个方便的 tc 包装器，有助于使用 Docker 容器，也可以让你终止容器。

第 6 章

什么是系统调用？

1. 进程在物理设备上请求操作的一种方式，例如写入磁盘或在网络上发送数据。

2. 进程与其运行的操作系统内核进行通信的一种方式。

3. 因为几乎每个软件都依赖于系统调用，所以这是混沌实验通用的一种攻击方式。

4. 以上所有。

strace 能为你做什么？

1. 向你展示一个进程实时进行了哪些系统调用。

2. 向你展示一个进程实时进行了哪些系统调用，而且不会导致性能损失。

3. 列出应用程序源代码中执行特定操作（例如从磁盘读取）的所有位置。

什么是 BPF？

1. 伯克利性能过滤器（Berkeley Performance Filters，BPF）：一种神秘的技术，旨在限制进程可以使用的资源量，以避免一个客户端使用所有可用资源。

2. Linux 内核的一部分，允许你过滤网络流量。

3. Linux 内核的一部分，它允许你直接在内核内部执行特殊代码以获取对各种内核事件的可观测性。

4. 包括选项 2、3 等!

如果你对系统性能感兴趣，那么花时间了解 BPF 是否值得？

1. 是的。

2. 肯定的。

3. 绝对的。

4. 赞成。

第7章

什么是 javaagent？

1. 一名来自印度尼西亚的特勤局特工，出自一部著名的系列电影。

2. 一个标志，用于指定一个包含代码的 JAR，以便动态地检查和修改加载到 JVM 中的代码。

3. 电影《黑客帝国》的仿制版本中主角的宿敌。

以下哪个不是 JVM 内置的功能？

1. 一种在类加载时检查类的机制。

2. 一种在类加载时修改类的机制。

3. 一种查看性能指标的机制。

4. 一种将常规的、无聊的名称转化为可供企业使用名称的机制。例如："黄油刀" → "专业的、不锈钢强化的、洗碗机安全的、符合道德标准的、维护成本低的黄油涂抹装置"。

第8章

什么时候更适合在应用程序中构建混沌工程？

1. 当你无法在更底层实现时（例如基础设施或系统调用）。

2. 当在应用程序中构建实验更方便、更容易、更安全时，或者你只能访问应用程序级别时。

3. 当你还没有被认证为混沌工程师时。

4. 当你只下载这一章而不是完整的书时!

当将混沌实验构建到应用程序本身时，什么不是那么重要？

1. 确保执行实验的代码只在开启实验时执行。

2. 遵循软件部署的最佳实践来推进你的更改。

3. 让别人看到你设计的独创性。

4. 确保你能够可靠地衡量变更可能造成的影响。

第 9 章

什么是 XMLHttpRequest？

1. 一个 JavaScript 类，它生成可以在 HTTP 请求中发送的 XML 代码。

2. Xeno-Morph! Little Help to them please Request 的首字母缩写！这与原版电影《异形》中的时间线严重不一致。

3. JavaScript 代码发送请求的两种主要方法之一，另一种方法为 Fetch API。

要模拟前端应用程序加载缓慢的场景，下面哪个选项是最好的选择？

1. 使用来自大型供应商的昂贵的专利软件。

2. 开展为期两周的广泛训练。

3. 使用现代浏览器，如 Firefox 或 Chrome。

正确的陈述是哪个？

1. JavaScript 是一种广受推崇的编程语言，以其一致性和直观的设计而闻名，即使是初学者也可以避免掉到坑里。

2. 混沌工程仅适用于后端代码。

3. JavaScript 无处不在的特性加上其缺乏保护措施，可以将代码动态地注入现有应用程序，这种实现混沌实验的方法变得非常容易。

第 10 章

Kubernetes 是什么？

1. 解决你的所有问题的方案。

2. 自动使在其上运行的系统免受故障影响的软件。

3. 一个容器编排器，可以管理数千个 VM，并会不断尝试将当前状态收敛到所需状态。

4. 水手的东西。

什么是 Kubernetes Deployment？

1. 描述如何访问集群上运行的软件。

2. 描述如何在你的集群上部署一些软件。

3. 描述如何构建容器。

当 Kubernetes 集群中的一个 Pod 死亡时会发生什么？

1. Kubernetes 检测到它并向你发送警报。

2. Kubernetes 检测到它，并在必要时重新启动它，以确保运行的副本达到预期数量。

3. 什么也不会发生。

Toxiproxy 是什么？

1. 一个可配置的 TCP 代理，可以模拟各种问题，如数据包丢失或网速慢。

2. 一支韩国流行乐队，唱的是通过代理和空壳公司向发展中国家倾倒大量有毒废物的环境后果。

第 11 章

PowerfulSeal 是做什么的？

1. 说明在软件中挑选好名字的重要性。

2. 通过查看 Kubernetes 集群，猜测你可能需要什么样的混沌。

3. 允许你写一个 YAML 文件来描述如何运行和验证混沌实验。

什么时候持续进行混沌实验是有意义的？

1. 当你想要检测什么时候 SLO 没有得到满足时。

2. 当没有问题不能证明系统运行良好时。

3. 当你想要引入随机性元素时。

4. 当你想要确保在新版本的系统中没有回退时。

5. 以上所有。

PowerfulSeal 不能为你做什么？

1. 终止 Pod 以模拟进程崩溃。

2. 启动和关闭 VM 以模拟 VM 管理程序故障。

3. 克隆 Deployment 并将模拟网络延迟注入副本。

4. 通过生成 HTTP 请求验证服务是否正确响应。

5. 如果你意识到，如果真的存在无限的宇宙，那么无论你多么努力，理论上都存在一个更好的你，PowerfulSeal 可以减少你的不安。

第 12 章

集群数据存储在哪里？

1. 分布在集群上的各个组件中。

2. 在 /var/kubernetes/state.json。

3. 在 etcd。

4. 在云端，使用最新的人工智能和机器学习算法，利用区块链技术的革命性力量上传数据。

Kubernetes 术语中的控制平面是什么？

1. **实现 Kubernetes 向所需状态收敛逻辑的一组组件。**

2. 遥控飞机，用于宣传 Kubernetes 广告。

3. Kubelet 和 Docker 的名称。

哪个组件负责在主机上启动和停止进程？

1. `kube-apiserver`

2. `etcd`

3. **kubelet**

4. `docker`

你能使用与 Docker 不同的容器运行时吗？

1. 如果你在美国，则取决于你在哪个州。有些州允许。

2. 不行，运行 Kubernetes 需要 Docker。

3. **是的，你可以使用许多替代容器运行时，例如 CRI-O、containerd 等。**

我刚才介绍的是哪个部分？

1. `kube-apiserver`

2. `kube-controller-manager`

3. `kube-scheduler`

4. `kube-converge-loop`

5. `kubelet`

6. `etcd`

7. **kube-proxy**

附录 C *Appendix C*

导 演 剪 辑

真实故事：在我最后的审稿过程中，一位审稿人问我：如果拍导演剪辑版，这本书会有什么内容？接着，我就得取消"本书已完成"复选框，取消派对，继续写作。我家门口的人听到这个消息很失望，但他们必须理解——这个主意太好了，不能轻易放弃！

在这个附录中，你会发现一些出于各种原因没有出现在电影中的场景。显然，这是一个附录，意味着出版商会睁一只眼闭一只眼，所以这是一个友好的聊天，而不是严肃的教学。要么是规则有所不同，要么是公关团队没有读到这里。在他们改变主意之前，我们开始吧！

C.1 云

2006 至 2020 年最被滥用词奖的获得者——云——在编写本书的整个过程中一直困扰着我。有些人对在目录中没有看到名为"云"的章节表示惊讶。

出于各种原因，我选择了没有专门的"云"章节，包括但不限于以下内容。（当我 6 岁半的时候，有一段很短的时间，我不再想成为一名宇航员兼考古学家，而想成为一名律师。据我所知，它持续了大约两周，但或许我对理性辩论的偏好依然存在。）

❑ 在第 11 章中，我已经介绍了一个多云解决方案，使用 PowerfulSeal 启动和关闭 VM。

❑ 不同的云提供商有自己的工具和 API，我想专注于尽可能可移植的东西。

❑ 虽然基于云的应用程序确实越来越受欢迎，但说到底，这只是别人的计算机。本书的重点是我认为与可预见的未来相关的技术。

C.2　混沌工程工具比较

我很想用我知道的所有混沌工程工具创建一个大表。但是当我开始创建它时，我意识到以下几点：

❑ 不同的开源项目得到不同程度的支持；有的蓬勃发展，有的慢慢退化；因此，创建像这样的详细表格将主要为考古学家创造价值，他们可能会在几千年后将其挖掘出来。

❑ 无论如何，你最好形成自己的见解。

我仍然介绍了一些工具（Pumba、PowerfulSeal、Chaos Toolkit），我相当有信心在一段时间内保持相关性。对于最新列表，我推荐这个站点：http://mng.bz/7V1x。

C.3　Windows

对本书的（有效）批评之一是它完全基于 Linux。尽管你可以将其中的很大一部分应用到其他 *nix 操作系统中，但像 Windows 这样的系统中存在一个鸿沟。

我不涵盖 Windows 主要是因为这会超出我的深度。我在 Linux 上度过了我职业生涯的大部分时间，但我对 Windows 生态系统的了解不够深入，无法写这部分内容。

思维方式和方法是通用的，无论你使用哪种操作系统都可以使用。另一方面，工具会有所不同。

此外，对于适用于 Linux 的 Windows 子系统（https://docs.microsoft.com/en-us/windows/wsl/about），微软公开承认失败，所以也许你已经被覆盖了。

如果你正在阅读本书（无论你是否在 Redmond 工作），并想在第二版中添加一个 Windows 部分，请大声说出来！

C.4　运行时

我们使用 Python 简要介绍了 DTrace，但是各种语言、运行时和框架经常提供开箱即用的指标，从可观测性的角度来看，这些指标是有用的。这个主题本身就可以成为一本书，所以我甚至没有尝试把它包含在这些页面中。

C.5　Node.js

相当多的人一直建议我为 Node.js 添加一个类似于第 8 章（应用程序级混沌工程）的章节，但出于某种超出我认知能力的原因，我并没有这么做。这可以追溯到上一点，但这是一个令人惊讶的持久性问题。

到目前为止，我已经成功地使用这两个参数的组合来回避这个问题：

❑ 如果你在 Python 中理解了我在第 8 章中的观点，你可以在 JavaScript 中复制这种方法。

❑ 我已经在第 9 章中介绍了 JavaScript，尽管浏览器种类繁多。

我希望这对你也有用。

C.6 架构问题

在编写本书时，我采访过的很多人都提到架构问题是本书中一个令人兴奋的话题。尽管我看到了像这样查看案例研究的价值，但本书从稍微不同的角度来讨论混沌测试。

如果我试图将所有有关如何设计可靠系统的实践都包含进来，我可能会在完成之前就寿终正寝。相反，本书试图给你一种思维方式，用所有你需要的工具和技术来验证系统是否按照你期望的方式运行，并在它们不按照你期望的方式运行时进行检测。它把实际的固定部分留给用户。关于设计优秀软件的书籍摆满了书架。本书是关于检查你做得如何的书籍。

C.7 混沌实验的四个步骤

每当我在本书中写下"四"这个词时，一位深思熟虑的审稿人会问一个问题，这个问题一直萦绕在我的脑海中："为什么没有叫作'分析'的第五步？"

这是个好问题。如果你最后不分析你的发现，实验是没有用的。但是最终，我还是决定不添加第五步，主要是出于推销原因：更少的步骤听起来更容易，而且确实更吸引人。分析部分是隐含的。

在某种程度上，我觉得我为了"更容易销售"而牺牲了一些"正确性"。但话又说回来，如果这本书卖得不好，也没人会在乎。现在我不得不接受这个决定。

C.8 你应该包含 < 工具 X>

我们都有自己的喜好，在本书中，我必须决定要涵盖哪些工具，这些决定显然会让一些人感到惊讶。特别是，有些人希望在这些页面上看到商业产品。

我做出选择的主要动机与 C.2 一致：整个混沌工程生态系统还很年轻，我预计它在未来几年会发生很大变化。基础知识可能会保持不变，但在短时间内，细节可能会大不相同。我希望这本书能保持几年的相关性。

C.9 真实世界中的故障案例

另一件没有成功的事情是，我试图收集一些现实生活中使用混沌工程检测到的故障。

尽管人们很乐意谈论他们在混沌工程方面的经验，但当你在修复系统之前告诉别人为什么你的系统设计得很糟糕时，那就完全是另一回事了。

围绕这个话题有相当多的耻辱感，我认为这在短期内不太可能消失。原因很简单：我们都知道软件很难，但我们都想表现出擅长编写软件。

很不幸，副作用是，我未能为一章收集有关未被注意并最终被混沌工程发现的特定故障的故事。好吧，我想这就是现场活动的目的！

C.10 "混沌工程"是个糟糕的名字

我提到过这个问题。"混沌"这部分让它变得有趣，但却会在最初的采用过程中会产生阻力。现在说"好了各位，我们要重命名它，把混沌的部分划掉！"可能有点来不及了。如果运气好的话，人们最终会不再纠结于这个名字，而是专注于它的作用。

你可能听说过，在计算机科学中只有三件困难的事情：命名和大小差一错误。我将一个项目命名为 PowerfulSeal，另一个命名为 Goldpinger，所以不要指望我有更好的想法！

C.11 杀青

发泄一下会感觉很好，但现在我觉得有点 peckish（在英国，这个词的意思是"我不确定我是真的饿了还是只是无聊了，我宁可谨慎行事，马上吃点东西"）。如果你自己也有点饿，可以看看附录 D！

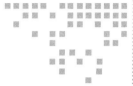

混沌工程食谱

写书会让你感到饥饿。好吧，至少它让我感到饥饿。如果我的手稿是纸质的，它会散发出以下所有东西的味道。

> **法律免责声明 1**
> 我既不是医生，也不是营养师，更不是厨师。你在下面看到的是让一个软件工程师在厨房里自由发挥的结果。哦，配方是"原样"提供的，没有任何类型的明示或暗示的保证，包括但不限于适销性、适用于特定目的和不侵权的保证。在任何情况下，作者或版权持有人均不对任何索赔、损害或其他责任承担责任，无论是在合同诉讼、侵权行为或其他方面，由软件或其他用途引起的、因软件或其他用途而产生的或与之软件相关的。

> **法律免责声明 2**
> 以往的回报并不能保证未来的表现。换句话说，我吃了这些东西没事并不能保证你吃了也没事。使用风险自负，最好在成人监督下使用。根据经验，不要做妈妈会不同意的事。

D.1　SRE 汉堡

我喜欢汉堡的味道，但我不喜欢肉类工业对地球和肉类所做的事情。此外，让普通蘑菇可食用似乎比煮肉更容易（如图 D.1 所示）。而且它更便宜。出于这三个原因，我一直在试验多种素食汉堡食谱，结果证明调试汉堡食谱通常比调试软件更容易。

图 D.1　我没有成为美食摄影师的真正原因

D.1.1　成分

馋饼：

- 制作三到四个中等大小的馋饼，具体取决于你的饥饿程度
- 8 盎司（250 克）蘑菇（任何可食用品种，最好已经切片）
- 一个大洋葱
- 两瓣大蒜
- 你最喜欢的调味料
- 烟熏豆腐——2 到 4 盎司（50 ～ 100 克），取决于你对它的喜爱程度
- 小麦粉
- 一些油炸用的油（椰子的更好，因为它的燃烧温度更高）

杂项：

- 用于夹肉饼的面包——你可以自己做，也可以买现成的
- 一个大油梨——增加奶油味
- 酱汁——烧烤、番茄酱、蛋黄酱、你喜欢加什么都行
- 你的文化希望你加入的任何传统添加剂，比如生菜、多一片洋葱、奶酪——任何你喜欢的东西

D.1.2　隐藏的依赖

- 煎炸设备——一个炉子和一个平底锅
- 用于在锅中翻面的抹刀

听着，如果你努力尝试，你会听到所有经验丰富的（或者调过味的）软件工程师齐声感叹这个成分列表是多么模糊。资深的人会惊讶地发现列表中至少有一个可量化的数量（8 盎司），但别担心：当他们看到在烹饪过程中蘑菇会放出不同数量的水时（取决于所使用的蘑菇类型），他们也会感到失望。没错，就是这么随心所欲！

D.1.3 制作馅饼

1. 清洗、切割（除非已经切片），然后将蘑菇煎至可食用。
   ——大多数品种会释放水，你可以将其丢弃，你需要让蘑菇足够干。
   ——（并行）在煎蘑菇的同时，将大蒜和洋葱切片，豆腐根据自己的喜好切碎。
2. 当你认为蘑菇可以食用时，就把它们从煎锅里拿出来，用洋葱和大蒜重复这一过程。
3. 当洋葱看起来不像你切的时候那样，变得又软又好，把蘑菇和你喜欢的调味料放回去（没人会对你评头论足）。
4. 把混合物从锅里拿出来，放到一个碗里。
5. 倒入豆腐，切成小块。它的烟熏味应该会刺激你大脑中识别汉堡肉的部分。
6. 你喜欢怎么搅拌就怎么搅拌。你可以让纹理相当均匀，或者去掉更大的块。两者都有各自的优点。
7. 最后，将配料粘在一起。这是通过利用面粉中的麸质来完成的。重复以下步骤：
   ——加入 2 至 3 茶匙（10 克）面粉并充分混合，使混合物中的水分到达面粉。你加的面粉越多，肉饼的水分就越少。
   ——尝试形成一个小球。如果它粘在一起，打破循环。如果它太稀或太粘，请继续。
8. 将混合物分成 3 个或 4 个球。
9. 平底锅加少许油加热。
10. 把球在煎锅里压扁，做成肉饼。炸到里面滚烫。它们越厚，烹饪的时间就越长。
    ——或者，你也可以稍微煎一下，让它们成形，然后在烤箱里烤一下，完成剩下的过程。
    ——一旦面粉和水混合在一起加热到高温，面筋就会凝固，肉饼就会保持原来的形状。
11. 关掉任何可能烧毁房屋的电器。
12. 拍张照片并发布到 LinkedIn 或 Twitter 上。一定要 @ 我！

D.1.4 组装成品

一旦馅饼做好了，把它们包在两片面包里，加上你喜欢的任何配料。当你做了一次之后，你会有进一步尝试的冲动。屈服于这种冲动。试着加入鹰嘴豆、腌洋葱，或者用少量甜菜根将馅饼染色，让馅饼看起来更饱满。我建议进行 A/B 测试，并基于可观测性的原因对不同的尝试进行评分。

D.2　混沌比萨

我曾经认为做比萨很困难，直到我发现了真正的秘密：这一切都依赖于直接在热平面上烘烤比萨。通过直接接触的热传递导致了这种酥脆的底部，我认为这是一次成功的尝试（如图 D.2 所示）。你可以购买专用的比萨石，但预热厚金属托盘也可以做到这一点。

比萨是幸福的源泉。用大约半小时的时间，你可以将下雨天变成假期。它可以像你希望的那样决定它是否健康。

图 D.2　我真的应该请专业摄影师来拍摄这些食物的另一个原因

D.2.1　成分

比萨底料：

❑ 活性干酵母（约 1.5 茶匙，或每个比萨饼 7 克）

❑ 2 杯（250 克）面粉（用于两个中等大小的薄壳底座）

❑ 1 汤匙橄榄油

❑ 盐、牛至、任何其他你喜欢的调味料

❑ 水

❑ 四分之一茶匙糖

进入烤箱的浇头：

❑ 酱汁——番茄酱、烧烤酱、香蒜酱、ajvar、你奶奶拿手的酱汁，你喜欢什么都行

❑ 易融化的奶酪，比如马苏里拉奶酪或马苏里拉风格的素食替代品

❑ 你绝对想要的任何其他东西：

——洋葱

——蘑菇（最好预先煮熟）

——橄榄

——豆腐

——肉或鱼（预先煮熟）

——冰箱里的剩菜神奇地变成了一种美味的体验

不进入烤箱的浇头（烘烤后添加）：

❑ 绿叶蔬菜，如芝麻菜或菠菜

❑ 干肉，比如火腿——如果你喜欢那种东西

D.2.2 制作比萨

1. 准备酵母。

——取半杯温水（不是沸水）。

——加糖。

——加入干酵母。

——搅拌至浑浊。

2. 做面团。

——将面粉放入碗中。

——慢慢倒入酵母混合物，同时用勺子搅拌。

——加入盐、牛至、橄榄油。

——获得正确的一致性：

——你需要能够用手揉面团。

——如果太稀或太粘，请添加额外的面粉。

——如果太硬，或者里面有可见的面粉，再加点水。

——一旦混合物可以揉捏，揉几分钟，直到你想要做一个DNA测试来追踪你的意大利血统。

——把面团放在碗里发酵20分钟左右。（发酵过程发生的原因是你刚刚给脱水酵母添加了一些糖和水，让它休息会儿，这个可怜的小东西会开始生长，在面团里产生气泡，然后你要烘烤并吃掉它。真是个残酷的世界。）

3. 将烤箱预热至约400℉（200℃或180℃风扇），包括一块比萨石或同等厚的托盘。

4. 取出一张羊皮纸或蜡纸，在上面撒上少量面粉以防粘连（或者，你可以使用更多的橄榄油）。

5. 从碗里取出一半面团，铺在纸上。

——你可以用手或擀面杖。

——或者尝试在空气中旋转面团，直到它变平。（你有一个多余的副本，就算失误了

也没人会知道。）

——涂抹酱汁。

——添加所有可烘烤的配料。

6. 烘烤大约 10 到 12 分钟。

——面团烤好（但未碳化）且奶酪融化时就准备好了。

7. 拿出来，用不可烘烤的配料装饰。

8. 拍张照片并发布到 LinkedIn 或 Twitter 上。一定要 @ 我！

就是这样。现在你知道如何为技术图书中最好的食谱投票了。如果编程图书有一个"有品位"的结局，希望这是一个。

后　记

对于像混沌工程这样广泛的主题，选择哪些内容应该写进书中，哪些内容应该省略是很棘手的。我希望这 13 章为你提供了足够的信息、工具和动力，以帮助你继续开发更好的软件。 与此同时，我的目标是删除所有无用的内容，只留下一些笑话和"rickrolls"（如果你不知道这意味着什么，那就说明你没有运行代码示例！）。如果你想查看本书正文中未包含的一些内容，请参阅附录 C。如果之后你仍然渴望了解更多内容，请直接前往附录 D！

如果你正在寻找比书籍更新频率更高的资源，请查看 https://github.com/dastergon/awesome-chaos-engineering。这是一个很好的列表，包含各种类型的混沌工程资源。

如果你想了解更多信息，请在 LinkedIn 上联系我（我喜欢听人们讲述混沌工程的故事）并在 http://chaosengineering.news 订阅我的时事通讯。

正如我之前提到的，混沌工程和其他学科之间的界限很好。根据我的经验，不时超出这些界限往往会提高你的技术水平。这就是为什么我鼓励你看下面的文献：

- ❏ SRE

  来自谷歌的三本书（https://landing.google.com/sre/books/）：
  - *Site Reliability Engineering*（O'Reilly，2016 年），作者：Betsy Beyer、Chris Jones、Jennifer Petoff 和 Niall Richard Murphy
  - *The Site Reliability Workbook*（O'Reilly，2018 年），作者：Betsy Beyer、Niall Richard Murphy、David K. Rensin、Kent Kawahara 和 Stephen Thorne
  - *Building Secure & Reliable Systems*（O'Reilly，2020 年），作者：Heather Adkins、Betsy Beyer、Paul Blankinship、Piotr Lewandowski、Ana Oprea 和 Adam Stubblefield

- ❏ 系统性能
  - *Systems Performance: Enterprise and the Cloud*（Addison-Wesley，2020 年），作者：Brendan Gregg
  - *BPF Performance Tools*（Addison-Wesley，2020 年），作者：Brendan Gregg

❑ Linux 内核
- *Linux Kernel Development*（Addison-Wesley，2010），作者：Robert Love
- *The Linux Programming Interface: A Linux and UNIX System Programming Handbook*（No Starch Press，2010），作者：Michael Kerrisk
- *Linux System Programming: Talking Directly to the Kernel and C Library*（O'Reilly，2013），作者：Robert Love

❑ 测试
- *The Art of Software Testing*（Wiley，2011），作者：Glenford J. Myers、Corey Sandler 和 Tom Badgett

❑ 其他可关注的主题
- Kubernetes
- Prometheus，Grafana

两个混沌工程会议值得一看：

❑ Conf42：混沌工程（www.conf42.com），由我参与组织的会议。

❑ Chaos Conf（www.chaosconf.io）。

最后，由 Casey Rosenthal 和 Nora Jones 撰写的 *Chaos Engineering: System Resiliency in Practice*⊖一书（O'Reilly，2020 年）是对本书的一个很好的补充。本书的技术性很强，而它涵盖了更多高层次的内容，并提供了在各个行业工作的员工的第一手经验。值得读一读。

有了这个，是时候让你进入混沌工程的狂野世界了。祝好运且开心！

⊖　本书已由机械工业出版社出版，中文书名为《混沌工程：复杂系统韧性实现之道》，书号为 978-7-111-68273-8。——编辑注